黄河水利委员会治黄著作出版资金资助出版图书

日地水文学与水旱灾害研究

王涌泉　著

黄河水利出版社

·郑州·

内 容 提 要

  本书是作者日地水文学研究成果的系统总结,以实例印证了太阳活动与水旱灾害之间的关系。全书共分为八章,内容主要包括中国暴雨洪水特性及其在世界的地位、日地水文物理基础、太阳活动与流域水旱灾害的关系、大洪水预测及验证等,分析了长江、黄河大暴雨洪水,闽、浙、赣、台大暴雨洪水,1962年长历时特大暴雨洪水,1992年7月4日武夷山短历时特大暴雨洪水等与太阳活动的关系。

  本书可供水利、气象等专业的科研人员以及各院校相关专业师生参考使用。

图书在版编目(CIP)数据

  日地水文学与水旱灾害研究/王涌泉著 . —郑州:黄河水利出版社,2012.12

  黄河水利委员会治黄著作出版资金资助出版图书

  ISBN 978 - 7 - 5509 - 0347 - 0

  Ⅰ.①日…   Ⅱ.①王…   Ⅲ.①水文学 - 中国 ②水灾 - 灾害防治 - 中国③干旱 - 灾害防治 - 中国   Ⅳ.① P33 ②P426.616

  中国版本图书馆 CIP 数据核字(2012)第 215206 号

出 版 社:黄河水利出版社
    地址:河南省郑州市顺河路黄委会综合楼 14 层   邮政编码:450003
发行单位:黄河水利出版社
    发行部电话:0371 - 66026940、66020550、66028024、66022620(传真)
    E-mail:hhslcbs@ 126. com
承印单位:河南省瑞光印务股份有限公司
开本:787mm × 1 092mm 1/16
印张:17.75   插页:2
字数:410 千字   印数:1—2 000
版次:2012 年 12 月第 1 版   印次:2012 年 12 月第 1 次印刷

中国日地水文石

1996～1997年，王涌泉在台湾大学讲授《日地水文学与暴雨洪水预测》完毕后，受台湾省水资源统一规划委员会及立雾溪河川局邀请到花莲参观。西太平洋板块与大陆板块碰撞处出产玫瑰石，花莲东方艺石厂郭董事长陈列多种精品展示，其中一座玫瑰石俨然大陆黄河、长江，又有晚霞色彩，王涌泉赞叹：这就是中国日地水文石。董事长慨然相赠，王涌泉以价高不敢接受，河川局局长说：接受无妨，王教授回赠书法一幅留念即可。返回郑州后，王涌泉回赠"石自天成，艺无止境，屹立东洋，人杰地灵"。

双鸟朝阳牙雕

在余姚河姆渡遗址，出土有一件双鸟朝阳牙雕，刻喷薄升起的太阳，日面有太阳黑子浅浮雕，证明六七千年前古越人已知黑子是一种物理变化现象，不是空洞，这是意义重大的科学发现。此后经过长期积累至公元初，人们并知"日黑则水淫溢"的日地水文关系，而且记入史册。原比意大利人伽利略1610年发明望远镜看到黑子早很多。上虞人中国科学院副院长竺可桢院士，1915年起矢志研究日地水文关系，终生不渝。王涌泉早年在浙江工作，并负责研究洪水，后来走上这条科学道路。

序 一

以基础科学、高科技和应用技术紧密结合，促成对国民经济发展直接相关的新交叉学科的发展，是当代科学进步的一个显著标志，以研究地球水文变化的日地物理成因和规律为主要内容，并用于水旱灾害预测的日地水文学是其中之一。

自 1925 年竺可桢先生发表中国历史水旱灾害和太阳活动关系的重要论文开始，70 多年来中国科学界一直坚持进行日地气象和水文研究，探索其基本关系和物理机制，研究异常事件，已经积累许多成果。气象方面前几年出版了文集。

王涌泉教授自 20 世纪 50 年代后期为完成三门峡水库淤积和回水发展长期预报国家科研任务，在竺先生指导下进入这一领域，由黄河、长江走向世界各国河流。深入开拓，努力应用，长期坚持，数十年如一日。这次趁应邀在台湾大学讲学之便，汇编出版此文集，值得庆贺。

中国是世界上水旱灾害最严重的国家之一，最大洪水流量达到和超过 100 000 m^3/s 的河流约 100 条，17 世纪中叶曾出现持续四年特大干旱，防洪抗旱是国家大事。中国又是最早观测记录太阳活动，探索水旱灾害出现规律的国家。这项研究理应受到社会关注和支持。

1978 年以后，人类从空间观测太阳辐射和太阳活动的时代到来，结合地球物理的有关观测，现已进入日地整体行为研究的新阶段。从此为日地水文物理基础的研究提供了新条件。虽然问题还很多，但可以预期，21 世纪这门新兴学科定会更快前进。

海峡两岸自然科学交流近几年逐渐展开，已经有了较好的开端。这对祖国统一和中国科学未来发展都是有益贡献。这个文集也收入台湾学者的著作，更令人欣喜。希望学术交流不断扩大，继续向前推进。谨向促成这次活动和出版的各有关部门与负责人士表示诚挚谢意。

周光召

1997 年 5 月

序　二

科学的发展使分科越来越细,而重大问题的研究解决则常常需要多种学科的联合。在新的探索中,有时又会产生新的学科。

大洪水,异常干旱和强烈台风暴雨,偏离平均水文状况愈远,造成的灾害愈大,影响社会经济和国人生活愈深。但这种异常情况,从物理根源上追寻,不能没有原因。水和雨有关,而雨量大小、落区和时序又与大气环流、天气变化及海洋状况有关,再进一步检查,又必然牵涉太阳辐射、日地物理和能量传输等问题。所以进行研究需要多种学科交叉渗透。

水文异常只有在较长时间内才能显示出来,而长时间的各种记录参差不齐、标准不一,很难使用。可是,不熟悉历史,不研究历史重大事件,不设法建立具有严格科学意义的长期序列,难以做出高水准的研究成果,自然科学家受专业限制和工作习惯影响,大多不愿意或不善于研究历史。而历史学家通常则不熟悉自然科学。所以前进中必须克服这些困难。

王先生在竺可桢先生指导下,从20世纪50年代末开始从事这一难题的艰苦探索,取得许多成果。他现在担任中国地球物理学会天灾预测专业委员会副主任,负责在暴雨、洪水、干旱诸方面联络全国同仁共同努力。在国际上作出独具特色的贡献,影响欧美当代的同类研究。能发扬中华民族先人科学传统,很令人高兴。

我从1992年开始结识王涌泉教授,他代表中国科学院1987年日蚀联合观测研究组向我赠送出版的文集。我对大陆基础科学工作成就表示祝贺和敬意。这次经过教育部门批准,他应台湾大学邀请前来讲学,然后又出版《日地水文学与灾害预测》文集,其中包括在王教授帮助下台湾提出的三篇论文。他研究这一重大问题,开辟新的学术途径,能坚持近40个春秋,锲而不舍,令人敬佩。现在又能为海峡两岸共同推进一门新学科的发展尽心尽力,更叫人欣慰。

吴大猷

1997年2月

旱涝长期预测及日地水文学进展

（代前言）

王涌泉

旱涝问题关系国计民生，其长期预测是举世关注的重大科学课题，一般认为很难做到，甚至不可能做到。但是中国自古以来，一直注意旱涝灾害变化，观测太阳活动，探索日地水文关系。20 世纪 20 年代后期至 30 年代初期，中国广大地区曾出现严重旱涝灾害。当时担任中央研究院气象研究所所长的竺可桢院士，首先开展了太阳活动和全国各省水旱灾害关系的研究。1931 年，长江流域和淮河流域发生大暴雨，造成大洪水灾害，世界各国甚至到今天还有许多人认为，历时仅仅几天十几天的大雨量，不能说会有长期的规律和背景。但是竺可桢研究以后发现，江淮大暴雨大洪水确有太阳黑子活动 22 年的周期。1958 年，黄河三门峡至花园口区间发生大暴雨，下游出现大洪水。作者研究发现，黄河径流、洪水、泥沙的长期变化和太阳活动及北半球大气环流的长期变化都确有密切关系。

作者后来进一步研究了全国的主要河流，大约 30 多条。后来又研究了全世界所有曾经出现过 10 000 m^3/s 以上洪水的河流，大约 140 条。作者发现，大洪水和特枯水的出现都不是偶然的。地球上水文的异常变化，包括特别偏多和特别偏少，都有日地物理原因。从 20 世纪 50 年代中期到 60 年代中期，长江、淮河流域的大洪水和黄河流域的特丰水，证实了可以应用竺可桢和作者发现的日地水文规律进行旱涝长期预测。从 1967 年开始的预测预报中一再得到证实，因而逐渐获得国家和社会的广泛支持。1972 年北方大旱和 1975 年淮河大水进一步显示日地水文这一门新兴边缘学科的科学性和可信性。1978 年在讨论全国科学发展问题时，作者以《边缘二十年》为题，在《光明日报》基础科学专刊发表文章，第一次提出日地水文学。

以后经过 10 年检验，特别是经过 20 世纪 80 年代初长江、黄河大洪水及以后北方长期干旱的验证，1989 年中国《自然科学年鉴》特载专栏，发表了作者的《日地水文研究三十年》总结性长篇论文。1993 年，受国际水文科学协会（IAHS）邀请，又发表《Solar activity and maximum floods in the world》论述全球最大洪水日地关系的论文，先在日本发表，后来在英国出版。此文发表后，在西欧和北美引起反响。最近澳大利亚也出现类似研究。现在中国南起珠江，北至松花江，每一条大河都开展了日地水文学和预测研究。台湾省也开始进行。我们为旱涝长期预测这一科学难题的解决，经过近 70 年的努力，已经初步有了一些贡献。1996 年末至 1997 年初，作者应台湾大学邀请，经海峡两岸主管部门批准，在台湾开设《日地水文学与暴雨洪水预测》讲座，现以此文向有关学术界、工程界和广大社会加以介绍，请予指正，仅供参考。

一、中国旱涝灾害的特点

中国是世界上旱涝灾害比较严重的国家。大约每十年时间,总会有一些地区、一些河流出现比较严重的旱涝灾害。以 20 世纪而论,世纪之初,西南、西北出现大洪水。10 年代,珠江、岷江、海河出现大洪水。20 年代,黄河中游出现大旱灾。30 年代初中期,长江、淮河、松花江、黄河、汉江先后出现大水灾;华东部分地区出现大旱灾。40 年代初,中原大旱。50 年代,长江、淮河出现大水灾,黄河出现大洪水。60 年代,海河出现大水灾。70 年代初期,华北、西北出现大旱;70 年代中期,中原出现大水灾。80 年代初,长江、黄河先后多次出现大洪水。90 年代,先是长江下游太湖流域和淮河流域出现大水灾,以后珠江、闽江、台湾又出现大洪水。同期,华北、西北又出现大旱。这还是不完全统计。世界上很少有哪些国家像中国这样频繁地出现旱涝灾害。

中国幅员辽阔,旱涝分布有自己的特点:一种分布是中部涝南北旱,一种分布是南北涝中部旱。还有旱涝地区稍小的南旱北涝、南涝北旱、东涝西旱、东旱西涝,以及各种局部旱涝分布。但大体上都有一两个中心灾情最严重的地区。中国的严重旱涝灾害,特别是它的中心地区还常有呈带状分布的特点,这就是沿西北、华北,有时包括东北南部和华东北部的东西向干旱带。自台湾开始,经过闽浙赣地区,包括长江中游、淮河上中游、海河南部支流部分地区,最后以至黄河中游陕晋蒙北部的东南西北向洪涝带,自海南、广西开始,经过长江上游和部分中游地区,沿淮河上游、黄河三门峡至花园口区间,至海河上中游、滦河以及东北部分河流的西南东北向洪涝带。这三大旱涝带是中国防洪抗旱的重点。

20 世纪并不是中国旱涝灾害最严重的时期,现代气象和水文观测记录由于时间较短,还没有观测到最严重的情况。黄河流域已经整理编印了近两千年大水大旱年表,长江流域也整理编印了近一千年旱涝年表。清代档案中保存的近几百年黄河、长江、海河、淮河、珠江等江河洪涝史料均已整理出版。全国近五百年旱涝分布图也已出版。根据上述各种史料记载和洪水枯水调查研究分析,现已确知,1637~1641 年的连年特大旱灾是跨西北、华北、中原、华东、西南等几大区的近五百年中最严重的旱灾。1870 年长江上游出现的特大洪水,1843 年黄河中游出现的特大洪水,1662 年跨黄河、淮河以及长江、海河部分流域的特大洪水,则是这些地区近几百年最严重的洪水灾害。

中国旱涝灾害的时间、空间分布特点和量级变化的极值是我们应该知道的,由于全国人口众多,而且在江河沿岸和广大平原居住地最为密集,所以任何时候对防治旱涝灾害都不能掉以轻心。

二、中国古代对太阳活动的观测及其与大洪水出现关系的探索

中华民族自远古以来就重视治水,4 000 年前大禹治水的业绩和精神,一直持续不断地激励和教育着全国人民,尤其是当政者。中华民族同时具有自远古以来就重视天文观测,并且特别重视观测太阳的变化,研究它和中国旱涝关系的科学传统。古人看来,和月亮时有圆缺不同,天空中这一永远明亮的天体,虽然早晚较大,中午较小,却始终为圆形。经过长时间观察、检查、验证(早晚日出日落时直接观察,太阳明亮耀眼不可直视时,反射

到水盆中观察），古人终于发现，日面上有时出现暗黑色斑块，有时又没有，原来太阳也是有变化的，后来就将其命名为黑子。这是早于欧洲 1 600 多年的人类最伟大的科学发现之一。这是就史书有正式文字记载有确切时间说的，其实中国人对黑子的发现还早得多。

20 世纪 70 年代，河南郑州大河村遗址和浙江余姚河姆渡遗址相继出土了太阳彩陶和太阳牙雕，分别距今五千多年和六千多年，它们证明至少在那时，先民已经知道太阳上有黑子。太阳彩陶有两种绘法，一种在光芒四射的日面上绘有黑子，一种不绘，说明当时已经了解这是一种变化现象。太阳牙雕一方面有用以穿绳悬挂的六个凿透的圆孔；另一方面又有三个不凿穿的圆形浅坑，两个是两只鸟的眼睛，一个是太阳黑子。这就更进一步证明，先民当时已经能够判定黑子只是日面上的一种现象，并非太阳有了穿孔。没有长期的观察和分析判断是不可能获得这种认识的，除这两件出土遗存实物外，中国古文字"日"字从光芒四射的"☀"中绘有黑子，逐步演变为"◉"和今日文字"日"，也同样是证明。

中国古代哲人认为人生存于天地之间，应该谋求天、地、人的和谐适应。这既是一种美好的人生哲学，也是一种科学的宇宙观。这种宇宙观是符合实际的，到今天也是正确的。地球上的各种生命现象，包括人类的诞生、生存和繁衍，都和他所在的天地环境有密切关系，不可脱离。古人由于受生存手段和生产工具的限制，对抗洪水灾害的能力很低，洪水是第一大威胁。为防避洪水灾害造成的损失，即使不完全，任何一条有用的预测知识也不会轻易放弃。但是，预测所依据的自然规律并不容易得到，它要经过长期观察、检验、预测、证实，没有若干代有心人持续不断的努力，不能求得真正符合实际的结果。这种智慧和执著是我们应该继承的优秀传统。

据现存历史文献得知，《续汉书·五行志》在中平四年（公元 187 年）记录了"三月丙申，黑气大如瓜，在日中。"（经考证，该年三月无丙申，可能为庚申，为 3 月 29 日）在其后注译中说："《春秋感精符》曰：日黑则水淫溢。"意即，在太阳黑子活动强烈，日面上有大黑子时，中国黄河流域和中原一带常出现大暴雨大洪水，造成决溢泛滥。《春秋感精符》一书为古微书的一种，现在北京图书馆和浙江宁波天一阁图书馆尚有存。在古代它属于纬书。纬书和经书命运不同，因为内中除记述自然现象外，还有时记录天人感应和朝廷盛衰的事，从而在封建社会遭到某些帝王的禁毁。"日黑则水淫溢"这一条日地水文规律性认识，在它的形成和应用中估计应有多次记录，可惜现在难以找寻了。

三、影响中国旱涝变化的主要自然因素

有四项主要自然因素对中国旱涝变化有决定性影响，即横亘于北方的并非干燥带，东亚季风活动和水汽输送，西太平洋副热带高压和热带风暴活动以及青藏高原隆起后对中国地势地形、水系发育和降水的影响。这些要素在第三纪地质年代以来，逐渐具有现在这样的格局。它不可能在很短时间内消失，不用说几十年几百年，几千年几万年也大体不变。所以要研究中国旱涝变化和预测，首先要认清它们。

地球包括陆地和海洋，有一个巨大的干燥带，西起北非撒哈拉地区，向东经过阿拉伯半岛，西亚细亚，中亚细亚，到中国广大西北部地区，再经蒙古国到中国东北的西部。这就是全球降水量最少的亚非干燥带。其年降水量一般小于 300 mm,北非和东亚各有一个中心,年降水量小于 100 mm。这个干燥带正好横亘于中国北方,其上空恰为北半球中纬度的西风带。这里是最易盛行纬向型大气环流的地方。在干燥带的南侧降雨多以暴雨形式出现,在秦岭、巴山和太行山、中条山、桐柏山等山脉附近常有大暴雨形成。而在干旱年份,甚至一年都少雨。

但是东亚又是全世界季风活动最活跃的湿润区。这是因为一方面来自西太平洋的大量水汽每年夏秋季要向大陆输送,另一方面来自印度洋和孟加拉湾的水汽夏秋季也要向大陆输送。此外,还有来自南海的水汽也要送往大陆。所以,从中国东部到南部,甚至中部某些地区,都是降水量大的高湿润区。这些区域年降水量显著大于北部和西北部地区。遇到纬向型环流居于主导地位,经向交换较弱时,湿润区北部会出现严重干旱,遇到经向型环流居于主导地位,南北交换增强时,湿润区一直可以扩展到北方。原来干燥少雨的地方也可能多雨。

西太平洋地区每年夏秋季节副热带高压非常活跃,同时控制大陆东部和海洋。它的强弱变化和进退与稳定,对中国大陆的雨带形成、分布以及降雨量大小有密切影响。副热带高压中心常常干旱少雨,南北边缘又大雨滂沱。旱涝预测特别是旱涝地区预测一定程度上要看对副热带高压的预测。西太平洋地区同时又是全世界热带风暴最频发的地区。中国则是濒临西太平洋最大的国家,海岸线很长,正好恰当海洋热带风暴活动最频繁的顶冲地位。可以说中国全部沿海地区都有遭遇台风和热带风暴侵袭的可能。台风常常伴随着大暴雨,一些最大强度的降雨多是台风形成的。

青藏高原约占中国大陆面积的1/4,又恰好位于西南部。它 5 000 m 以上的高度和特定的位置与形状,一方面便于导引西南气流沿其东侧继续北上,以和东南方向来的暖湿气流相汇合。另一方面又恰能阻挡这些暖湿气流过分西伸,从而在其东侧和冷空气南侧,在高原到东部平原和丘陵之间的过渡地区形成大量降雨。而这个地区正是大江大河众多支流切割高原、水系发育最易汇流形成大洪水的地方。可是在异常年份,当西南气流特别强盛,南海也有强台风登陆和水汽汇入时,最主要的雨区也可能略有西移,秦岭以北黄河中游广大地区和秦岭以南汉江、嘉陵江流域同时出现大量降雨。

四、太阳活动和北半球大气环流变化

旱涝预测关键的主要问题有两个:一是何时出现严重旱涝,二是量级大小如何。何时出现当然包括地区的规定,对黄河流域而言,从 1919 年开始在河南陕县(今三门峡市)设立现代水文站施测流量以来,很有意思的是,1919～1932 年年径流量,汛期 7～9 月三个月径流量、年最大洪水流量和年洪水的总和都偏小,即这一时期是一个枯水期。而 1933 年突然(其实在研究发现它的原因以后,就不再突然)发生了大洪水,自那以后就变为虽然仍有小的波动,明显地进入了一个丰水期。所以,究竟是什么原因使黄河水量由枯变丰,就成为解决上述两个关键问题的焦点。

据作者研究,黄河水情的长期变化,成因在于北半球大气环流的转变,而环流的转变则是受太阳活动影响的。在发现这个以前,中国还没有人有这样的认识。1932 年以前,黄河陕县以上广大流域内一直没有大暴雨发生,主要是由于西太平洋、南海和印度洋、孟加拉湾都很少有大量水汽输送到秦岭以北,即经向水汽输送太弱。而经向环流减弱,则是同一时期纬向型大气环流长期在北半球处于主导地位的结果。黄河上中游位于青藏高原和秦岭以北,正当中纬度地带,纬向型环流盛行时干旱少雨,这是必然的。

北半球大气环流的转变又是什么原因呢?要回答这个问题,必须进行环流分型并研究它的长期变化。自19世纪90年代开始有北半球天气图以来,开始研究这个问题而且和太阳活动进行比较分析的是苏联学者吉尔斯。他把北半球分为大西洋欧洲区和太平洋北美洲区,分别统计环流型逐年逐日变化,绘制累积曲线比较以后得出结论,太阳活动衰减期,黑子相对数较小,北半球盛行纬向型环流,这时经向交换减少。太阳活动增强期,黑子相对数较大,北半球盛行经向型环流,这时输向中高纬度内陆的水汽增加。

作者仔细检查了吉尔斯的逐年逐月环流型统计资料,发现从1928年、1929年、1930年起,不同月份经向型环流日数逐渐增多。到1931年、1932年、1933年,经向型环流更明显在夏季超过纬向型环流。俄罗斯人在分型时并未着重针对东亚和中国,但这一结果却和中国旱涝长期变化非常契合。1931年,长江和淮河流域因多雨出现大水灾,1932年松花江流域又因多雨出现大水灾,都和环流变化相适应。黄河流域在南北先后转入丰水期以后,终于从1933年也进入丰水期。1933年正是太阳活动第17周的谷年,黄河水情变化可以用"强湿弱干,谷峰大水"来概括。峰年发生大洪水本来是古人的发现。但作者1959年研究这个问题获得这一认识时,尚未读到《续汉书·五行志》。当时是根据1959年黄河发生大洪水,经分析太阳活动恰为峰年而作此结论。

影响中国旱涝变化的虽然有四方面的自然地理因素。但是,由黄河的经验可知,太阳辐射、大气环流、地理环境这三项根本条件中,在几十年内地理环境基本未变的前提下,主要还是大气环流和太阳辐射发挥决定性作用。由于大气环流的能量来源于太阳,环流型的长期变化又和太阳黑子活动密切相关。因此,由太阳活动来预测大气环流,由环流来预测旱涝变化这一日地气象水文科学思想和理论就是合理的、符合实际的。当然,这里存在一个重大科学疑问,即太阳黑子活动能否代表太阳辐射变化。

五、太阳辐射的空间观测

自1837年C. Pouillet提出太阳常数以来,人们一直怀疑太阳辐射是否一定是一个常数。太阳是一颗周期性的变星。很难在理论上理解太阳辐射是不变的常数,且日面上的黑子、耀斑以及各种波段的射电流量和太阳风粒子却始终处于变化之中。但是由于一个世纪多以来在地面观测,看不出太阳辐射有什么变化,所以这一问题一直未得到解决。著名的太阳物理学家Abbot倾毕生精力研究太阳常数,他坚持太阳常数随太阳黑子变化而变化,终于因观测手段不理想和成果精确度不够高,无法作出结论。

从1978年11月开始,人类迎来了在空间观测太阳辐射的新时代,自那时以来已经在三颗卫星上安装了精密度大为提高的辐射仪。这三颗卫星为Nimbas-7ERB、SMM AC-RIM和ERBS。到1993年1月24日,已经整理过的观测资料,包括1978年11月至1993年1月的Nimbas-7ERB,1980年2月至1989年6月的SMM ACRIM,1984年10月至

1992 年 10 月的 ERBS 取得的全部太阳辐射结果。这一期间恰好和太阳黑子活动第 21 周及第 22 周相应。由观测结果得知,太阳辐射一直在变化之中,而且和太阳黑子活动周期变化基本上同步。三颗卫星的辐射仪测得太阳辐射量为 1 363 ～ 1 375 W/m²,Nimbus－7ERB 测量值较大,SMM ACRIM 居中,ERBS 测量值较小,略有差别。但都呈同步同期性变化,这点是一致的。

1996 年 3 月,作者在台北应台湾省水资源统一规划委员会等邀请作学术讲演时,尚未详谈上述结果。返回郑州黄河水利科学研究院以后不久,5 月北爱尔兰 Armagh 天文台天文学家 C. J. Butler 博士来郑州访问,向作者提供了有关资料。国际学术交流的开展,使作者在本书中可以详细说明,借此机会也向 Butler 表示谢意。当然,我们希望这一工作还要继续进行下去,并且改进仪器,提高精度,及时整理公布观测成果,以求尽早完全解决这一重大问题。

20 世纪 90 年代,太阳辐射空间观测成果的获得和确认,对太阳物理、日地空间物理和日地气象水文的进一步探索研究,都打开了新的篇章。地球表层由岩石圈、水圈、气圈、磁圈和生物圈组成。日地水文研究深切希望各圈层研究的联合和互相促进。由于磁圈的存在,大气运动的复杂性,太阳辐射对地球水文的影响,能量传递过程一定比较复杂,是非均一性的。到目前为止,日地能量传输过程研究偏重于空间和高层大气,在平流层下部和对流层上部仅有少量工作成果,希望今后在世界范围内,能够进一步组织起来,从高层大气到中低层大气及地面天气现象,作一番周密系统的持久观测和研究,1996 年底至 1997 年初,一系列对气候异常事件的出现可能仅是一个开始,在太阳活动第 23 周这一单周谷年附近出现的日地异常事件,希望对推进这项工作有所助益。

六、长江、淮河大洪水预测

日地水文学(Solar-Terrestrial Hydrology)是研究地球水文异常变化的日地物理成因和规律的一门边缘学科,它介于日地物理学和水文学之间。20 世纪初期,最早开辟这一学术领域的是竺可桢先生。他在 1925 年第一次分析了近两千年来中国各省水旱灾害变化和太阳黑子活动的关系,发现确实有一定的规律。1931 年,长江、淮河流域出现大暴雨大洪水,他又把日地水文研究集中于洪水问题。

1931 年 7 月 3 ～ 12 日和 18 ～ 26 日,沿长江中下游和淮河流域发生了大暴雨,湖北、安徽、河南、江苏降雨最多。江汉平原和淮南山地为暴雨中心,月降雨量达 700 ～ 1 000 mm。江苏泰县 947.0 mm,河南潢川 783.3 mm,湖北监利 782.0 mm,江苏盱眙 712.7 mm。河南息县、信阳,安徽安庆,江苏南京、镇江、南通、吴兴、高邮、海安等地降水量均超过 600 mm,多为常年同期的 3 ～ 6 倍。暴雨中心未设测站处有的雨量可能更大。

在大雨侵袭下,长江最大 30 d 和 60 d 洪量,在宜昌为 1 064 亿 m³、1 814 亿 m³,汉口为 1 922 亿 m³、3 302 亿 m³。8 月 19 日,汉口最高水位达 28.28 m,为 1865 年有记录以来至 1931 年的最高水位。如按未溃堤分洪(实际已决口)估算,汉口最大洪水流量达 79 500 m³/s。这一年苏、皖、赣、鄂、湘、豫、浙、鲁八省遭受水灾,灾区面积 32 万 km²,受灾人口约 1 亿人,2.55 亿亩(1 亩 ＝1/15 hm²)耕地受淹,死亡 9 万多人。

竺可桢1931年9月发表专文指出,1909年、1887年江淮地区也有大雨量,恰为太阳黑子活动11年周期的2倍。这一发现不仅在中国,而且在世界上也是具有开创性的。因为一般气象界和水文学界不认为暴雨洪水有长期的周期规律。实际上,竺可桢先生的观点是正确的。在1931年以后,历经多次检验,预测都得到证实。

1954年7月,江淮流域出现8次暴雨,最大日雨量安徽吴店423 mm、湖北螺山339 mm。最大3 d雨量安徽黄山458 mm、湖北城陵矶444 mm。8月14日,汉口最大流量为76 100 m³/s,大通最大流量为92 600 m³/s。湘、鄂、赣、皖、苏五省123个县(市)受灾,淹没农田4 755万亩,受灾人口1 888万人,死亡3万余人。

1975年8月,淮河出现大暴雨大洪水,河南林庄为暴雨中心,其强度接近世界最高记录,极为惊人。最大3 h、6 h、12 h、24 h雨量分别达到494.6 mm、830.1 mm、954.4 mm、1 060.3 mm,3 d雨量达1 600 mm。结果淮河产生特大洪水,板桥、石漫滩两个库容超过1亿m³的大型水库溃坝,又加重了洪水灾害。河南、安徽、江苏都出现严重水灾。1996年,长江中游又出现大洪水,暴雨集中于湘西一带,洞庭湖水系湘、资、沅、澧四水出现大洪水或特大洪水。长江干流又出现大洪水,汉口出现高水位。从上述1954年、1957年、1996年三次记录来看,竺可桢发现的22年周期性大洪水,每一次均得到证实。

为进一步研究江淮周期性大洪水,作者又研究了1887年以前的历史洪水情况,结果发现1709年、1733年、1755年、1776年、1796年、1823年、1844年、1866年也都有大洪水出现,其平均周期确为22年。周期性大洪水并不一定是最大洪水,其后也仍有可能出现更大洪水。两个典型事例是1860年和1870年,宜昌至枝城最大流量都达到近110 000 m³/s。

七、黄河大洪水预测

黄河是在中国和全世界都居第一位的洪水灾害最严重的河流,决溢改道的频繁世所罕见。下游25万km²的广大平原,都是黄河洪水泛滥和泥沙沉积的结果。

1961年冬在北京召开太阳活动和中国旱涝关系学术讨论会,作者在《太阳黑子—历史水旱—大河径流及河床演变的初步研究》一文中,首次公布了太阳活动和北半球大气环流长期变化对黄河径流、污水、泥沙有密切影响的发现,以及太阳活动谷峰年份常出现大洪水的规律。当时尚未进行正式预测,但曾提出1964年黄河水量将要转丰,可能出现较大洪水的分析。1964年,龙门果然出现大洪水,洪峰流量17 300 m³/s,兰州、潼关、花园口三站年径流量分别增至446.7亿m³、699.3亿m³、861.1亿m³,均为多年未见的大流量。

1966~1967年正当"文化大革命"时期,开展工作很难。但作者根据天文预报,1967年为20周峰年或峰前一年,而1967年1~3月黑子相对数均已超过110,活动很强。再分析1966年黄河中游泾河、北洛河已出现大洪水,研究后认为确属黄河干流将出现大洪水的先兆。因此,经详加论证后正式上报黄河防汛总指挥部和中央防汛总指挥部,并建议召开会商会结合中短期预报进行讨论。以后,这一讨论在北京进行,中短期天气预报认为黄河北干流即将出现大暴雨。8月10日,龙门洪峰流量高达21 000 m³/s,超过10 000 m³/s

的洪水接连出现 5 次。

1975 年已临近谷年，黑子相对数已降为 15.5。当年淮河已出现大洪水。1975 年 12 月至 1976 年 2 月日面极为宁静，接连三个月黑子相对数小于 10，因而分析后预计黄河中游可能再次出现大洪水。后来，吴堡（在龙门之上）果然出现 24 000 m³/s 有实测以来的最大洪水。1977 年为谷年后一年，太阳活动仍弱，潼关又出现 15 400 m³/s 的洪水。至此，峰谷年份多出现大洪水的规律均得到证实。

1979 ~ 1980 年为太阳活动 21 周峰年，活动强烈，相对数大于 20 周很显著。1979 年 9 月以后，连续四个月活动特别强。而 1981 ~ 1982 年又是行星会合时期。经详细分析三百年来六次类似的太阳活动增强期的第一个峰期、五百年中三次类似行星会合时期，几乎每一次黄河都发生大洪水。因此，正式向国家提出预报，并在《人民黄河》上发表专文。1981 年黄河上游果然出现大洪水，兰州洪峰流量为 1904 年以来最大。1982 年，黄河下游又出现大洪水，花园口洪峰流量为 15 300 m³/s（陆浑水库削减洪峰约 3 000 m³/s），也是 1958 年以后的最大洪水。

1989 ~ 1992 年为太阳活动 22 周双峰峰年，1992 年黄河中游潼关以上会出现较大洪水。1994 年中游大支流无定河和北洛河又出现大洪水。1996 年接近谷年，今后是否有大洪水出现尚待检验。

八、北方大旱预测

中国的西北、华北和东北部分地区位于中纬度地带，为东亚季风活动水汽输送的北部边界附近，总降水量小，且多年间变化幅度很大。这一带上空盛行西风，又极为干燥。所以非常容易出现干旱。

通常所说的大旱是指面积大、持续久、雨水连年显著偏小的干旱。这种干旱不仅仅是一两季度出现的干旱，也不是一小片面积出现的干旱，它们影响较小。前已述及，每当北半球亚欧大陆盛行纬向型大气环流时，从西太平洋、南海和印度洋及孟加拉湾来的水汽，一般很难到达中纬度地带，特别是秦岭以北和黄河以北。如果一连多年纬向型环流均居于统治地位，中国北方大旱即将形成。

1960 年和 1961 年位于太阳活动 19 周峰后开始衰减之时，这时纬向环流即趋于盛行。所以那两年北方干旱，及至太阳活动第 20 周衰减时，最典型的为 1972 年。1972 年夏秋季节河北、山西、陕西、内蒙古、宁夏、甘肃，还有辽宁西部都会出现干旱。其中以山西、陕西最重，月、季、年降水量都显著减少。同时，新疆、中亚以及北非也出现严重干旱，其中又以北非为最重。

这种情况在 20 世纪 80 年代、90 年代都曾再次出现，而毫无例外。1984 ~ 1986 年、1993 ~ 1996 年上半年都在中国北方出现持续大旱。因此，从这几十年的预测经验看，这种日地关系应用于干旱预测是可以的。以后应该继续深入研究在干旱区内如何预测不同轻重程度干旱的分布、起讫时间和干旱中心。对干旱中心来说，更需要研究雨量减小极值的预测方法。

九、日地水文学的进展

日地水文学要继续向前发展,要在以下几个方面把握科学进步的契机,踏实地进行工作。

第一,整理分析各种观测手段获得的记录,现代的、历史的、古代的,最好通过细微的工作,对每一条河流、每一个地区都能建立一个长期水文序列。这个序列不要因为观测手段和记录方法不同而缺乏可比性。历史时期有文字描述记录的要用。古代缺乏文字记录时,也要设法用树木年轮、沉积物和洪水痕迹,以及某些现代科技方法复原的材料进行反复考证。在这里边则又要以异常水文事件为主,作详细分析。有了分析和物理基础,就能找出预测方法。

第二,要做各种对比性研究,如以台湾省为例,应该研究台风暴雨,但还应研究梅雨,同时也不能忽视干旱。台风暴雨本身也有很大不同,需要比较。台风暴雨和梅雨期降水,成因不同,后果不同,干旱自然更不相同。先分别研究,然后一一进行对比。要在对比中探索出它们之间的差别。没有这种区别,不可能建立有效的预测方法。

第三,要参与预测。有些人只做研究,从来不做预测,要提倡预测和研究相互结合。在中国物理学会、中国气象学会、中国水利学会、中国地震学会的共同支持下,除原有的一整套行政预测会商(中国气象局和水利部授权机构)外,我们又建立了一种科学的预测体制,互相配合。水利部和中国气象局统一发布预测。但任何一个预测科学工作者都有权利向预测专业委员会提出自己的预测,只不过他不能向公众随意发表公布。不做预测的研究者少了预测的实际经验,非常不利于自己的研究。

第四,要学习自己不熟悉的其他有关科学,如天文学、太阳物理学、日地空间物理学、气象学、气候学、海洋学、气候变迁、自然地理学、历史地理学、古文献学等。只有自己学懂了多种学科,才可能自己开展或参与开展日地水文的各有关学科合作。许多学科的发展都有一个如何吸取其他学科成就的问题。日地水文学如果不学习相邻学科就不会发展。

第五,要随时注意从太阳活动预报知道自己身边的有关变化。太阳地球物理数据(S. G. D.)月数、年报都可以给大家提供已经出现过的变化,而太阳活动预报中心(中国设在北京海淀区中关村北京天文台)则随时提供未来一段时间的预报。此外,地磁、极光、天气图、邻近地区和国家的异常灾害都应当留心。要警惕异常变化和善于抓住先兆,这是做好预测的条件之一。

当代空间观测已为太阳辐射打下一个很好的基础,但还应该继续进行下去。并且逐步包含能量传输的各个方面都应有实测成果。针对地球表面水文变化做的各项研究,要和这些观测结合。观测—整理分析—研究—预测—验证,五个环节合起来才是一个整体。

目　录

Contents

第一章　中国暴雨洪水特性及
其在世界的地位

中国是世界上暴雨洪水灾害最严重的国家,最大洪峰流量大于 10 000 m³/s 的河流近100 条,其中主要河流 45 条。自远古以来,中华民族就既有防灾胜于救灾的认识,又有观测太阳活动、探索大洪水出现规律的科学传统。

自 20 世纪 20 年代至今,在竺可桢的带领和影响下,从当代洪水到历史洪水,从暴雨、径流、一般洪水到大暴雨洪水和跨几大流域的特大暴雨洪水,从物理基础研究到预测方法和在防汛中的应用研究,最后发展到从研究中国河流最大洪水到研究世界河流最大洪水,中国对日地水文学的进步做了大量工作。

图 1-1 是全球 141 条大洪水河流分布图。由图可知,最密集的地区为东亚和南亚,最主要的国家为中国,台湾省面积仅 3.6 万 km² 却有 7 条河流洪峰流量大于 10 000 m³/s,不但在中国,而且在全世界都属于前列。所以,为防治洪水灾害和研究暴雨洪水日地水文学都应该重视台湾省。

中国古代已有日地水文关系的发现,竺可桢在 1925 年和 1931 年开拓了现代科学的研究,他对长江流域和淮河流域大洪水出现规律有重要发现。1958 年黄河出现大洪水后,作者从黄河大洪水出现规律的研究和发现开始,逐渐发展到对全国和全世界河流的研究,前后已经 39 年。现在全国所有主要河流都在进行研究,并已取得许多成果。有些在国际上发表,处于领先地位。自 20 世纪 50 年代以来,苏联、日本、美国、德国等国家有一些学者从事研究,其中也有重要成果发表。

日地水文学(Solar-Terrestrial Hydrology)是研究地球水文变化的日地物理成因和规律的一门边缘学科,介于日地物理学和水文学之间,并和气候变迁及天气学有密切的关系。它的研究重点是水文异常变化,暴雨洪水是一个方面,另一方面是干旱枯水。这门学科于1978 年由作者提出命名。1989 年,我国《自然科学年鉴》特载专栏发表了作者的《日地水文研究三十年》总结论文,从而普遍使用。

第一节　中国暴雨及洪水特性

中国最大点暴雨量和世界记录非常接近,黄河中游不到 10 h 的最大点暴雨量还出现过超过世界以往的记录。1996 年 7 月 31 日至 8 月 1 日,由于台风影响,台湾省中部阿里山站最大 24 h 雨量达 1 748.5 mm,超过 1967 年 10 月 18～19 日间 24 h 的 1 672 mm 新寮原有记录,距世界最高记录 1 870 mm 仅相差 6.5%。图 1-2 最大雨量历时关系中自 30 min 至 3 d,中国已有实测和调查记录与世界最高记录均极接近。从 6 h 以内许多北方调查记录可知,雨量站布设仍显不足,现有记录以后仍有突破的可能。

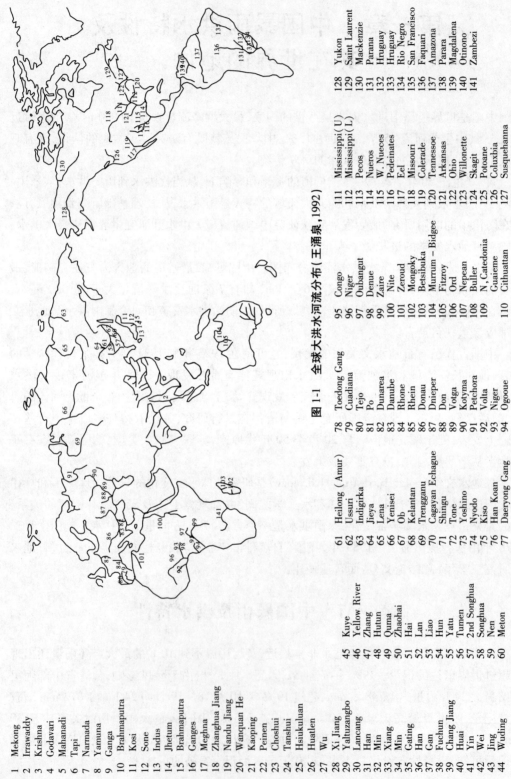

图 1-1　全球大洪水河流分布（王涌泉，1992）

1	Mekong	45	Kuye	95	Congo
2	Irrawaddy	46	Yellow River	96	Niger
3	Krishna	47	Zhang	97	Oubangut
4	Godavari	48	Hutun	98	Denue
5	Mahanadi	49	Ouma	99	Zaire
6	Tapi	50	Zhaohai	100	Nite
7	Narmada	51	Hai	101	Zeroud
8	Yamuna	52	Lan	102	Mongoky
9	Ganga	53	Gan	103	Betsibuka
10	Brahmaputra	54	Hun	104	Murrum – Bidgee
11	Kosi	55	Yatu	105	Fitzroy
12	Sone	56	2nd Songhua	106	Ord
13	Indus	57	Songhua	107	Nepean
14	Jhetum	58	Nen	108	Buller
15	Brahmaputra	59	Jing	109	N, Catedonia
16	Ganges	60	Meton	110	Cithuattan
17	Meghna	61	Heilong（Amur）	111	Mississippi（U）
18	Zhanghua Jiang	62	Ussuri	112	Mississippi（L）
19	Nandu Jiang	63	Indigirka	113	Pecos
20	Wanquan He	64	Jieya	114	Nueros
21	Kaoping	65	Lena	115	W. Nueces
22	Peinen	66	Yenisei	116	Pedeinates
23	Choshui	67	Ob	117	Eel
24	Tanshui	68	Kelantan	118	Missouri
25	Hsiukuluan	69	Trengganu	119	Colerade
26	Huatlen	70	Cagayan Echague	120	Tennessoe
27	Wu	71	Shingu	121	Arkansas
28	Xi Jiang	72	Tone	122	Ohio
29	Yaltuzangbo	73	Yoshino	123	Willonette
30	Lancang	74	Nyodo	124	Skagit
31	Han	75	Kiso	125	Potoane
32	Min	76	Han Koan	126	Coluxbia
33	Xiang	77	Daeryong Gang	127	Susquehanna
34	Min	78	Toedong Gang	128	Yukon
35	Gating	79	Cuadiana	129	Saint Laurent
36	Han	80	Tejo	130	Mackenzie
37	Gan	81	Po	131	Parana
38	Fuchun	82	Dunarea	132	Hruguay
39	Chang Jiang	83	Danube	133	Hruguay
40	Huai	84	Rhone	134	Rio Negro
41	Yin	85	Rhein	135	San Francisco
42	Wei	86	Donau	136	Faquari
43	Jing	87	Dnieper	137	Amazona
44	Wuding	88	Don	138	Pararа
		89	Votga	139	Magdalena
		90	Kotyma	140	Otinono
		91	Petchora	141	Zambezi
		92	Volta		
		93	Niger		
		94	Ogoue		

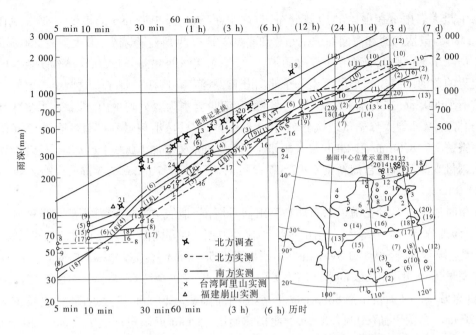

图 1-2　最大雨量历时关系（王家祁，胡明思，1990；王涌泉，1996）

一场特大暴雨常常在过程中的某一时段达到最强，这和洪峰形态及急涨速度有相应关系，对破堤造成灾害有直接联系，应特别给予注意。图 1-3 选择 1975 年 8 月河南林庄暴雨从不到 10 min 到 72 h 变化和世界记录的比较。非常明显，从 10 min 到 6 h 以迅速递增的强度，逐渐与世界最高记录接近。此后，林庄暴雨和世界记录即拉大差距。

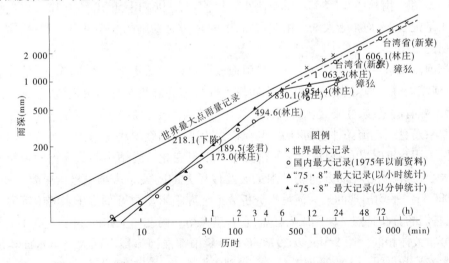

图 1-3　"75·8"暴雨与国内外特大暴雨记录比较

1992 年 7 月福建崩山的一场暴雨，由于具有每 15 min 的连续自记遥测记录，从而得知，最强的降雨时段其实是集中在一个较短时间内，其中稍有间隔，在三段 15 min 内，接连出现 50～117 mm 的极强降雨。

24 h 最大点雨量在中国的地域分布,首先显示 500～1 750 mm 的极值主要出现在 102°E 以东的包括台湾和海南在内的东半部。102°E 以西则显著减少,最大只有 200 mm 左右。而在东半部则又有两个主要暴雨带,一个呈东南—西北向分布,从台湾到陕西与内蒙古交界的黄河中游。一个呈西南—东北向分布,从海南、广西到辽宁。这两个主要暴雨带都曾有 1 000 mm 左右暴雨的多次记录。最高记录分别为台湾阿里山、内蒙古木多才当和河南林庄。3 d 最大点雨量地域分布与 24 h 相类似,只是出现最高记录的台湾,3 d 雨量为新寮的 2 748.6 mm,比 24 h 最大雨量 1 748.5 mm 又增加 1 000.1 mm。更长时段现有最大雨量观测记录为台湾新寮 6 d 2 827.7 mm,河北獐犹 7 d 2 051.5 mm,台湾大埔 11 d 3 129.9 mm。

短历时最大点雨量受雨量站布局和测雨器具所限,地域分布规律尚待进一步积累资料,作更详细分析。从调查和实测记录统一比较,中国北方内陆地区反而更强。例如,5 min 最大点雨量,陕西黑峡口 59.1 mm,山西梅洞沟 53.1 mm,台湾六溪 45.0 mm。10 min 最大点雨量,河北围场 93.3 mm,台湾小关山 87.0 mm,广东金坑 84.8 mm,山西忻县 80.0 mm。台湾另一记录为梨山南 88.5 mm,仍小于河北围场。20 min 最大点雨量,内蒙古大碾子 120 mm,台湾甲仙(2)117.5 mm。而福建崩山 15 min 点雨量即达 117 mm。30 min 最大点雨量,河北四棵树沟 280 mm,青海小叶坝 240 mm,台湾甲仙(2)仅 160 mm。1～1.5 h 最大点雨量情况仍较类似,台湾头汴坑 1 h 300 mm,同一地点 1.5 h 430 mm。但内蒙古上地 1 h 401 mm,甘肃高家河 1.2 h 440 mm,河北玻璃沟 1.5 h 430 mm。2 h、3 h 最大点雨量,台湾头汴坑 560 mm 及 614 mm,大于内蒙古于家湾子 2 h 489 mm 和河北段家庄 600 mm。但 4 h、6 h 最大点雨量,台湾头汴坑 670 mm 及 760.4 mm,却又比山东石河头 4 h 740 mm 和河南林庄 6 h 830.1 mm 为小。经检查,1996 年阿里山暴雨 12 h 以内的各短历时雨量记录,又均小于大陆。由此可知,中国短历时暴雨的复杂性及严重性,需要继续进行研究。

中国河流洪水主要集中于夏秋季,暴雨形成的洪水上涨迅速。南方河流洪峰比较平缓,北方河流洪峰尖瘦,但南方山区中小河流洪峰也多为陡涨陡落。大河流,包括北方的大河流,洪峰有时平缓,主要是由降雨历时长而汇流时间更长造成的。河流洪水流量大小固然和水系发育及汇流条件密切有关,但在很大程度上仍然取决于暴雨。当流域面积和暴雨落区面积相近时,更主要取决于暴雨分布和雨量变化。暴雨中心最大点雨量及其周围雨量大小,暴雨中心移动方向和洪水汇流及传播方向的关系影响也极为重要。图 1-4 以每 1 000 km^2 平均出现的最大流量来分析数千平方千米至数万平方千米的中等河流洪水,研究它们的分布特点。由图 1-4 可知,它和呈东南—西北向分布的 24 h 至 3 d 主要暴雨带的分布大体相同。图 1-5 又以 1975 年 8 月暴雨在淮河流域不同大小集水面积所形成的最大流量和世界最大流量加以对比。由图 1-5 可知,在 10 000 km^2 以内,国内实测及调查最大流量和这次暴雨形成的最大流量,都和世界记录持平。在 800～10 000 km^2 范围内,甚至比世界记录略大。集水面积的这一量级其实正和最大暴雨中心面积相应。

按最大洪水流量划分河流,可以把中国河流分成以下三级。

第 I 级河流,$Q_m \geqslant 50\ 000\ \mathrm{m^3/s}$:

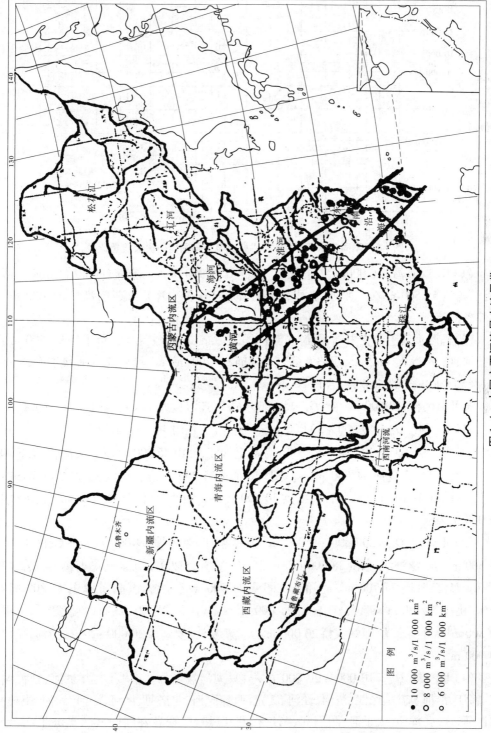

图 1-4　中国主要河流最大流量带

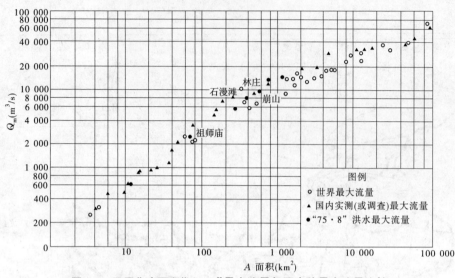

图 1-5 不同集水面积"75·8"最大流量与国内外最大流量比较

(1)长江,宜昌 110 000 m³/s。汉江,碾盘山 57 900 m³/s。嘉陵江,北碚 57 300 m³/s。西江,梧州 54 500 m³/s。黄河,陕县 53 100 m³/s(作者估算)。岷江,高场 51 000 m³/s。共 6 条河流。

(2)国际河流上游在中国,下游在其他国家。布拉马普特拉河,贾木纳 93 500 m³/s。湄公河,桔井 75 700 m³/s。伊洛瓦底江,Katha 63 700 m³/s。黑龙江 – 阿穆尔河,Komsomolsk 50 000 m³/s。共 4 条,合计 10 条。

第 Ⅱ 级河流,10 000 m³/s ≤ Q_m < 50 000 m³/s,按流量大小又可以分为以下四级:

(1)Ⅱ₁ 级。Q_m = 40 000 ~ 50 000 m³/s:鸭绿江,荒沟 44 800 m³/s。

(2)Ⅱ₂ 级。Q_m = 30 000 ~ 40 000 m³/s:金沙江,屏山 36 900 m³/s。滦河,滦县 35 000 m³/s。大凌河,大凌河 34 500 m³/s。闽江,竹岐 34 200 m³/s。沅江,桃源 34 000 m³/s。澧水,三江口 31 100 m³/s。涪江,射洪 30 400 m³/s。瓯江,圩仁 30 400 m³/s。沂河,临沂 30 000 m³/s。

(3)Ⅱ₃ 级。Q_m = 20 000 ~ 30 000 m³/s:钱塘江,芦茨埠 29 000 m³/s。昌化江,实桥 28 300 m³/s。澜沧江,景洪 28 300 m³/s。兰江,兰溪 25 200 m³/s。秀姑峦溪,奇美 24 800 m³/s。赣江,外洲 24 700 m³/s。湘江,湘潭 23 900 m³/s。滹沱河,黄壁庄 23 800 m³/s。资水,桃江 21 500 m³/s。北江,横石 21 000 m³/s。乌江,武隆 21 000 m³/s。建溪,七里街 20 300 m³/s。浊水溪,西螺大桥 20 000 m³/s。新安江,罗桐埠 20 000 m³/s。伊河,龙门镇 20 000 m³/s。

(4)Ⅱ₄ 级。Q_m = 10 000 ~ 20 000 m³/s:只列河流名称。南渡江、万泉河、雅鲁藏布江、韩江、淮河、清江、沱江、渭河、泾河、无定河、窟野河、北洛河、洛河、沁河、漳河、拒马河、潮白河、辽河、浑河、太子河、图们江、第二松花江、嫩江、松花江、牡丹江、乌苏里江、崇阳溪、富屯溪、衢江、分水江、大溪、小溪、信江、乐安江、昌河、修水、淡水河、乌溪、高屏溪、花莲溪、卑南溪。

以上 II_1 级河流 1 条，II_2 级河流 9 条，II_3 级河流 15 条，II_4 级河流 41 条,合计 66 条。第 I 级和第 II 级河流以下总计 76 条,II_4 级河流统计尚未完整,有一些小河和防洪问题尚未突出的没有列入。还有一些河流洪水流量超过 9 500 m^3/s,甚至很接近 10 000 m^3/s 也未列入,均属于第 III 级河流。

第二节　成因与灾害及最大洪水比流量

和世界上其他国家的河流相比,中国暴雨洪水有其特殊的成因,造成的灾害比其他国家严重也有其特点。而作为产流特性的一种指标,中国河流最大洪水比流量在全世界河流中所处的地位更与众不同。这些都需要进一步认识。

图 1-6 概要说明中国由于气候和地理条件的影响,决定暴雨洪水特性的四项主要因素。自从青藏高原隆起,亚欧大陆和非洲有了现在这样的格局,虽然中间也有漫长的演变过程,但这四项主要因素一直没有离开对中国水环境的制约。在未来相当长时间内也仍然会保持它们的作用。

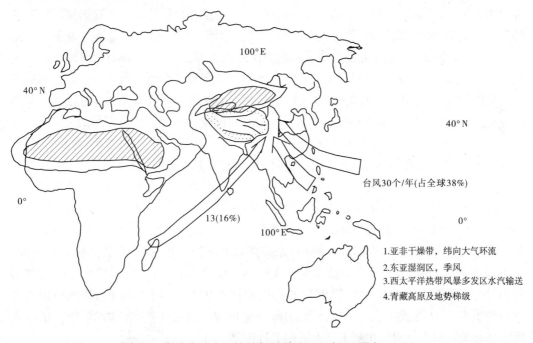

图 1-6　影响中国水环境的气候及地理要素(王涌泉,1983)

首先,从北非经过阿拉伯半岛、西亚、中亚到中国西北部地区、蒙古国,再到中国内蒙古和辽宁西部,这一全球降水量最少的(一般≤300 mm,中心≤100 mm)亚非干燥带,正好横亘于中国北部。干燥带上空正当北半球中纬度的西风带,这里是最易盛行纬向型大气环流的地方。不但总降水量很少,而且降雨多以暴雨形式出现。

但是东亚又是全世界季风活动最活跃的湿润区。一方面东南气流带来西太平洋的大量水汽,另一方面西南气流又带来丰沛的印度洋和孟加拉湾的水汽,再有南海热带海洋也有水汽向北输送。所以,中国东半部比西北部降水量大为增加,遇到纬向型环流强盛时,多雨区偏南。纬向型环流减弱时,如果经向型环流控制东亚,多雨区就要向北推进。原来干燥少雨的地区也会变得多雨。

西太平洋地区是全世界热带风暴最多发的地区,平均每年这里要生成 30 个热带风暴,约占全球的 38%,其中相当大部分强化变成台风。据统计,侵袭中国海岸和岛屿的热带气旋年总频数则更高,平均每年侵袭台湾和经过台湾侵袭福建的过境热带气旋共约 97 个,侵袭海南的约 80 个,在广西、广东、福建、浙江和上海五省(市)登陆的共约 213 个,详见图 1-7。这些都是中国暴雨洪水的水汽强劲来源。

中国大陆大约有 1/4 的面积为青藏高原,而它又正好位于西南部。它 5 000 m 以上的高度和特定的位置,既便于导引自印度洋和孟加拉湾来的西南气流,沿高原东侧北上,和从东南及南方来的水汽相会合,又恰好能够阻挡这些暖湿气流过分西伸,从而促使在它的东侧和冷空气的南侧形成大量降雨。雨区则正是从高原到东部沿海平原和丘陵之间的过渡地区,地势梯级给地形切割和水系发育创造了条件,大暴雨大洪水的出现自是当然。

中国暴雨洪水灾害之所以十分严重,固然是由于上述水环境的特点。但这并不是全部原因,而且也不是日地水文学的主要研究内容,气候学和自然地理学会继续深入研究这些问题。暴雨洪水灾害严重,除去人口密集居住于沿河、沿海、平原和盆地等易于受灾地带,以及工农业和交通运输业的发展常常迫使洪水难以调蓄和下泄,而对大暴雨大洪水的防御能力又常因河湖水库淤积堵塞和管理不善显著下降等社会原因和工程原因造成的不良后果以外,一个非常重要的原因,是人们通常并不了解暴雨洪水为什么有时很大很强烈很可怕,甚至具有毁灭性而无法抗拒。而另外很长时间则一直没有什么大暴雨大洪水。即一般人包括部分专家都不清楚水文异常变化的规律,更不用说预测预防做到恰如其分了。

中国河流的径流、洪水、最大洪水,当然同样,降雨、暴雨、最大暴雨,其实从来都在变化之中。世界其他国家的河流洪水和降雨也都一样一直在变化之中。图 1-8 是第四纪地质时期以来,近 110 万年间,中国水变化最敏感的黄河中游黄土地区年平均降水量从 200 mm 到 700~800 mm 的波动变化的情况。降水量非丰即枯,相差达 3.5~4 倍。这是以万年为单位。图 1-9 是中国西部近 1 000 年来的降水和旱涝变化,波动起伏同样一直不停。图 1-10 是长江近 40 多年来上中游实测水文序列的变化,情况也一样。后面这两份材料时间尺度已缩短三四个数量级,但水文波动丰枯变化却贯穿始终。是什么物理原因形成这样的事实,能不能找出它的规律,预测何时可能出现大暴雨大洪水,这就是摆在亿万人民和各有关学科专家以及主政人员面前的共同问题。

在真正探索、解决这一重大科学课题之前,还应该了解一个事实,即中国河流的问题在世界上处于何种地位,我们能否自己不做研究,完全等待和依靠外国人去研究,等他们取得成果,我们跟着应用。这是不应该的,也是不可能办到的。图 1-11 为最大洪水比流量(产流率)与流域面积关系图。中国是全世界大洪水河流最多的国家,也应该由中国来研究解决自己的问题。任何别的国家都没有中国这样突出的问题,他们也不会来研究中国河流。从图 1-11 可知,流域面积 10 万~100 万 km² 的河流中,南亚和东亚的河流产流

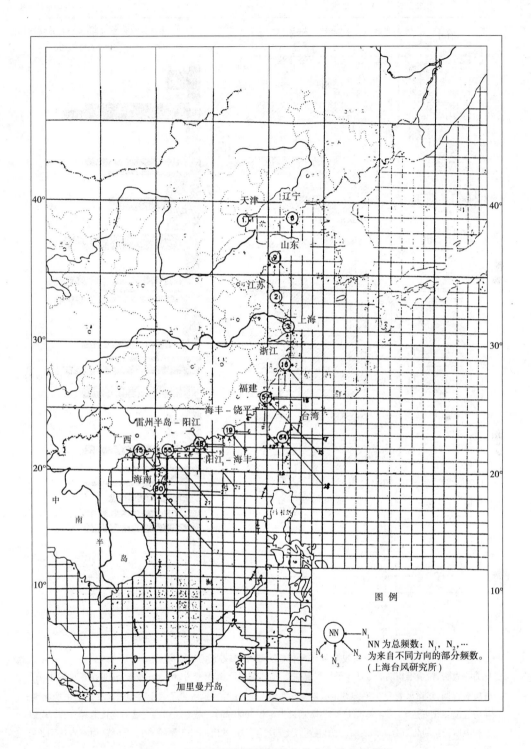

图 1-7 侵袭我国海岸的热带气旋来向的年总频数

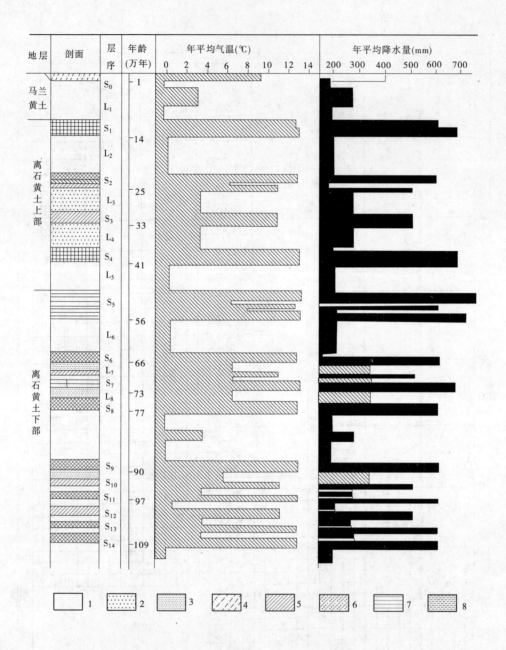

1—弱风化黄土；2—中等风化黄土；3—显著风化黄土；4—黑垆土；

5—碳酸盐褐土；6—褐土；7—淋溶褐土；8—棕褐土

注：此曲线表明，粉尘堆积期的最低年平均气温在 0 ℃ 或其以下，降水量为 200 mm 左右；S_6 成壤期反映了一个气候最宜期，年降水量为 700～800 mm，年均气温为 12～14 ℃。这提供了黄土高原气候变迁的可能幅度；年均气温变化可达 12～14 ℃ 或更多，降水量为 500～600 mm。褐土序列古土壤的近代地理分布，蜗牛、啮齿类以及孢粉化石分析都表明，黄土高原温湿期环境变迁的南界位于秦岭—淮河一线，而不致达到长江以南。

图 1-8 中国水变化（敏感区）黄河中游 110 万年来降水量（刘东生，1985）

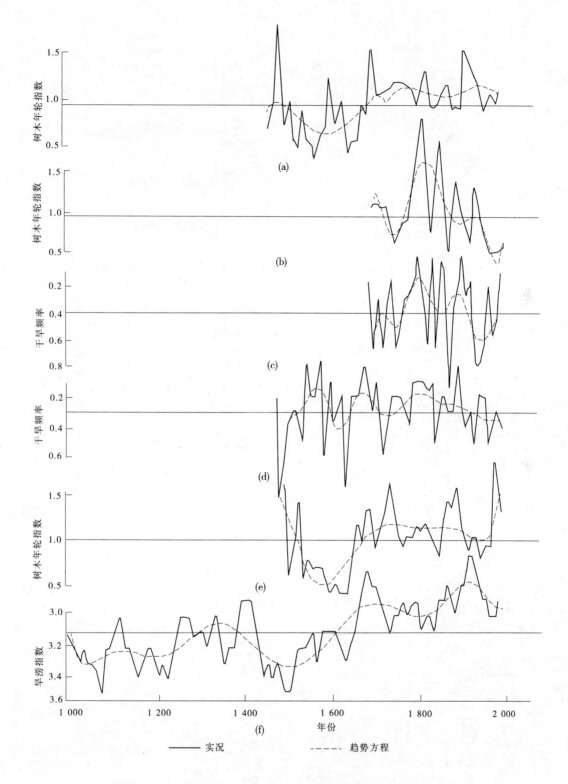

图 1-9　我国西部近 1 000 年来降水和旱涝变化（徐国昌等，1991）

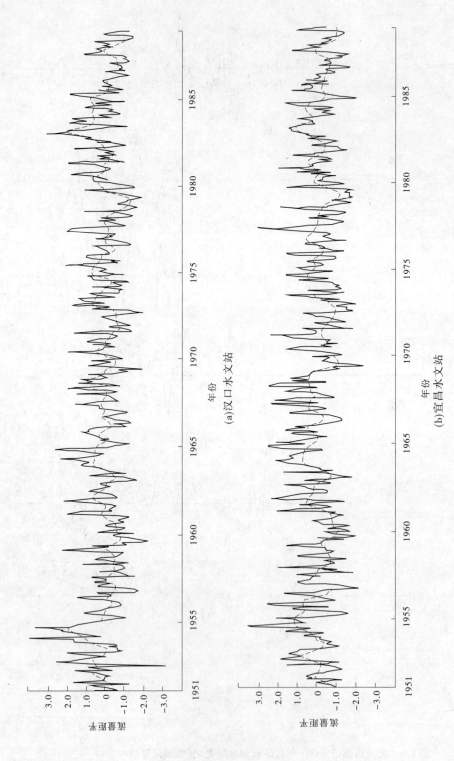

图 1-10 长江中、上游流量的实测序列（折线）和模拟序列（点实线）（英如平，1993）

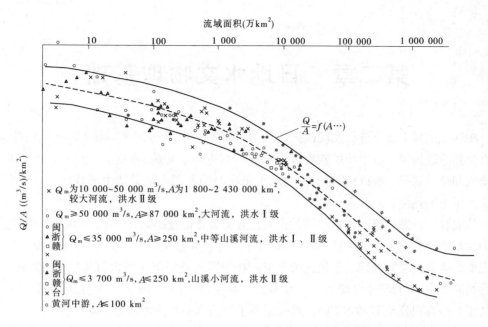

图 1-11　最大洪水比流量(产流率)与流域面积关系

率最长。流域面积 1 万 ~ 10 万 km² 的河流,中国的情况最复杂,产流率高低都有。流域面积 1 万 km² 以内的河流,中国又高居榜首,其中特别是台湾、海南和浙江的一些中小河流。所以,探索解决这一问题,我们责无旁贷。

第二章 日地水文物理基础

中国是世界上最早进行大规模兴建防洪工程的国家,距今四千年前大禹治水的业绩,一直受到后世传颂。以中华民族为骨干形成的东方科学传统,重视天—地—人关系的综合研究和统一认识。所以,地球上人类对太阳活动的观测和记录从中国开始。日地水文学发源于中国是必然的。

从现有考古发掘遗存实物和历代正史及有关著作记载得知,至少在五六千年前,先民已经从长期观测太阳中了解到,日面上有黑子活动。并且从两千年前开始,不间断地用文字把太阳活动的时间、形态、变化记录下来。在中国这样坚持一千六百年以后,欧洲由于望远镜的发明,伽利略才发现太阳上有黑子。但是,他的发现触怒了教会,因而受到审判和禁止。一直到公元1749年以后,对太阳黑子的望远镜观测才得以正常进行。

20世纪40年代以后,对太阳的射电观测逐渐兴起。经过近半个世纪的积累,现已得知2 800 MHz太阳射电流量的长期变化,也和同期黑子变化类似。及至70年代后期,人类从空间观测太阳的时期到来。从1978年11月到1984年10月先后启动了三颗观测卫星(Nimbus－7,SMM ACRIM及ERBS)的太阳辐射计。截至目前,已经得知,太阳黑子和射电都有11年左右的周期性强弱变化,太阳辐射也有类似的周期性波动。现在全世界主要天文台联网,每天24 h环绕地球总有一些天文台可以对太阳不间断地进行观测,并且观测内容和精度大为提高。

中国古代能取得大暴雨大洪水的出现预测和太阳黑子活动有某种确定关系的认识,是非常不容易的。不单是要经过长期不断的观测和经验积累,还要经过一再的验证。而且必须经过分析和判断,还要有相应理论的指导。古人目视观测黑子,只能看到大黑子和黑子群。并不是所有的大洪水都只有在大黑子群显示时才出现。但大黑子群出现时常常出现大洪水,古人能够辨别清楚做出结论,先肯定这一条规律客观上存在,这是很高的智慧。我们现在可以在更广泛更深入的层面上探讨日地水文物理,但决不能忘记先人的贡献。

第一节 中国古代太阳活动观测及日地水文认识

史前时期,中国已经有了对太阳活动的观测和初步认识,是20世纪70年代以来对河南郑州北郊黄河边的大河村遗址和浙江余姚曹娥江畔的河姆渡遗址,进行考古发掘发现了绘有太阳图像的彩陶和雕刻太阳图像的象牙雕物,才获得确认的,参见图2-1～图2-3。大河村彩陶有两种太阳图像,一种日面上没有绘黑子,一种绘黑子。都是如实描绘对太阳观察的结果,这也说明先民当时已经知道日面上的黑子是有变化的。有就绘有,没有就绘没有,正是科学的求实精神。河姆渡牙雕可能是越民族先民祭祀用的一件圣物,雕刻着两只振翅飞翔的鸟,扶持着从水面上刚刚升起的太阳,烈焰升腾,蓬勃向上。可能是为了悬

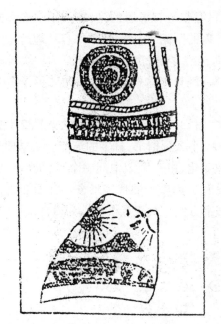
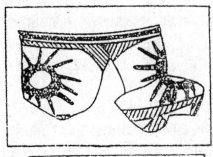
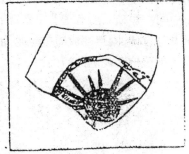

图 2-1　大河村彩陶的太阳图像(日中未绘黑子)

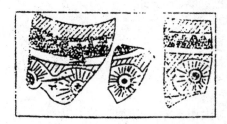

图 2-2　大河村彩陶的太阳黑子图像(日中绘黑子)

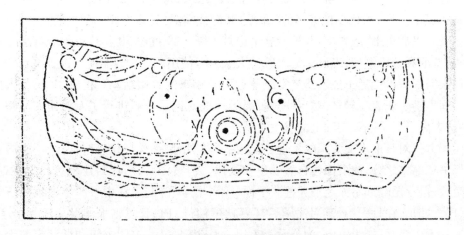

图 2-3　河姆渡双鸟朝阳牙雕的太阳黑子图像(日中绘黑子)

挂方便,牙雕上凿有六个穿孔,可以用绳悬挂。但非常有意思的是,在太阳中部和两只鸟的眼睛上各雕刻一个圆形浅坑,但却不凿透。鸟的眼睛不能凿成穿孔容易理解。太阳中部的圆形浅坑当是黑子,不把它凿穿显示当时已经了解,黑子只是日面上一块较暗的地方,既不表示太阳上有洞,又要表示它确实存在,就只能这样做。太阳牙雕黑子图像这样处理令人赞叹。

中国文字的创造有一个漫长的过程,今文"日"字是象形创字的代表。图2-4显示了自新石器晚期以来,从图像到甲骨文、商周金文、小篆到楷书,日字的演变。从早期光芒四射的太阳开始在中心绘有黑子,中间经过种种变化,由一个圆中间一个点,最后变成一个竖长方形中间一短横。所有这些字形,始终没有丢掉黑子的代表形象。圆面变成长方主要是为了书写方便,圆点变成短横也是为了书字方便。代表黑子的点和横都位于中间,则说明古人对黑子位置观测的精确性。

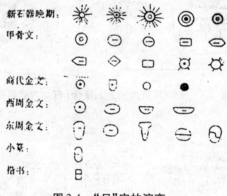

图2-4 "日"字的演变

更重要的自然是中国历代史籍中对太阳活动的详细记载。其实在《周易》中早已有"日中见斗"的记录。正史中的记载现知是从《汉书·五行志》河平元年开始的,"三月乙未,日出黄,有黑气大如钱,居日中央"(据考证,"乙未"应为己未,即公元前28年5月10日),原件见图2-5。宋代郑樵编纂的《通志》和清代编辑的《古今图书集成》都曾整理了历代的记录。以后史书、地方志、各种专著中记录不断。20世纪70年代曾组织许多专家进行普查、考证和分析整理,现已汇集出版供大家参考使用。中国科学院云南天文台一个小组专门根据中国古代黑子记录研究复原了近两千年来的太阳活动。由于17世纪太阳活动和中国旱涝变化表现异常,对这一时段黑子和极光记录著者进行了专门研究。举世公认,中国古黑子记录是天文学上的重大贡献。

中国古代对日地水文关系的发现,记录在古微书的一种《春秋感精符》上。中国古书曾有经书和纬书之分,纬书探讨自然现象和规律。但秦以后,历代封建统治者常有查禁,甚至焚毁,保存至今远不如经书完整。幸而《续汉书·五行志》在中平四年记载:"三月丙申,黑气大如瓜,在日中"。其后注译了"《春秋感精符》曰:日黑则水淫溢",经初步考证,该年三月无丙申,可能为庚申,为公元187年3月29日。北方图书馆和浙江宁波天一阁图书馆现在还藏有《春秋感精符》明清刊本。日黑指日面出现大黑子或大黑子群,水淫溢

· 16 ·

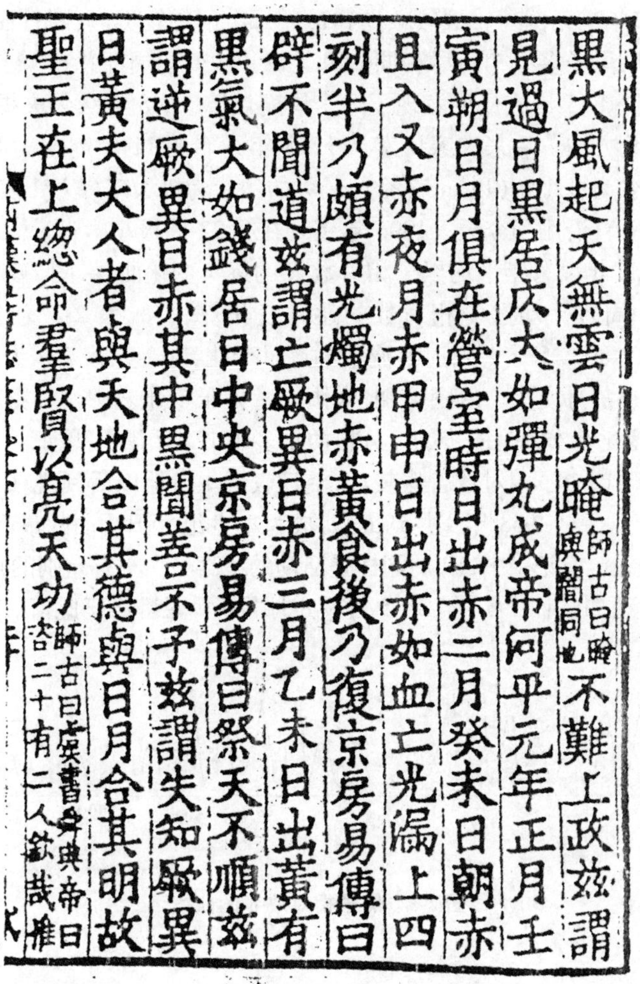
黑大風起天無雲日光晻（師古曰晻與闇同也）不難上政茲謂
見過日黑居仄大如彈丸成帝河平元年正月壬
寅朔日月俱在營室時日出赤二月癸未日朝赤
且入又赤夜月赤甲申日出赤如血亡光漏上四
刻半乃頗有光燭地赤黃食後乃復京房易傳曰
辟不聞道茲謂亡厥異日赤三月乙未日出黃有
黑氣大如錢居日中央京房易傳曰祭天不順茲
謂逆厥異日赤其中黑闇善不予茲謂失知厥異
日黃夫大人者與天地合其德與日月合其明故
聖王在上總命羣賢以亮天功（師古曰虞書舜典帝曰咨二十有二人欽哉惟）

图 2-5 《汉书·五行志》河平元年的黑子记录

指黄河流域和中原一带出现大暴雨和大洪水造成泛滥灾害。根据现代检验，这一规律仍符合实际。

第二节　1749 年以来地面望远镜光学和射电观测

现代人类对太阳的观测主要依靠地面望远镜已经两百多年。除光学观测外，在地面布设射电望远镜还可以进行太阳射电流量的观测。射电观测开始较晚，至今仅约半个世纪。近十几年来，天文学家想进一步了解太阳磁场速度场的随时变化，又设计建造了磁场望远镜，正在开始积累资料。中国第一个太阳磁场望远镜天文台设在北京附近怀柔水库中的岛上。

两百多年逐日观测取得的太阳黑子资料，经过整理分析后最重要的发现是，太阳活动存在明显的波动性。一个时段黑子逐渐增多，一个时段又逐渐减少。以后再逐渐增多，再逐渐减少,两百多年毫无例外。虽然减少到最后每次都比较类似,即日面上基本上没有黑子,但增多至峰顶,黑子多少却不尽相同。可是每一次变化周期总在 11 年左右,而增强段总比减弱段要短。1843 年施瓦贝发现了这个周期规律,1848 年沃尔夫提出了太阳黑子相对数的概念和计算方法。后来大家认定从 1755 年开始的 11 年周期为第 1 号周期,相对数最小的年份命名为极小年(以 m 表示),最大的年份为极大年(以 M 表示),又可称为谷年和峰年。这样一直沿用到今天。1996 年正处在第 23 周极小附近。

图 2-6 为 1700 年以来年平均黑子相对数 R 的逐年变化曲线,图 2-7、表 2-1 为 1949 ~ 1992 年第 18 ~ 22 周月平均黑子相对数的逐月变化,图 2-8、表 2-2 为 1950 ~ 1994 年第 18 ~ 22 周月平均 2 800 MHz 太阳射电流量的逐月变化,图 2-9、表 2-3 为 1966 ~ 1991 年第 20 ~ 22 周太阳耀斑的月变化。由图可知,太阳一直处于变化之中。并且,黑子、射电、耀斑这三方面活动的变化基本上是同步的。分析两百多年来太阳黑子活动,可以发现 19 世纪末叶至 20 世纪 30 年代,黑子相对数普遍较小,活动较弱。自那以后到现在,黑子相对数则较大,1957 年下半年以后至 1958 年 9 月到最强,成为本世纪太阳活动的最高峰。射电的观测记录时间较短,但在已有记录中,19 周同样是活动的最高峰。小有差别的是 1958 年 11 月以前,所有各月均大于 210,而 1957 年 2 ~ 5 月及 8 月共 5 个月都小于此值。

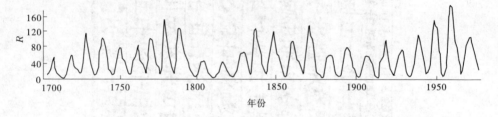

图 2-6 黑子相对数 R 的曲线

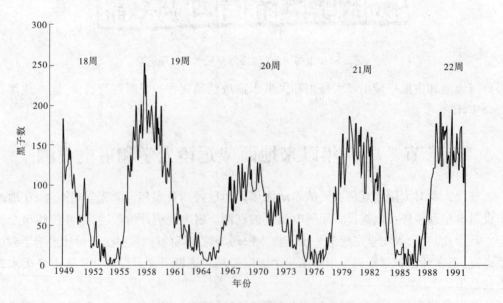

图 2-7 1949 ~ 1992 年月平均黑子相对数的逐月变化

表 2-1 1949～1992 年月平均黑子相对数的逐月变化统计

年份	1 月	2 月	3 月	4 月	5 月	6 月	7 月	8 月	9 月	10 月	11 月	12 月	平均
1949	119.1	182.3	157.5	147.0	106.2	121.7	125.8	123.8	145.3	131.6	143.5	117.6	134.7
1950	101.6	94.8	109.7	113.4	106.2	83.6	91.0	85.2	51.3	61.4	54.8	54.1	83.9
1951	59.9	59.9	55.9	92.9	108.5	100.6	61.5	61.0	83.1	51.6	52.4	45.8	69.4
1952	40.7	22.7	22.0	29.1	23.4	36.4	39.3	54.9	28.2	23.8	22.1	34.3	31.5
1953	26.5	3.9	10.0	27.8	12.5	21.8	8.6	23.5	19.3	8.2	1.6	2.5	13.9
1954	0.2	0.5	10.9	1.8	0.8	0.2	4.8	8.4	1.5	7.0	9.2	7.6	4.4
1955	23.1	20.8	4.9	11.3	28.9	31.7	26.7	40.7	42.7	58.5	89.2	76.9	38.0
1956	73.6	124.0	118.4	110.7	136.6	116.6	129.1	169.6	173.2	155.3	201.3	192.1	141.7
1957	165.0	130.2	157.4	175.2	164.6	200.7	187.2	158.0	235.8	253.8	210.9	239.4	190.2
1958	202.5	164.9	190.7	196.0	175.3	171.5	191.4	200.2	201.2	181.5	152.3	187.6	184.8
1959	217.4	143.1	185.7	163.3	172.0	168.7	149.6	199.6	145.2	111.4	124.0	125.0	159.0
1960	146.3	106.0	102.2	122.0	119.6	110.2	121.7	134.1	127.2	82.8	89.6	85.6	112.3
1961	57.9	46.1	53.0	61.4	51.0	77.4	70.2	55.8	63.6	37.7	32.6	39.9	53.9
1962	38.7	50.3	45.6	46.4	43.7	42.0	21.8	21.8	51.3	39.5	26.9	23.2	37.6
1963	19.8	24.4	17.1	29.3	43.0	35.9	19.6	33.2	38.8	35.3	23.4	14.9	27.9
1964	15.3	17.7	16.5	8.6	9.5	9.1	3.1	9.3	4.7	6.1	7.4	15.1	10.2
1965	17.5	14.2	11.7	6.8	24.1	15.9	11.9	8.9	16.8	20.1	15.8	17.0	15.1
1966	28.2	24.4	25.3	48.7	45.3	47.7	56.7	51.2	50.2	57.2	57.2	70.4	47.0
1967	110.9	93.6	111.8	69.5	86.5	67.3	91.5	107.2	76.8	88.2	94.3	126.4	93.8
1968	121.8	111.9	92.2	81.2	127.2	110.3	96.1	109.3	117.2	107.7	86.0	109.8	105.9
1969	104.4	120.5	135.8	106.8	120.0	106.0	96.8	98.0	91.3	95.7	93.5	97.9	105.5
1970	111.5	127.8	102.9	109.5	127.5	106.8	112.5	93.0	99.5	86.6	95.2	83.5	104.5
1971	91.3	79.0	60.7	71.8	57.5	49.8	81.0	61.4	50.2	51.7	63.2	82.2	66.6
1972	61.5	88.4	80.1	63.2	80.5	88.0	76.5	76.8	64.0	61.3	41.6	45.3	68.9
1973	43.4	42.9	46.0	57.7	42.4	39.5	23.1	25.6	59.3	30.7	23.9	23.3	38.0
1974	27.6	26.0	21.3	40.3	39.5	36.0	55.8	33.6	40.2	47.1	25.0	20.5	34.5
1975	18.9	11.5	11.5	5.1	9.0	11.4	28.2	39.7	13.9	9.1	19.4	7.8	15.5
1976	8.1	4.3	21.9	18.8	12.4	12.2	1.9	16.4	13.5	20.6	5.2	15.3	12.6
1977	16.4	23.1	8.7	12.9	18.6	38.5	21.4	30.1	44.0	43.8	29.1	43.2	27.5
1978	51.9	93.6	76.5	99.7	82.7	95.1	70.4	58.1	138.2	125.1	97.9	122.7	92.5
1979	166.6	137.5	138.0	101.5	134.4	149.5	159.4	142.2	188.4	186.2	183.3	176.3	155.4

年份	1 月	2 月	3 月	4 月	5 月	6 月	7 月	8 月	9 月	10 月	11 月	12 月	平均
1980	159.6	155.0	126.2	164.1	179.9	157.3	136.3	135.4	155.0	164.7	147.9	174.4	154.6
1981	114.0	141.3	135.5	156.4	127.5	90.9	143.8	158.7	167.3	162.4	137.5	150.1	140.4
1982	111.2	163.6	153.8	122.0	82.2	110.4	106.1	107.6	118.8	94.7	98.1	127.0	115.9
1983	84.3	51.0	66.5	80.7	99.2	91.1	82.2	71.8	50.3	55.8	33.3	33.4	66.6
1984	57.0	85.4	83.5	69.7	76.4	46.1	37.4	25.5	15.7	12.0	22.8	18.7	45.9
1985	16.5	15.9	17.2	16.2	27.5	24.2	30.7	11.1	3.9	18.6	16.2	17.3	17.9
1986	2.5	23.2	15.1	18.5	13.7	1.1	18.1	7.4	3.8	35.4	15.2	6.8	13.4
1987	10.4	2.4	14.7	39.6	33.0	17.4	33.0	38.7	33.9	60.6	39.9	27.1	29.4
1988	59.0	40.0	76.2	88.0	60.1	101.8	113.8	111.6	120.1	125.1	125.1	179.2	100.2
1989	161.3	165.1	131.4	130.6	138.5	196.2	126.9	168.9	176.7	159.4	173.0	165.5	157.6
1990	177.3	130.5	140.3	140.3	132.0	105.4	149.4	200.3	125.2	145.5	131.4	129.7	142.6
1991	136.9	167.5	141.9	140.0	121.3	169.7	173.7	176.3	125.3	143.6	106.1	141.4	145.2
1992	149.3												149.3

从黄河流域和中原地区检查,1958 年正是出现大暴雨大洪水的年份。该年 7 月 15 ~ 17 日,南起汉江、丹江、唐白河,北至黄河北干流、汾河、昕水河、三川河、无定河、延河和北洛河,东自郑州,西至西安,以豫西、晋南为大暴雨中心,出现了一场大暴雨。中心最大点雨量达 700 mm。各支流都出现洪水,特别是伊洛河和沁河,汇集到郑州花园口,洪峰流量为 22 300 m³/s。这是 20 世纪内该站出现的最大一次洪水。这次大洪水出现的日地水文

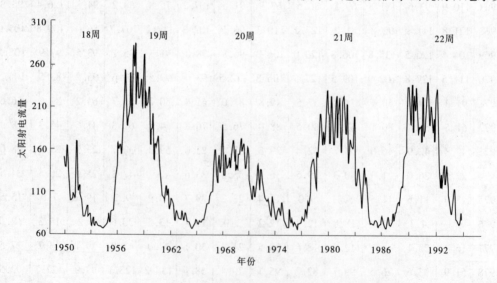

图 2-8　1950 ~ 1994 年月平均 2 800 MHz 太阳射电流量的逐月变化

背景和古代日黑则水泛溢的认识一致。20 世纪内还出现过一次在河南陕县(今三门峡市)也是最大的一次洪水,1933 年 8 月 5～10 日在黄河中游甘肃东部散渡河、葫芦河,陕甘之间的泾河、蒲河、马连河,陕北的北洛河、延河、清涧河、无定河和山西的三川河流出现了一场大暴雨。各支流都出现洪水,特别是泾河洪水很大。汇集到潼关,在陕县洪峰流量也达到 22 000 m³/s。1933 年是太阳活动的谷年,太阳黑子极少,和 1958 年不同。从这次大洪水的日地水文背景分析,太阳活动世纪性大波动的谷年,在由极弱转向极强的大转折年份,也会出现大洪水。

表 2-2　1950～1994 年月平均 2 800 MHz 太阳射电流量的逐月变化统计

年份	1月	2月	3月	4月	5月	6月	7月	8月	9月	10月	11月	12月	平均
1950	150.7	143.3	137.8	164.3	157.1	128.7	134.1	120.9	98.6	99.9	101.9	101.1	128.2
1951	107.9	101.9	102.5	127.1	168.6	161.7	116.3	109.8	117.8	106.0	104.4	102.4	118.9
1952	95.4	86.2	78.5	84.0	80.9	84.8	88.8	93.3	81.5	82.8	83.4	85.7	85.4
1953	83.2	72.8	70.4	81.0	72.5	73.0	69.8	75.5	74.3	71.9	71.4	70.8	73.9
1954	68.7	69.2	71.9	68.7	68.0	67.3	67.7	69.9	70.1	73.2	72.6	75.5	70.2
1955	84.3	82.0	74.8	77.3	82.8	88.8	87.3	90.7	91.1	111.8	130.0	134.6	95.0
1956	141.2	167.2	160.6	165.9	163.4	154.0	162.8	193.8	200.9	201.6	250.4	253.7	184.6
1957	231.2	186.7	197.8	200.0	208.5	252.1	218.0	202.3	267.1	283.1	259.2	286.5	232.7
1958	251.5	212.2	251.5	245.9	218.6	220.5	224.1	237.0	243.5	228.0	209.2	238.2	231.7
1959	274.5	207.9	229.2	210.6	212.7	217.5	203.0	234.2	194.3	165.1	184.8	182.2	209.7
1960	202.6	170.9	146.8	167.6	162.7	161.9	163.9	174.4	164.5	142.3	148.9	138.1	162.0
1961	122.0	106.4	104.6	105.0	99.3	109.9	116.5	106.2	112.7	96.7	90.3	94.8	105.4
1962	94.9	102.2	100.3	96.2	97.9	91.0	80.7	77.3	89.5	87.8	84.9	82.0	90.4
1963	79.5	79.7	77.8	79.5	87.8	83.5	75.9	80.9	85.1	85.1	81.7	78.4	81.2
1964	75.4	76.8	75.9	72.6	69.5	69.0	67.0	69.3	70.2	73.4	73.7	78.8	72.6
1965	78.6	75.2	74.1	72.0	78.2	77.0	74.3	74.8	76.6	80.2	77.7	77.8	76.4
1966	87.9	84.2	90.3	97.2	98.5	96.3	106.7	106.6	110.9	108.6	113.3	124.6	102.1
1967	147.7	147.0	160.6	129.9	143.0	120.2	140.3	153.7	132.1	136.1	145.3	163.0	143.2
1968	189.1	173.2	142.6	129.5	154.9	142.3	137.2	142.2	141.0	152.5	138.5	148.2	149.3
1969	152.7	155.2	172.3	155.5	145.4	162.2	136.6	143.0	137.3	154.0	156.7	143.6	151.2
1970	158.3	175.4	158.4	162.0	168.4	154.9	152.0	138.2	143.2	148.2	162.0	152.8	156.2
1971	162.6	137.8	111.9	116.7	109.9	101.7	117.4	114.1	104.0	107.2	114.0	124.5	118.5
1972	114.8	141.8	128.5	112.9	129.6	135.4	122.0	125.7	113.6	121.1	101.6	102.9	120.8
1973	102.2	98.7	100.4	105.0	97.0	91.2	84.5	82.9	105.6	87.7	81.5	84.2	93.4
1974	83.1	80.9	79.2	86.1	90.6	86.3	92.5	83.0	87.8	97.6	90.3	81.1	86.5
1975	77.5	74.2	72.4	70.7	70.1	69.7	77.2	90.7	79.6	75.7	80.8	74.6	76.1
1976	74.7	70.5	76.7	76.3	70.6	70.6	67.5	74.8	73.1	75.9	72.9	76.7	73.4

年份	1月	2月	3月	4月	5月	6月	7月	8月	9月	10月	11月	12月	平均
1977	77.4	82.3	76.6	77.6	79.6	91.5	81.1	84.3	99.9	96.9	93.7	102.1	86.9
1978	109.6	145.4	141.8	149.4	146.5	142.2	131.1	114.0	157.9	158.2	151.5	175.5	143.6
1979	203.0	204.1	185.8	173.8	165.2	180.3	165.9	172.7	200.2	217.9	231.7	203.5	192.0
1980	206.2	200.0	168.1	207.9	224.0	193.2	184.8	166.2	183.9	204.2	218.1	225.8	198.5
1981	174.6	204.5	205.3	223.2	194.6	156.9	191.9	220.6	219.5	224.3	207.8	207.8	202.6
1982	179.0	214.2	210.5	161.8	144.7	171.9	159.6	167.9	165.3	161.9	167.4	199.4	175.3
1983	142.3	122.6	118.6	118.9	137.1	138.6	125.0	124.4	109.0	112.4	92.5	93.4	119.6
1984	116.1	140.6	122.0	128.7	128.3	100.3	89.3	83.7	78.1	73.5	76.3	75.9	101.1
1985	74.5	73.7	73.3	75.1	80.2	76.1	78.7	71.5	69.5	74.7	74.2	74.8	74.7
1986	73.2	83.6	77.0	75.1	72.6	67.6	70.2	68.4	68.7	83.0	77.1	72.6	74.1
1987	72.5	71.5	74.0	84.9	87.8	77.9	84.2	90.0	86.1	98.1	101.2	94.4	85.3
1988	108.0	105.0	114.9	122.7	115.2	139.4	152.7	154.2	152.5	169.8	156.2	199.8	141.0
1989	235.4	222.4	205.1	189.6	190.1	239.6	181.9	217.1	225.9	208.7	235.1	213.0	213.7
1990	210.1	178.3	188.8	185.3	189.7	170.9	180.7	222.6	177.4	182.0	184.3	204.9	189.6
1991	229.4	243.0	230.0	198.8	190.3	206.8	212.0	210.3	180.6	201.3	172.0	223.9	208.1
1992	217.6	232.1	171.3	158.5	125.4	116.7	132.2	122.1	116.8	130.8	145.2	139.1	150.7
1993	121.0	142.6	136.4	115.9	112.3	109.3	99.0	93.7	87.0	100.3	95.9	104.8	109.7
1994	115.0	99.6	90.4	79.1	79.9	77.3	74.5	76.1	79.0	87.7	80.9		85.4

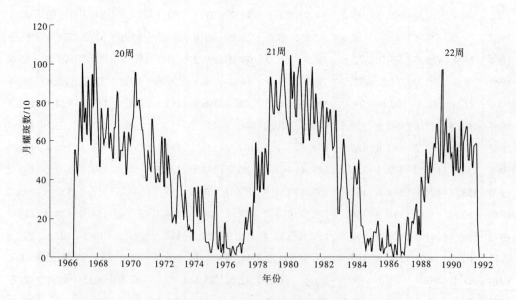

图 2-9 1966~1991 年太阳耀斑的月变化

表 2-3 1966~1991 年太阳耀斑的月变化统计

年份	1月	2月	3月	4月	5月	6月	7月	8月	9月	10月	11月	12月	合计
1966	—	—	—	—	—	—	—	391	558	432	417	543	2 341
1967	796	589	1 009	694	771	629	907	911	573	946	775	1 109	9 709
1968	1 037	773	519	460	768	697	573	611	616	772	556	640	8 022
1969	581	504	669	655	839	694	489	551	540	643	566	422	7 153
1970	466	646	578	688	722	836	954	780	811	797	687	667	8 632
1971	598	505	387	546	461	430	713	673	518	375	431	394	6 031
1972	384	599	621	361	614	541	404	515	371	408	175	210	5 203
1973	221	171	410	453	388	270	232	182	353	201	136	163	3 180
1974	127	148	79	364	255	204	360	187	270	366	153	81	2 594
1975	68	82	69	19	42	85	196	346	68	38	127	25	1 165
1976	69	18	180	60	38	48	6	47	57	23	13	55	614
1977	54	77	18	76	64	210	140	140	250	252	107	336	1 724
1978	274	588	338	526	330	460	533	346	554	499	418	648	5 514
1979	926	781	731	731	907	772	750	821	901	1 018	888	786	10 012
1980	703	689	621	1 092	811	956	763	720	924	988	1 027	838	10 132
1981	578	782	914	915	658	592	893	982	680	836	773	615	9 218
1982	631	766	803	490	553	769	696	753	615	544	564	748	7 932
1983	332	220	337	346	609	561	427	389	289	298	88	152	4 048
1984	353	461	366	440	492	185	151	161	95	36	92	69	2 901
1985	104	29	38	119	129	116	185	53	25	108	19	50	975
1986	51	158	54	56	68	3	71	12	14	174	56	13	730
1987	36	7	52	192	205	61	132	185	172	198	273	114	1 627
1988	217	109	413	328	274	551	502	375	513	429	508	584	4 803
1989	689	539	658	485	686	971	473	684	699	535	640	507	7 566
1990	536	415	664	439	565	433	447	703	436	569	619	672	6 498
1991	659	491	625	570	458	573	582	581					4 539

第三节 1978 年以来太阳辐射空间观测及此前日地关系研究的若干争论与解决

20 世纪初以来,世界上已有一些人研究太阳活动和降水及径流的关系,取得了一定的成果,也招来若干争论。图 2-10 为北半球中高纬度地带三个不同区域一些测站的雨量多年变化和太阳黑子、太阳活动关系的比较。第一个区域为 70°N ~ 80°N,157°W ~ 81°E共 12 个测站;第二个区域为 60°N ~ 70°N,166°W ~ 41°E 共 22 个测站;第三个区域为 50°

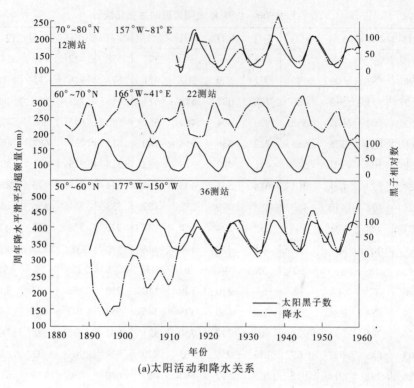

(a)太阳活动和降水关系

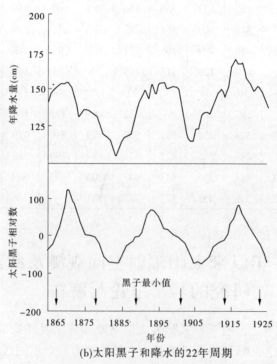

(b)太阳黑子和降水的22年周期

图2-10 北半球中高纬度地带一些测站的雨量多年变化与太阳黑子、太阳活动的关系

N～60°N,177°W～150°W 共 36 个测站。由图可知,1880～1960 年太阳黑子多年变化的 11 年周期和这三个区域年降水平滑平均超额雨量具有相当好的相关性。同一图下部又绘入太阳黑子和另一些测站年降水量的 22 年周期变化,相关性也很好。同样,太阳黑子和一些河流及湖泊的流量水位也作过比较分析。

这些分析一般是局限于一定的地带和地区,甚至仅是某一较短时段,而地球上降水的分布和变化十分复杂多变,所以很难符合某一个特定地区的一种规律。而研究者又常常缺乏条件和意愿来进行全球性的研究,因而产生一些很难统一的争论。非洲维多利亚湖年最高水位的长期变化也是一个突出的例证,它在一段时间内和太阳黑子活动呈现很好的相关。可是过了一段时间,这种相关关系不存在了,又出现另外一种相反的相关。太阳活动仍然和过去一样变化,这就引起不少人的疑问。其中,有些人认为可能并不存在日地关系,以前那种关系其实是假相关。另有一些人则认为,这其中一定别有原因,很可能是其他未被发现的原因的影响。

深入一步进行探索,很明显有两个问题十分重要:第一,太阳黑子活动如果对地球气候和水文确有影响,黑子活动是否反映太阳辐射能量的变化就必须了解,只有太阳辐射能量的变化才能最后导致降水和径流的一系列变化;第二,作为日地关系对地球大范围降水和径流的影响,一个重要的中间环节是,太阳活动一定会对大气环流有密切影响。因此,必须研究太阳活动和大气环流长期变化的关系。这两个问题的提出和世界范围内更多地区、更多河流、更长时段的继续研究,推动了日地水文学的进一步发展。

先介绍太阳辐射能量的空间观测,图 2-11 和图 2-12 是 1996 年 5 月爱尔兰 Armagh 天

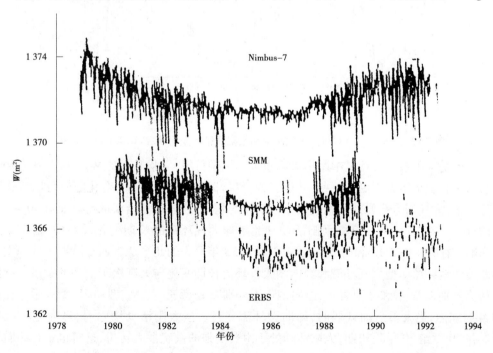

图 2-11　三个观测卫星在空间测得的太阳辐射变化情况(C. J. Butler,1996)

文台天文学家 C. J. Butler 向作者提供的最近整理出来的三个观测卫星在空间测得的太阳辐射变化情况。以前人类在地面上进行太阳辐射观测,结果认为太阳常数不变,甚至以为这就是恒星太阳的特性,其实是不对的。三个观测卫星启动时间不同,Nimbus－7 最早,1978 年 11 月启动,开始观测,积累时间最长。SMM 在 1980 年 2 月开始观测,ERBS 则迟至 1984 年 10 月才启动。三个观测卫星结束观测的时间也不同,SMM 在 1989 年 6 月即结束,其余两个则分别观测到 1992 年的 9 月、10 月。虽然时间不一,有些不完全合乎理想,但这毕竟是人类有史以来第一次摆脱大气层的影响,在空间历经第 21、第 22 两次太阳活动周,对太阳辐射取得的直接观测结果。很明显,三个独立的观测卫星观测的结果是一致的,虽然有时变化幅度稍有差别。更重要的是,太阳辐射量同样也有 11 年的周期性波动,并且和黑子、射电、耀斑等以前显示的情况一致。黑子的峰期也是辐射的峰期,黑子的谷期也是辐射的谷期。太阳物理具有显著的统一性。

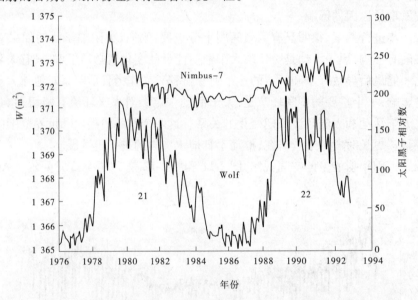

图 2-12　Nimbus－7 观测的太阳辐射和太阳黑子数变化情况(C. J. Butler,1996)

地球是太阳系八大行星中距离太阳很近的一颗行星,平均日地距离仅 14 960 万 km。只有水星和金星距太阳更近一些,其他五颗行星都远。太阳能量的变化随时可以传递到地球上来,大气圈当然要受到影响。令人钦佩的是,在前述观测结果取得以前近 40 年,苏联的 A. A. 吉尔斯已经在分析太阳活动和北半球大气环流的长期变化关系中,证实了这种影响的存在。图 2-13 和图 2-14 是吉尔斯 1956 年发表的北半球大西洋欧洲地区和太平洋北美洲地区纬向型大气环流和经向型大气环流长期变化与太阳黑子活动的关系。纬向型环流分别以 W 型和彐型表示,经向型环流分别以 E 型、C 型、M_1 型和 M_2 型表示。在近 60 年时间内,当太阳活动减弱时,纬向型环流盛行。当太阳活动增强时,经向型环流盛行。在 20 世纪 30 年代初期,太阳活动处于由弱变强的世纪性大转折,这时也正是纬向型环流的统治地位让给经向型环流的时候。

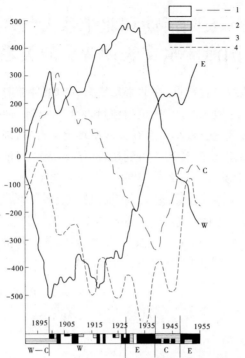

图 2-13　欧洲地区纬向型大气环流和经向型大气
环流长期变化与太阳黑子活动的关系

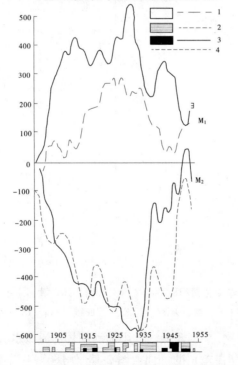

图 2-14　北美洲地区纬向型大气环流和经向型大气
环流长期变化与太阳黑子活动的关系

第四节　太阳活动和北半球大气环流与
中国河流水文长期变化的关系

中国由于其所处的地理位置特点,在北半球盛行纬向型环流时,东亚南北经向水汽输送很难到达秦岭和淮河以北地区。所以,黄河流域及北方降雨偏少,更少大暴雨。因此,洪水较少出现,即使出现,流量也较小。而在经向型环流盛行时,来自西太平洋、南海和印度洋及孟加拉湾的水汽比较丰沛,长驱直入到达黄河流域及以北地区。降雨量既增加,又多大暴雨,因此就多出现大洪水。作者在1959~1960年期间,分析1919~1960年黄河陕县站的年径流量、7~9月汛期径流量、最大洪峰流量以及各年汛期洪水总和的多年变化和太阳活动及北半球大气环流的关系,即获得此重要发现。结合前述1958年和1933年太阳活动峰谷年份黄河出现20世纪两次最大洪水,因此著者将此种日地水文规律概括为:"强湿弱干,谷峰大水"。图2-15、图2-16、图2-17对此已经作出清楚的表示。

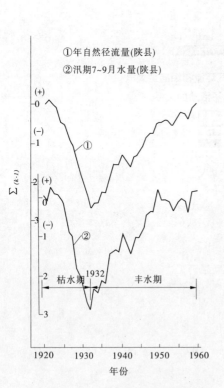

图2-15　黄河径流多年变化累积距平曲线(1919~1959年)(王涌泉,1961)

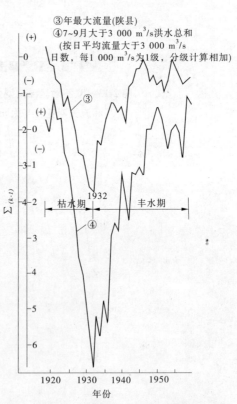

图2-16　黄河洪水多年变化累积距平曲线(1919~1959年)(王涌泉,1961)

长江流域位于黄河以南,纬度较低。太阳活动和长江流域水文变化的关系,和黄河有基本上一致的一面,也有存在差别的一面。图2-18为1865年以来长江汉口站年最高水位和太阳黑子差积曲线的比较。总的来看,"强湿弱干"的规律依然存在。但在太阳活动

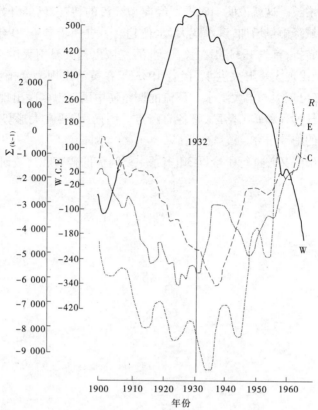

图 2-17　纬向(W)和经向(C、E)环流型及年平均沃尔夫数(R)
累积距平曲线(1900～1968 年)(王涌泉,1969)

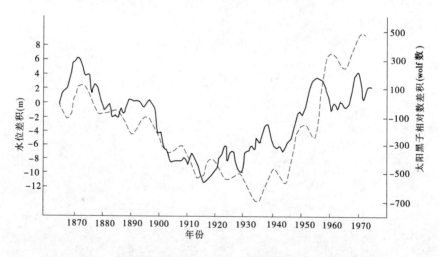

图 2-18　汉口年最高水位(实线)与太阳黑子相对数(虚线)
差积曲线(据长办预报科宋肇英等,1977)

减弱阶段,长江最高水位仍有小幅度的起伏变化,并不像黄河绝大部分年份都偏枯。另一种重要特点是,还没有等到太阳活动在 20 世纪 30 年代由弱转强,从 20 年代开始,长江的最高水位已趋向增长。这就说明当时短期经向型环流的转变,已经开始使处于低纬度地区的部分长江流域降雨量增加,洪水变大,水位趋高。进一步考查 30 年代初中国水文状态由枯变丰的大转折,首先 1931 年在长江、淮河流域出现大暴雨大洪水,然后 1932 年在嫩江、松花江流域出现大暴雨大洪水,接着 1933 年在黄河出现大暴雨大洪水,最后 1935 年又在汉江、长江出现大暴雨大洪水。环流的调整使中国变得多次出现大暴雨大洪水,但具体到每年的天气过程和暴雨落区,又各有特点。因而,需要在大形势背景下,对水文气象分析进行连年的细致研究。

作者在此基础上又曾进行了全国 30 多条主要河流的普查和比较研究,结论和上述相同。

第三章　长江、黄河大暴雨洪水

长江、黄河是中国最大的两条河流。唐代以前黄河流域首先开发,成为中国政治、经济和科学、文化的中心。宋代以后长江流域逐渐显示出它的重要性,及至近代长江流域的经济发展更是超过黄河流域。19世纪中叶以来,长江流域及沿海附近地区成长为中国的主要经济区。这两条大河的暴雨洪水灾害威胁着大半个中国的经济命脉和亿万人民的生命财产安全。

长江、黄河都发源于青藏高原,最后向东流向太平洋。流域绝大部分位于中低纬度地带,降水主要受季风活动控制。长江位置偏南,上中游大部分地区纬度较低,属于亚热带气候,降水丰沛。黄河位置偏北,下游因泥沙淤积、河床抬高成为地上悬河,支流很少,主要水量来自上中游,这里属于温带干旱半干旱地区,降水量少。

黄河年径流量虽然仅约为长江的1/20,和流域面积之间差别很不相称。但长江最大洪水流量仅比黄河大约一倍。这是因为黄河中游的暴雨和汇流条件有利于大洪水形成。黄河的另一重要特点是输沙量大于长江,陕县年平均输沙量大约是宜昌的3倍。多泥沙的大洪水更易于造成决溢泛滥和下游河道改道。所以,历史上黄河洪水灾害多于长江。

中国日地水文研究开始于长江和黄河,因为重大洪水灾害和人民的痛苦向当政者和有关的科学工作者提出了迫切的要求。1931年,长江和淮河同时出现大洪水灾害,时为中央研究院院士、气象研究所所长的竺可桢先生在研究江淮大水成因时,探索了它们与太阳活动22年周期的关系,1958年黄河出现大洪水,当年冬,著者被中国科学院、水利电力部水利水电科学研究院任命为三门峡水库淤积与渭河回水发展预报试验研究负责人。要做好这项工作,必须研究大洪水的成因和变化规律。因而开始研究太阳活动、北半球大气环流和黄河径流、洪水、泥沙的关系问题。

竺可桢先生是浙江上虞人,在他一生的最后十四年一直关心和支持著者的研究工作,给予了多方面的指导。他是倾毕生精力研究气候变迁问题的榜样,给一切在重大而艰难的科学探索中奋勇前进的学者以鼓舞。每当重读《竺可桢日记》(五卷本,科学出版社出版)有关对著者日地水文研究支持的记录时,都深切感受先生对后学的诚挚期望。

第一节　长江大暴雨洪水概况

长江流域幅员广大,暴雨发生时间不一,洪水出现也有先后。中游洞庭湖、鄱阳湖水系和乌江4、5月即进入汛期,下游常常从6月中旬进入梅雨期。上游金沙江和北岸最大支流汉江多从6月中下旬进入汛期。汛期结束江南早于江北,最迟为10月。最大暴雨多出现在7~8月,尤其是7月,但8月上旬也能出现大暴雨。

长江流域在较长时间降雨中,常有1~3 d较短时段大暴雨发生。1957年8月5~7日河南方城郭林站出现最大24 h和3 d降雨量分别为1 047 mm和1 517 mm的最高记录。1938 年 7 月 10 ~ 12 日长江上游四川夹江千佛岩 24 h 和 3 d 降雨量分别为 565 mm 和 862 mm。1975 年 8 月 9 日湖北长阳都镇弯 24 h 降雨量为 630.4 mm。1935 年 7 月 3 ~ 5 日湖北五峰 3 d 雨量 1 076 mm。1960 年 8 月 4 日江苏如东潮桥 24 h 降雨量为 822.0 mm。1969 年 7 月 14 ~ 16 日安徽潜山大水河 3 d 降雨量为 959.2 mm。这些都是长江流域上、中、下游最重要的暴雨记录。

渡口以上金沙江的上段,长江从青藏高原东南部平均约 4 500 m 高原发源,融雪洪水缓缓流下,开始流量不大。28°N 以南受西南风影响,年降水量从 500 mm 增至 900 mm,到金江街集水面积增为 24.4 万 km²,1924 年最大洪峰流量 12 400 m³/s,始超过 1 万 m³/s。自此向下至宜宾为金沙江下段,屏山 1924 年洪峰因为雅砻江汇流急增至 36 900 m³/s。这已是很大的洪水。但是基流较大,洪峰仍较平缓。

宜宾至宜昌区间 52 万 km² 四川盆地和川东巴山嘉陵江及三峡区间是长江大洪水的主要暴雨区,造成洪量、洪峰均很大。长江上游暴雨常自西向东移动,与长江流向一致。而岷江、沱江、嘉陵江和自贵州南来的乌江在很短距离内相继汇入,形成宜昌的特大洪峰。这时,由于受三峡影响,洪峰涨幅很大,洪峰峻陡。1870 年嘉陵江北碚洪峰流量 57 300 m³/s,长江干流寸滩洪峰达 100 000 m³/s,宜昌更增至 105 000 m³/s。在这次特大洪水中,万县洪水涨幅高达 46.10 m。

长江中下游主要暴雨区和洪水来源为洞庭湖、汉江、鄱阳湖水系以及其他区间,都是造成水灾的关键地区。1954 年宜昌洪峰流量为 66 000 m³/s,洞庭水系总入流量为 39 600 m³/s。1988 年宜昌流量为 47 500 m³/s,洞庭水系总入流量为 40 200 m³/s。1935 年汉江洪峰流量超过 50 000 m³/s。1954 年 4 月下旬鄱阳湖出口流量为 10 000 m³/s,到 6 月中旬增至 22 300 m³/s。中下游洪水总量和洪峰流量由于这些大量来水加入可以升至很大,1954 年 5 ~ 10 月大通洪量达 10 254 亿 m³,洪峰流量增为 92 500 m³/s,达到和超过 70 000 m³/s 的洪水持续近 80 d,参见表 3-1、图 3-1。

表 3-1　长江主要控制站调查及实测最大洪峰

河名	站名	流域面积 (km²)	统计年数	实测最大洪水		历史调查最大洪水	
				洪峰流量 (m³/s)	发生时间 (年份)	洪峰流量 (m³/s)	发生时间 (年份)
长江	屏山	485 099	44	29 000	1966	36 900	1924
长江	寸滩	866 559	92	85 700	1981	100 000	1870
长江	宜昌	1 005 501	107	71 100	1896	105 000	1870
长江	汉口	1 488 036	117	76 100	1954	—	—
长江	大通	1 705 388	53	92 600	1954	—	—
岷江	高场	135 378	45	34 100	1961	51 000	1917
嘉陵江	北碚	156 142	45	44 800	1981	57 300	1870
乌江	武隆	83 035	33	21 000	1964	31 000	1830
清江	长阳	15 300	33	18 900	1969	18 700	1883
汉江	碾盘山	140 340	34	41 500	1983	57 900	1935
湘江	湘潭	81 638	33	20 300	1968	21 900	1926
赣江	外洲	80 948	34	20 900	1962	26 100	1876

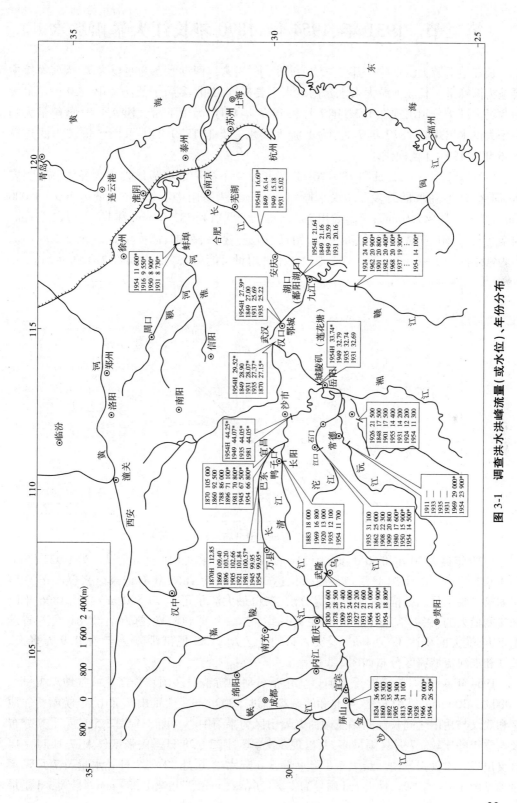

图 3-1　调查洪水洪峰流量（或水位）、年份分布

第二节 1931年、1954年、1870年长江大暴雨洪水

长江中下游大洪水除一部分来自宜昌以上外,常以两湖水系为主要来源,天气系统主要是梅雨峰系。长江上游大洪水暴雨洪水主要来自四川,多属于低涡暴雨。20世纪最大的两场大洪水分别出现在1931年7月和1954年8月,为中下游大洪水。19世纪最大的一场大洪水出现在1870年7月,为上游大洪水。类似1870年洪水而流量较小的还有1896年和1981年两次洪水。

1931年7月3~12日和18~26日,沿长江中下游和淮河流域发生大暴雨,湖北、安徽、河南、江苏降水量最多。江汉平原和淮南山地为暴雨中心,月降水量达700~1 000 mm。江苏泰县947.0 mm,河南潢川783.3 mm,湖北监利782.0 mm,江苏盱眙712.7 mm。河南息县、信阳,安徽安庆,江苏南京、镇江、南通、吴兴、高邮、海安等地均超过600 mm。多为常年同期3~6倍。暴雨中心未设测站处雨量可能更大。雨量分布参见图3-2。

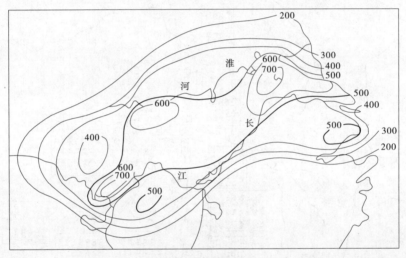

图3-2 1931年7月降水量分布 (单位:mm)

1931年最大30 d和60 d洪量宜昌为1 064亿 m^{3}和1 814亿 m^3,汉口为1 922亿 m^{3}和3 302亿 m^3。8月19日汉口最高水位达28.28 m,为1865年有记录以来仅次于1954年的第二高水位。据推算,如不溃堤分洪,汉口最大流量可达79 500 m^3/s,比1866年以来实测最大的1954年76 100 m^3/s更大一些。这一年苏、皖、赣、鄂、湘、豫、浙、鲁八省发生水灾,受灾面积达32万 km^2,受灾人口约1亿人,2.55亿亩耕地受淹,死亡9万多人。长江和淮河流域灾区分布如图3-3所示。

1954年4~7月自南岭至淮河以北包括黄河中游普遍多雨。长江流域各地总雨量达1 000~2 300 mm,其中湘北、赣北和皖南都超过2 000 mm。大别山南部山区、皖赣相邻地区和武汉与岳阳之间长江两岸及赣西九岭山区为暴雨中心。图3-4、图3-5显示了其分布及与常年的比较。7月暴雨最多,共出现8次。6月22~28日暴雨强度最大,7月11~14日又出现一次很强暴雨。最大1 d降水量、3 d降水量、6月22~28日降水量及7月降水量参见图3-6~图3-9。最大1 d雨量为安徽吴店423 mm,湖北螺山339 mm。最大3 d雨量

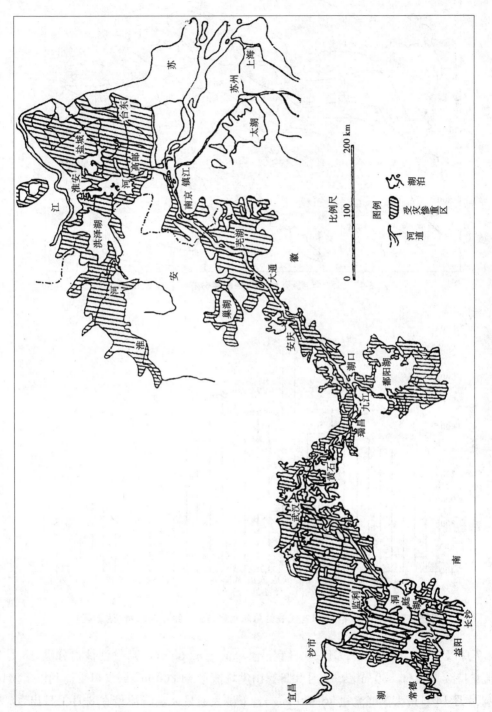

图 3-3 1931 年江淮流域泛区示意图

为安徽黄山 458 mm,湖北城陵矶 444 mm。6 月 22～28 日最大次雨量为湖南广福 487 mm。

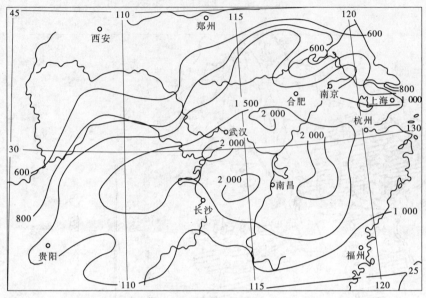

图 3-4　1954 年 4～7 月涝期降水量分布　（单位:mm）

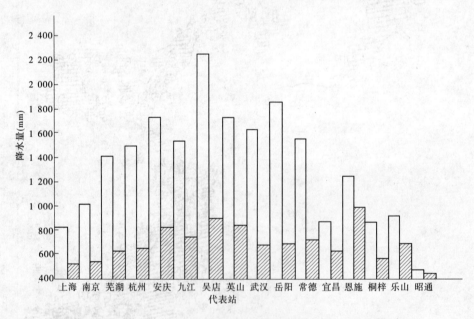

图 3-5　1954 年 4～7 月各代表站总降水量与常年平均降水量(阴影区)

　　7 月以后长江水量大增,7 月 30 日宜昌洪峰流量 62 600 m³/s,荆江被迫分洪。8 月 7 日流量持续增至 66 800 m³/s。8 月 8 日螺山洪峰流量 78 800 m³/s,汉口受监利以下溃口影响,8 月 14 日最大洪峰流量 76 100 m³/s。下游大通最大洪峰流量在 8 月 1 日出现,为 92 600 m³/s。在长江中下游这是近百年来的最大洪水。图 3-10 显示干流各控制站流量变化过程。自 7 月 22 日起,荆江曾经三次开闸分洪。8 月 8 日因洪水太大,在监利上车

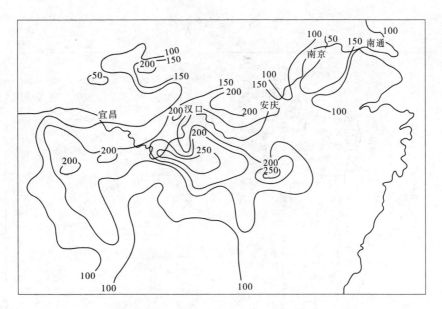

图 3-6 1954 年汛期最大 1 d 降水量分布 （单位:mm）

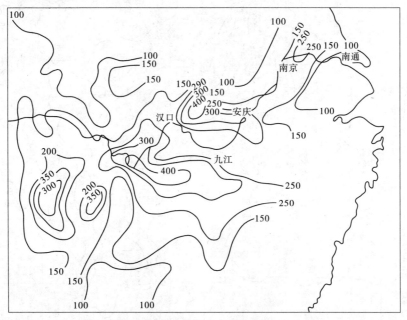

图 3-7 1954 年汛期连续最大 3 d 降水量分布 （单位:mm）

湾又扒口分洪。加上中下游平原分洪溃口总水量超过 1 000 亿 m³。长江中下游湘、鄂、赣、皖、苏五省共 123 个县(市)受灾,淹没农田 4 755 万亩,受灾人口 1 888 万人,死亡 3 万余人。

1870 年(清同治九年)7 月长江上游出现特大洪水。7 月 13～17 日和 18～19 日在川东南和重庆至宜昌干流区间发生两场大暴雨,同时岷江、雅砻江、汉江和洞庭湖前后也出现大雨和暴雨。四川合川县志曾有"猛雨数昼夜"和"雨如悬绳连三昼夜"的记载。据文

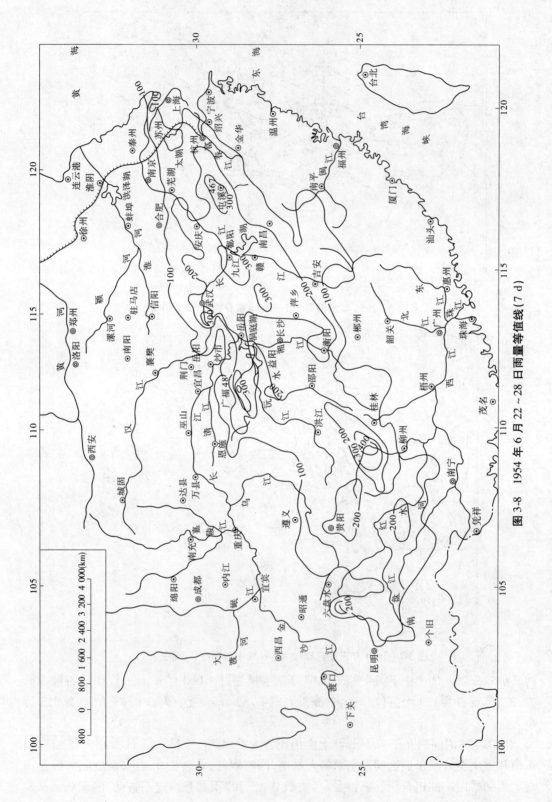

图 3-8　1954 年 6 月 22 ~ 28 日雨量等值线（7 d）

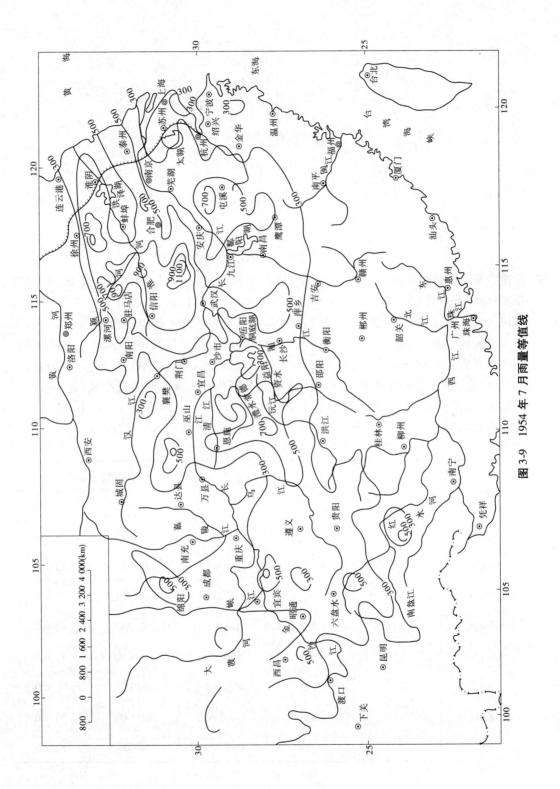

图 3-9　1954 年 7 月雨量等值线

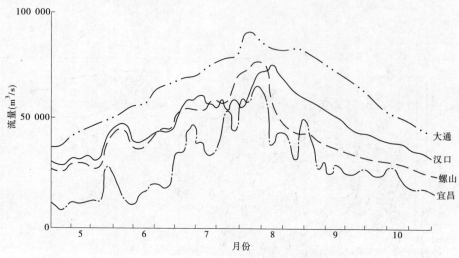

图 3-10　1954 年长江干流控制站流量过程线

献记载和反复调查发现的各地碑刻记录,嘉陵江下游最高洪水位出现于 7 月 16 日,长江干流江津、万县、宜昌三地最高洪水位分别于 7 月 17 日、18 日、20 日出现。图 3-11 表示 1870 年汇集洪水雨情、水情、灾情概况。图 3-12 显示干支流主要控制站推算求得的 1870 年洪峰流量。表 3-2 列出 1870 年各主要河段控制站洪峰流量并与 1981 年洪水相比较。其中以万县 108 000 m³/s 和宜昌 105 000 m³/s 为最大。在调查中曾发现涪陵、万县、忠县、巫山等地曾有不同时间水位记录,据此经过分析推估出洪水涨落过程线,进而算出宜昌最大 3 d、7 d、15 d、30 d 洪量分别为 265 亿 m³、537 亿 m³、975 亿 m³ 和 1 650 亿 m³。1870 年汉口站有实测水位过程,最大 30 d 洪量算出为 1 573 亿 m³,彼此符合。

表 3-2　1870 年、1981 年主要河段洪峰流量比较

水系	河名	站名	集水面积（km²）	洪峰流量（m³/s）	
				1870 年	1981 年
嘉陵江	嘉陵江	武胜	78 850	38 100	28 900
嘉陵江	渠江巴河	风滩	16 595	24 800	15 000
嘉陵江	涪江	小河坝	29 488	大于 28 700	28 700
嘉陵江	嘉陵江	北碚	156 142	57 300	44 800
长江	长江	寸滩	866 559	100 000	85 700
长江	长江	万县	974 881	108 000	76 400
长江	长江	宜昌	1 005 501	105 000	70 800
长江	长江	汉口	1 488 036	66 000	52 900

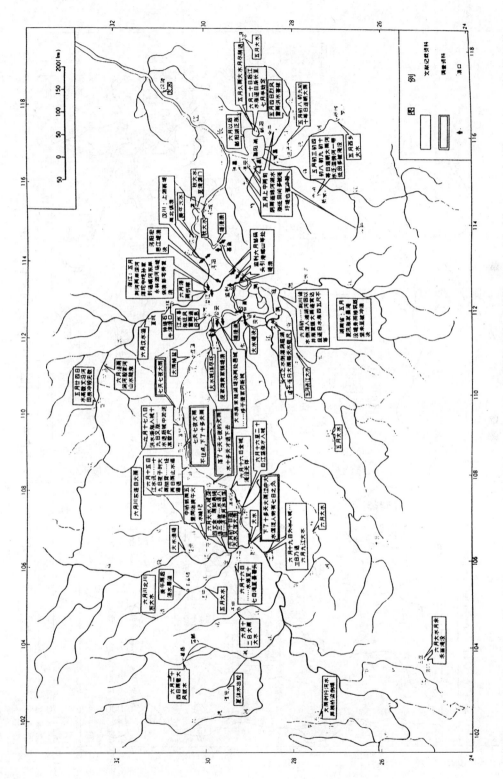

图 3-11 1870 年洪水、雨情、水情、灾情概况

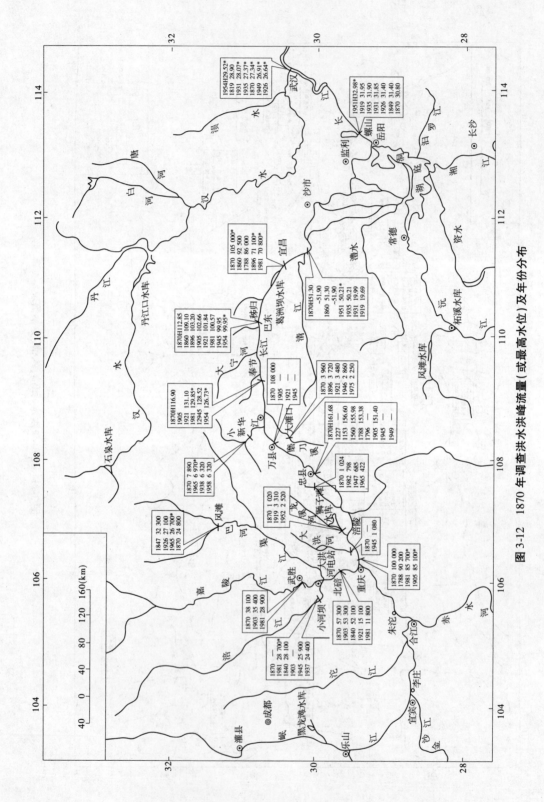

图 3-12　1870 年调查洪水洪峰流量（或最高水位）及年份分布

第三节　黄河大暴雨洪水概况

黄河流域暴雨发生在 6～10 月,大暴雨主要出现在 7～8 月。黄河中游泾河、渭河、潼关以下至郑州和黄河下游暴雨多在 7 月发生,黄河中游北干流河口镇至龙门区间暴雨多在 8 月出现。尤其在 7 月中下旬至 8 月上旬多大暴雨。但如果西太平洋副热带高压进退失常,大暴雨在 6 月、10 月也可能发生。

黄河上游降雨面积大,历时长,但强度较小,日雨量多小于 50 mm。1981 年 8、9 月间连续降雨约一个月,中心久治最大 1 d 雨量仅 43.2 mm。这次降雨使兰州出现洪峰流量 7 090 m³/s,为 1904 年以来最大洪水。

黄河中游是形成中下游大洪水的主要地区。暴雨强度大,但历时较短,雨区面积也较小,不过发生大暴雨时面积也大。北干流河口镇至龙门区间暴雨历时多不超过 24 h,雨区面积 5 万～7 万 km²。1977 年 8 月 1 日陕西和内蒙古交界处乌审旗木多才当 9 h 降雨 1 400 mm(调查值),创世界记录。但 50 mm 以上雨区仅 2.4 万 km²。1842 年(清道光廿二年)在这一区间曾发生一次特大暴雨,估计面积要大,位置比 1977 年稍偏南。吴堡出现洪峰流量 32 000 m³/s,为一百多年来最大洪水。

中游南部包括泾河、渭河、北洛河、汾河和北干流南段区间常出现大暴雨,形成大洪水。1933 年 8 月上旬 5 d 降雨集中在 6 日、9 日两天,雨区面积超过 10 万 km²。因雨量站少,未测到中心雨量。在陕县出现洪峰 22 000 m³/s 为该站 20 世纪的最大洪水。同样的西南—东北向雨带,可能位置偏北的 1843 年(清道光廿三年)又出现更大的洪水,陕县洪峰流量达 36 000 m³/s。从历史文献得知这次特大暴雨主要集中在 3 d。1662 年(清康熙元年)在这里发生一次 40 d 降雨后期连续 17 d 的特大暴雨,雨区很大,跨黄河中下游和邻近河流部分流域,以后作专门论述。

三门峡市(原陕县)至郑州市花园口区间是中游东部又一主要暴雨区。暴雨频繁,强度也大,最大点暴雨量 24 h 可达 300～500 mm。但雨区较小,为 4 万～5 万 km²。1958 年 7 月 15～17 日连续 3 d 暴雨,中心雨量超过 700 mm。花园口洪峰流量 22 300 m³/s,为该站 20 世纪最大洪水。1982 年 7 月 29 日至 8 月 2 日又发生大暴雨,中心 24 h 最大雨量达 734.3 mm。经水库拦蓄削减部分洪峰,花园口仍出现 15 300 m³/s 的洪水。1761 年(清乾隆廿六年)还出现过"暴雨五日夜不止"的特大暴雨,雨区遍及三门峡—花园口区间(简称三花间),花园口洪峰流量估算达 32 000 m³/s。

黄河中游是中国北方短历时强暴雨主要地区,除前述木多才当记录外,5 min 陕西鏊屋 59 mm,山西梅洞沟 53.1 min。15 min 内蒙古田圪坦 106 mm。60 min 陕西大石槽 267 mm。4 h 陕西宝鸡 555 mm。6 h 山西陶村埠 600 mm。河南石碢 12 h、24 h、5 d 分别为 652.5 mm、734.3 mm、904.8 mm,都是很重要的记录。

黄河下游为地上河,支流少,流域面积增加不多。最大 24 h 点雨量为 200～300 mm,历时一般为 3 d。当出现中下游东西向雨带时,也能增加下游洪水流量。1957 年、1937 年都出现过这种情况。

以上参见表 3-3～表 3-6、图 3-13 及图 3-14。

表 3-3　黄河中游主要站大洪水发生时间

	年份	1842	1946	1951	1959	1964	1967	1970	1971	1976	1977
吴堡	$Q_m(m^3/s)$	32 000	23 000	18 000	16 100	17 500	19 500	17 000	14 600	24 000	15 000
	月-日	07-23	07-19	08-15	07-21	08-13	08-10	08-02	07-25	08-02	08-02
龙门	年份	1933	1942	1953	1954	1964	1967				
	$Q_m(m^3/s)$	12 900	24 000	15 800	16 400	17 300	21 000				
	月-日	08-08	08-03	08-26	09-03	08-13	08-11				
三门峡	年份	1843	1933	1942	1967						
	$Q_m(m^3/s)$	36 000	22 000	17 700	16 000						
	月-日	08-09	08-10	08-04	08-13						
花园口	年份	1761	1843	1933	1954	1958	1982				
	$Q_m(m^3/s)$	32 000	33 000	20 400	15 000	22 300	15 300				
	月-日	08-18	08-10	08-11	08-05	07-17	08-02				

表 3-4　黄河流域与中国大陆不同历时暴雨值比较

暴雨历时	黄河流域			我国大陆		
	暴雨极值（mm）	出现时间（年-月-日）	地点	暴雨极值（mm）	出现时间（年-月-日）	地点
5 min	53.1	1971-07-01	山西梅洞沟	53.1	1971-07-01	山西梅洞沟
60 min	267.0	1981-06-20	陕西大石槽	401.0	1975-07-03	内蒙古上地
3 h	278.4	1982-07-30	河南禹山	494.6	1975-08-07	河南林庄
6 h	446.9	1982-07-30	河南禹山	830.0	1975-08-07	河南林庄
6 h	500*	1970-08-10	山西陶村埠			
12 h	652.5	1982-07-30	河南石碾	954.4	1975-08-07	河南林庄
12 h	1 400*	1977-08-01	内蒙古木多才当	1 400*	1977-08-01	内蒙古木多才当
24 h	734.3	1982-07-30	河南石碾	1 060.0	1975-08-07	河南林庄
24 h	1 400*	1977-08-01	内蒙古木多才当	1 400*	1977-08-01	内蒙古木多才当
1 d	528.7	1982-07-29	河南陆浑	1 005.4	1975-08-07	河南林庄
3 d	860.4	1982-07-29～07-31	河南石碾	1 605.0	1975-08-05～08-07	河南林庄
5 d	904.8	1982-07-29～08-02	河南石碾	1 631.1	1975-08-01～08-08	河南林庄
7 d	920.3	1982-07-29～08-04	河南石碾	2 051.0	1963-08-02～08-08	河北獐狐

注：* 为调查值。

表 3-5　1977 年 8 月 1 日乌审旗暴雨雨深面积关系

雨深(mm)	1 400	1 200	1 000	800	600	400	200	100	50	25	10
面积(km²)	0	15.2	30.8	111.1	501	1 238	1 860	8 700	24 650	45 460	77 000

表 3-6　黄河干、支流历史最大洪水成果

河名	站名	集水面积 （km²）	发生时间 （年-月-日）	洪峰流量 （m³/s）	可靠性
黄河	贵德	133 650	1904-07	5 720	较可靠
	循化	145 446	1904-07	6 510	较可靠
	上诠	182 821	1904-07-18	7 880	较可靠
	兰州	222 551	1904-07-18	8 500	可靠
	青铜峡	274 997	1904-07-21	8 010	可靠
	柳青	393 299	1896	7 550	可靠
	万家寨	394 813	1969-08-01	11 400	可靠
	河曲	397 643	1896	8 740	供参考
黄河	保德	403 877	1945	13 000	较可靠
	吴堡	433 514	1842-07-22	32 000	较可靠
	延水关	471 385	1942-08-03	27 000	供参考
	壶口	493 126	1942-08-03	25 400	可靠
	龙门	497 190	1843	31 000	较可靠
	陕县	687 869	1843-08-10	36 000	可靠
	八里胡同	692 473	1843-08-10	32 600	可靠
	小浪底	694 155	1843-08-10	32 500	较可靠
	黑岗口	724 009	1761-08-17	30 000	供参考
大夏河	冯家台	6 851	1904	1 160	较可靠
洮河	沟门村	24 973	1845	4 130	供参考
湟水	红古城	31 153	1847	4 700	供参考
庄浪河	红崖子	4 007	1833	2 160	较可靠
皇甫川	皇甫	3 199	1972-07-19	8 400	可靠
窟野河	温家川	8 645	1946-07-18	15 000	供参考
湫水河	林家坪	1 873	1875-07-17	7 700	较可靠
三川河	后大成	4 102	1875-07-17	5 600	供参考
无定河	绥德	28 719	1919-08-06	11 500	可靠
延水	甘谷驿	5 891	1977-07-06	6 300	可靠
渭河	咸阳	46 856	1898-08-03	11 600	较可靠
泾河	张家山	43 216	道光年间	18 800	供参考
北洛河	湫头	25 154	1855-07-29	10 700	可靠
洛河	故县	5 370	1898	5 400	较可靠
	洛阳	11 581	1931-08-12	11 100	供参考
伊河	嵩县	3 062	1943-08-11	5 300	可靠
	龙门镇	5 318	1923-08-08	20 000	供参考

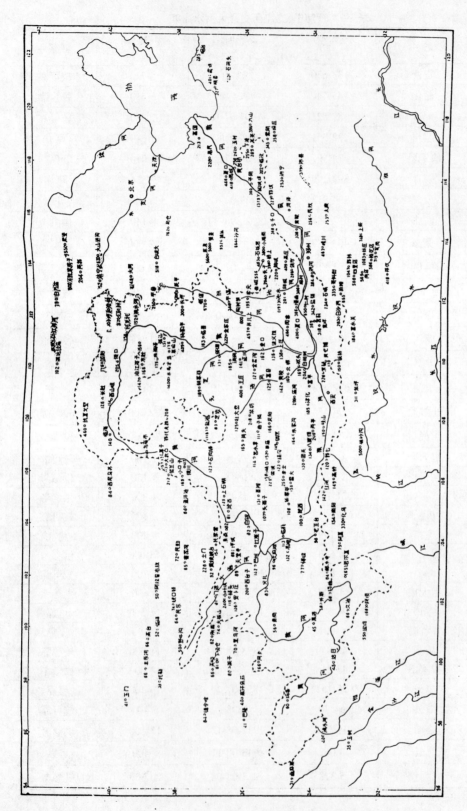

图 3-13　黄河流域实测和调查点最大 24 h 降水量分布

整个暴雨区呈东西向带状分布,西起内蒙古鄂托克旗,东至山西偏关、保德一带。暴雨中心区为椭圆形,暴雨等值线见图3-14。

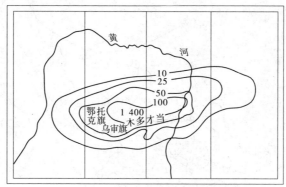

图3-14　1977年8月1日乌审旗暴雨等深线

此次暴雨,中纬度为两槽一脊,副热带高压中心稳定于我国山东菏泽地区,副热带高压边缘588线位于东胜、银川、武都一线,7705号台风在福建登陆后沿副热带高压南侧西行。

第四节　1933年、1958年、1843年、1761年黄河大暴雨洪水

黄河中游大暴雨多为盛夏经向型环流控制下,由切变线配合低涡或台风引起。此时西太平洋副高比较稳定,位置偏北,有利于东南暖温气流输送。但当副高脊线位置偏南并且持续少动时,西南暖湿气流配合南海台风,又会给黄河上中游送来大量水汽,都能造成大暴雨。

1933年8月6~10日黄河中游发生一次大暴雨。此时副热带高压偏南,高压中心在菲律宾附近,长江中下游南部干热少雨。台风先在南海徘徊,8月9日在广西登陆,深入到西江上游。中国东北和朝鲜包括山东半岛恰好又为大陆高压所控制。因此,黄河中游出现大暴雨。估计副热带高压西侧还有来自印度洋孟加拉湾的水汽输送,参见图3-15。

当时雨量站稀少,据调查得知,8月6日先在甘肃东部出现暴雨,然后迅速向东北偏东发展。当晚至7日凌晨在泾河、渭河上中游和清涧、大理、三川等河均产生暴雨。7日雨区扩展到山西中部。8日中游雨区呈斑状分布,雨量减少。9~10日渭河上游和泾河中下游又出现第二次暴雨。根据洪水详细调查绘制洪峰模系数等值线如图3-16所示,由图可知雨带呈西南—东北向分布,暴雨中心清晰可见。

图3-17为1933年洪水主要测站流量过程线,泾河张家山洪峰流量9 200 m³/s,北洛河洑头洪峰流量2 810 m³/s,汾河河津洪峰流量1 700 m³/s,渭河咸阳洪峰流量6 260 m³/s,汇集后黄河陕县洪峰流量22 000 m³/s,12 d洪量90.78亿 m³。这次大洪水泾河、渭河是主要来源,北干流洪水较小,呈单峰型。

1958年7月15~17日黄河中游东部,主要在三门峡至花园口区间发生一次大暴雨。雨区呈南北向分布,为南北向切变线所形成。暴雨中心新安仁村最大1 d雨量650 mm(调查值),垣曲366.5 mm。三花间5 d平均雨深155.0 mm。最大3 d雨量分布参见

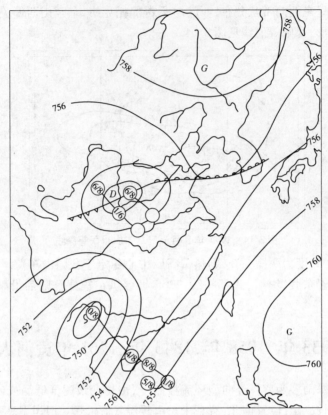

图 3-15　1933 年 8 月 10 日 16 时东亚地面天气

注:此图原为当时南京北极阁气象台所绘,1976 年 5 月征得朱炳海、
陶诗言同意,将原绘 752 闭合线稍作修改。

图 3-18。洪水组成以伊洛河和三花区间及三门峡干流为主,沁河流量较小。伊洛河黑石关洪峰流量 9 730 m³/s,三花干流区间洪峰流量 5 070 m³/s,黄河三门峡洪峰流量 6 520 m³/s,沁河小董洪峰流量 980 m³/s。花园口洪峰流量合为 22 300 m³/s,5 d 洪量 57.02 亿 m³,12 d 洪量 88.85 亿 m³。也属于单峰型。

1843 年特大洪水雨区据文献和调查分析,主要分布在泾河、北洛河上中游和河口镇至龙门区间的西部,山西西北部也有一部分。雨带也为西南—东北向。主要暴雨中心在窟野河、皇甫川等较偏北的支流流域。根据当时河道总督慧成奏报"(陕县)万锦滩黄河于七月十三日巳时报长水七尺五寸,后续据陕州呈报,十四日辰时至十五日寅时复长水一丈三尺三寸。前水尚未见消,后水踵至。计一日十时之间,长水二丈八寸之多。浪若排山,历考成案,未有长水如此猛骤。"结合当地最高洪水位调查,分析求得洪水过程及洪峰流量如图 3-19 所示。为校核最大洪峰流量计算还进行了模型试验。结果陕县洪峰流量为 36 000 m³/s,前面两个稍小的洪峰分别为 20 000 m³/s 和 26 000 m³/s,12 d 洪量为 119 亿 m³。

1761 年特大洪水雨区南起淮河流域,北至汾河及海河流域,西起陕西东部,东至郑州花园口。暴雨中心在三花间垣曲、新安、沁阳一带,降雨总历时 10 d,其中强度较大暴雨历

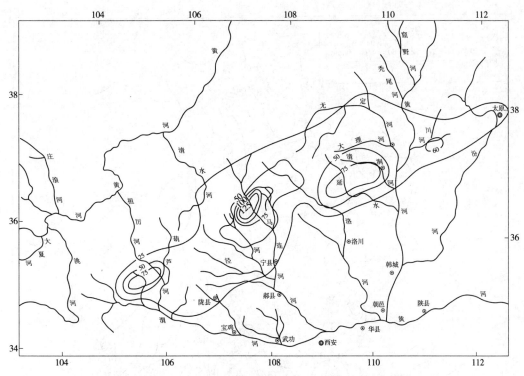

图 3-16　1933 年 8 月洪水洪峰模比系数 C 值($C = Q_m/F^{0.5}$)等值线

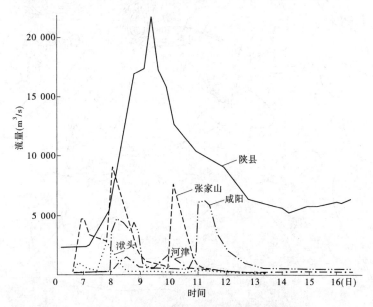

图 3-17　1933 年 8 月洪水主要测站流量过程线

时 4~5 d。雨区也呈南北向分布。根据当时河南巡抚常钧奏报:"祥符县(今开封)属之黑岗口(七月)十五日测量,原存长水二尺九寸,十六日午时起至十八日巳时,陆续共长水五尺,连前共长水七尺九寸,十八日午时至酉时又长水四寸,除落水一尺外,净长水七尺三

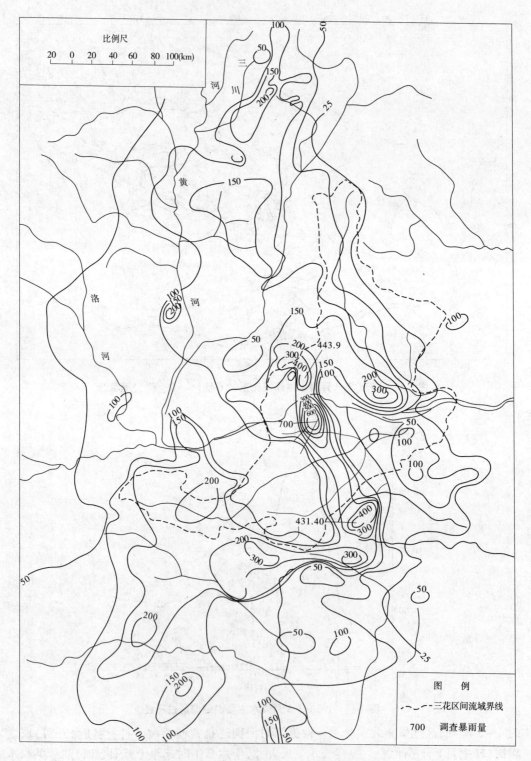

图 3-18　1958 年 7 月 15～17 日雨量等值线

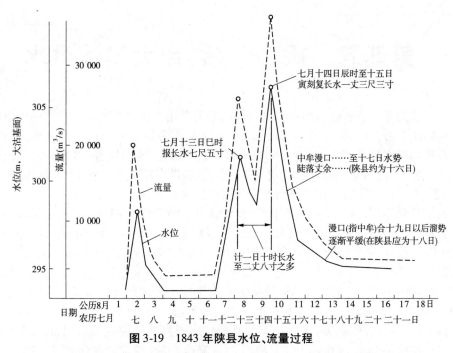

图 3-19　1843 年陕县水位、流量过程

寸。堤顶与水面相平,间有过水之处。"估绘水位过程线,考证当时河道断面形态,并考虑到洪水冲刷及河槽调节影响,推算求得花园口洪峰流量为 32 000 m³/s,12 d 洪量共 120 亿 m³。

第五节　长江、黄河大洪水与太阳活动的关系

以上所述 1931 年、1954、1870 年三次长江大洪水和 1933 年、1958 年、1843 年、1761 年四次黄河大洪水,均为两百多年来实际出现的最重要的大洪水,很有代表性。其中,1931 年和 1933 年中间仅间隔一年,1954 年黄河也有较大洪水出现。1842 年黄河北干流北段还出现一次特大洪水,和 1843 年是相连的两年。所以,检查这七次大洪水出现在太阳黑子活动的何种位相,以求取得初步认识很有必要。

1761 年是太阳黑子活动第 1 周的峰年,年平均相对数为 85.9。1843 年是太阳黑子活动第 9 周的谷年,年平均相对数为 10。1870 年是太阳黑子活动第 11 周的峰年,年平均相对数为 1 391.0。1931 年是太阳黑子活动第 16 周即将结束,第 17 周谷年的前两年,年平均相对数为 20.0。1933 年即是第 17 周的谷年,年平均相对数为 5.0。1954 年是太阳活动第 19 周的谷年,年平均相对数为 5.0。1958 年是太阳活动第 19 周的峰年后一年,年平均相对数为 170.0。总的来看,三次出现在峰年或峰年附近,四次出现在谷年或谷年附近。总是在太阳活动异常的峰谷年份,中国的长江、黄河易出现大洪水或特大洪水。

第四章 闽、浙、赣、台大暴雨洪水

中国东南部闽、浙、赣、台多山地多台风,是大暴雨大洪水多发区。台湾中央山脉最高峰玉山海拔 3 997 m,闽、赣间武夷山脉最高峰黄岗山海拔 2 158 m,为这一地区的最高山峰。台湾拥有海拔 3 000 m 以上山峰 133 座,闽、浙、赣三省海拔超过 1 800 m 的山峰也有十余座。据统计,每年侵袭台、闽、浙三省沿海的热带气旋总频数分别为 64、57 及 16,合计达 137 个。在这样的条件下自然形成多暴雨洪水的特点。

由于社会原因,这一地区具有详细的暴雨洪水观测记录尚不足百年。据对 19 世纪闽、浙、赣地区历史旱涝文献记载分析,闽、浙、赣型如 1800 年(清嘉庆五年)、1834 年(清道光十四年),浙、赣型如 1814 年(清嘉庆十九年)、1833 年(清道光十三年),闽、赣型如 1828 年(清道光九年)、1853 年(清咸丰三年)等都曾出现跨省区的大暴雨洪水,而且比较频繁。

1992~1996 年间,先在闽、浙、赣地区多次出现大暴雨洪水。特别是 1992 年 7 月上旬的大暴雨洪水,闽、浙、赣三省都严重受灾。由于自记遥测雨量观测条件的改善,这次暴雨取得了每 15 分钟的短历时雨量,从而得知其降雨强度破国内最高记录。1996 年 7 月底强烈台风侵袭台湾,在中部山区又测到 24 h 破全国的(原记录为台湾新寮)新记录。因此,从历史到现在都要求利用比较完整的若干大暴雨洪水资料,进一步加以分析和认识。

以下选择 1955 年、1968 年、1992 年闽、浙、赣三省三次大暴雨洪水和 1959 年、1963 年、1996 年台湾地区三次大暴雨洪水逐次予以说明。

第一节 1955 年 6 月浙、赣大暴雨洪水

1955 年 6 月 17~23 日浙江中部、西部和江西东部、北部发生一次持续 7 d 的大暴雨。暴雨由强切变和低涡形成。西太平洋副热带高压脊线在 20°N,中国东北有低压。孟加拉湾和南海暖湿气流不断向这一地区输送水汽。加上受地形抬升影响,使大暴雨得以形成并且维持。

这次大暴雨在闽、浙、赣地区位置偏北,暴雨中心位于 114.4°E~120.5°E 和 28.3°N~29.7°N,最大暴雨中心在 29°N 附近。最大过程雨量为江西奉新 618.2 mm,最大 3 d 雨量奉新为 577.7 mm,最大 1 d 雨量奉新 354.5 mm,3 h 最强时段雨量为万寿宫 117.7 mm。100 mm 雨量除浙北、浙东南外几乎笼罩浙江全省和南丰以北江西大部分地区。浙西和鄱阳湖东西两侧各有两个 500~600 mm 的暴雨中心。

受这次大暴雨影响,许多河流出现大洪水。乌溪江鹤头湾洪峰流量 5 670 m³/s,衢江洋港洪峰流量 12 600 m³/s,新安江罗桐埠洪峰流量 13 000 m³/s,富春江芦茨埠洪峰流量 29 000 m³/s,信江梅港洪峰流量 13 600 m³/s,修水三碛滩洪峰流量 12 100 m³/s,乐安江石镇街洪峰流量 9 360 m³/s,鄱阳湖湖口洪峰流量 28 800 m³/s。在这个地区的许多小河流都出现了多年不见的大洪水,灾害严重。当时乌溪江正在修建黄坛口水电站,拦河建坝混凝土尚未浇筑完工,部分坝段被冲坏,损失很大。

这次大暴雨洪水提高了我们对洪水的认识。当时燃料工业部华东水力发电工程局正在浙江、福建修建黄坛口和古田溪两个电站,还筹备修建新安江水电站。因为水文观测时

间很短,不了解河流的洪水特性,设计洪水偏小。虽然进行了历史洪水调查和分析,总感觉洪水不一定那么大。这次洪水统一了认识,并影响到全国的水电建设。

第二节　1968年6月闽、赣大暴雨洪水

1968年6月14~19日福建北部、中部和江西南部发生一次持续5 d的大暴雨。暴雨由低涡和切变形成,副热带高压此时东退,冷空气南下,在闽北形成静止锋。南侧为西南急流,辐合区在福建中部和北部。印度低压的东南部和副高西北部的西南气流不断送来暖湿空气,暴雨中心自北向南移动。

这次大暴雨在闽、浙、赣地区位置偏南,暴雨中心位于115.0°E~120.2°E和25.8°N~27.2°N,最大暴雨中心在26.3°N附近。最大过程雨量在福建福鼎磻溪为617.0 mm,在宁化湖村为527.3 mm。最大3 d雨量磻溪为503.0 mm,湖村为444.9 mm。最大1 d雨量和12 h雨量在湖村分别为252.9 mm和200 mm。200 mm雨量等值线从江西南部一直延伸到福建沿海。最大暴雨中心正在武夷山脉南支白石峰(1 858 m)、陇西山(1 620 m)和紫云洞山(1 647 m)、黄连盂山(1 807 m)之间。

受这次大暴雨影响,福建闽江和江西赣江都出现大洪水。富屯溪洋口洪峰流量9 300 m³/s,建溪七里街洪峰流量7 100 m³/s,沙溪沙县洪峰流量6 430 m³/s,闽江十里庵洪峰流量25 000 m³/s,竹岐洪峰流量29 400 m³/s。贡水峡山洪峰流量7 210 m³/s,赣江吉安洪峰流量13 500 m³/s。闽江这次大洪水是自1934年竹岐设站以来有记录的最大洪水。福州最高水位达9.03 m,沿闽江两岸,特别是三明、南平两地区都严重受灾。江西也发生水灾。

第三节　1992年7月闽、浙、赣大暴雨洪水

1992年7月3~7日福建中部西部、浙江南部西部和江西东部发生一次跨三省相邻地区面积比前两次更大的持续5 d大暴雨。形成暴雨的天气条件仍为低涡切变和静止锋。西太平洋副热带高压南退,蒙古高压和东亚大槽此时形成北槽南高的暴雨形势。南北两支高空东风急流合并,底层西南气流稳定加强。由于各种条件配合,最大暴雨中心正好位于武夷山最高峰黄岗山迎风面。另一暴雨中心则和1968年大暴雨中心吻合。

这是一次在闽、浙、赣地区位置居中的大暴雨。暴雨中心位于116.4°E~119.0°E和26.2°N~29.1°N,最大暴雨中心在27.9°N附近。最大过程雨量在福建光泽崩山为698.0 mm,最大3 d和最大1 d雨量在崩山为698.0 mm和468.0 mm。由崩山来看,5 d降雨实际集中于3 d。更短历时的最大雨量仍属崩山,12 h、3 h、60 min和15 min分别为494.0 mm、277.0 mm、139.0 mm、117.0 mm。200 mm等雨量线跨武夷山脉两侧大范围分布,突出显示了地形的影响。

受这次大暴雨影响,福建闽江再次出现特大洪水,流量超过1968年。富屯溪洋口洪峰流量11 500 m³/s,建溪七里街洪峰流量10 900 m³/s(这两条支流洪水超过1968年的22%~53%)。沙溪沙县洪峰流量5 140 m³/s。闽江十里庵洪峰流量27 500 m³/s,竹岐洪峰流量30 300 m³/s。浙江乌溪江荻青洪峰流量5 150 m³/s,衢江衢县洪峰流量6 480 m³/s。江西信江梅港洪峰流量5 240 m³/s。这次大暴雨洪水给三省都造成严重洪灾。

图4-1为上述三次大暴雨的雨量分布图,图4-2为1968年6月17日天气形势图,可资参考。

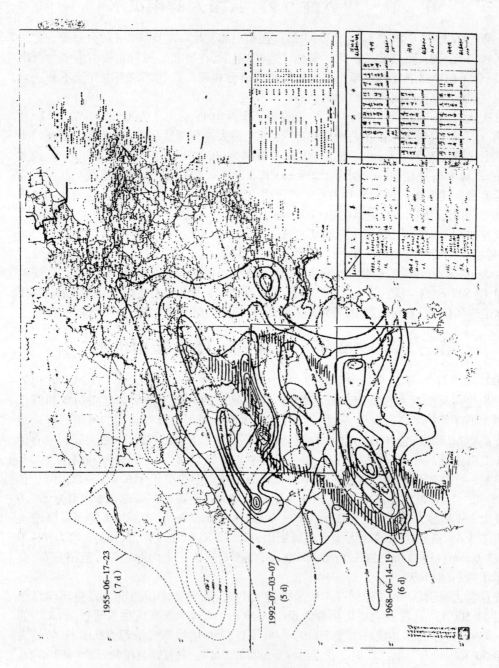

图 4-1　武夷山大暴雨

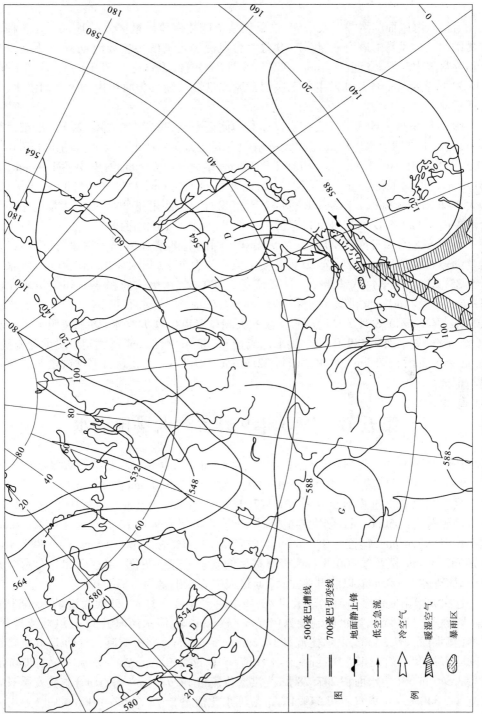

图 4-2　1968 年 6 月 17 日天气形势综合示意图

图例

——	500毫巴槽线
══	700毫巴切变线
	地面静止锋
↑	低空急流
⇨	冷空气
	暖湿空气
	暴雨区

第四节　1959 年 8 月台湾大暴雨洪水

台湾东海岸面临浩瀚的太平洋，这里正是全球热带风暴最频发的地区。在各种成因的暴雨中以台风暴雨最为强烈。7~9 月为台风侵袭台湾的最主要时期，7 月下旬至 9 月上旬为最集中时段。近五十年间，1959 年 8 月 7~9 日，1963 年 9 月 10~12 日和 1996 年 7 月 30 日至 8 月 1 日台湾发生了三次因台风或热带气旋来袭而产生的大暴雨洪水，都造成严重灾害。

1959 年 8 月 7 日热带气旋在嘉义布袋镇附近登陆，位置在中部略偏南。登陆后继续偏南，然后由台湾南部出海。此次大暴雨的重要记录为：60 min 云林大湖山 176.0 mm，3 h 云林大湖山 346.0 mm，1 d 梅林 1 001 mm，泰武 936.0 mm，阿里山 754.4 mm，大埔 751.0 mm，古坑 708.4 mm，大岽 701.4 mm，斗六 687.0 mm，大湖山 676.8 mm，暴雨中心最大 30 h 雨量为梅林 1 182 mm。图 4-3 为经整理分析的雨量分布图，最大暴雨中心位于台湾中南部 120.5°E~121°E 和 23°N~23.6°N，在中央山脉的西侧。

1959 年 8 月 8 日南部高屏溪、八掌溪和中部的北港溪都出现大洪水，其中高屏溪九曲堂洪峰流量 18 000 m³/s，为 20 世纪实测第一位大洪水（集水面积 3 075 km²，洪水比流量 5.85（m³/s）/km²）；八掌溪义竹洪峰流量 5 980 m³/s（集水面积 441 km²，洪水比流量 13.56（m³/s）/km²）；北港溪北港洪峰流量 3 640 m³/s（集水面积 598 km²，洪水比流量 6.09（m³/s）/km²）。8 月 7 日南部曾文溪和大湖口溪也出现大洪水，曾水溪照与洪峰流量 5 680 m³/s（集水面积 489.0 km²，洪水比流量 11.62（m³/s）/km²），大湖口溪洪峰流量 356 m³/s（集水面积 10.9 km²，洪水比流量 32.60（m³/s）/km²）。大湖口溪这次洪水比流量创很高记录。

第五节　1963 年 9 月台湾大暴雨洪水

1963 年 9 月 9 日强烈台风经过台湾北部海面并有滞留，在北部和南部都产生大暴雨。9 月 9~12 日巴陵及嘎拉号过程降水量分别为 1 783.0 mm 及 1 696.0 mm。9 月 9~14 日阿里山及鞍部过程雨量分别为 1 777.0 mm 及 1 756.0 mm。台北县北势 9 月 11 日 18 h 降雨量为 1 050.0 mm，创世界记录。1 d 最大雨量为 9 月 10 日巴陵 1 044.0 mm，其次为鞍部 997.4 mm，嘎拉号 972.8 mm，玉峰 921.4 mm，秀峦 921.4 mm，白石 889.8 mm，三光 783.5 mm，镇西堡 706.8 mm，经整理后的雨量分布参见图 4-4。南北分布两个暴雨中心，都超过 1 500 mm，以北部为主，57 h 最大中心点雨量为 1 812 mm。

这次大暴雨使许多河流出现大洪水，淡水河台北桥 9 月 11 日洪峰流量 16 688 m³/s（集水面积 2 110 km²，洪水比流量 7.91（m³/s）/km²）。淡水河霞云 11 日洪峰流量 9 110 m³/s（集水面积 623 km²，洪水比流量 14.62（m³/s）/km²）。头前溪二重埔 11 d 洪峰流量 5 290 m³/s（集水面积 477.97 km²，洪水比流量 10.84（m³/s）/km²）。后龙溪打鹿坑洪峰流量 3 640 m³/s（集水面积 247.28 km²，洪水比流量 14.72（m³/s）/km²）。大安溪双崎洪峰流量 5 340 m³/s（集水面积 549.17 km²，洪水比流量 9.72（m³/s）/km²）。以上均为历年最大洪水记录。另外，大甲溪青山洪峰流量 2 300 m³/s（集水面积 667 km²，洪水比流量 3.45（m³/s）/km²）也为大洪水（1959 年及 1963 年流量记录均据《水文年报》）。

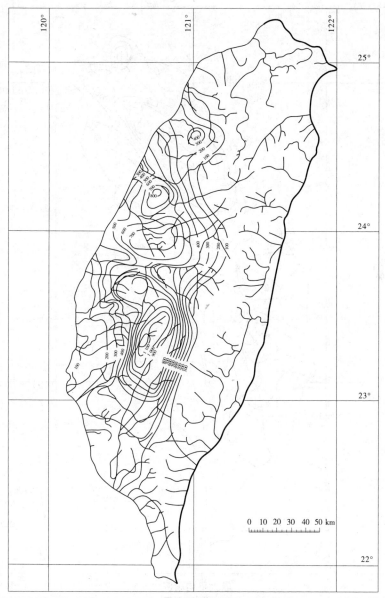

最大平均雨深 （单位:mm）

面积	降水持续时间(h)											
(km²)	1	2	3	6	12	18	24	30	36	48	54	72
最大站点					754			1 182				
20					730			1 170				
50					720			1 145				
100					700			1 110				
500					660			1 020				

图4-3 暴雨研究(1959年8月7~9日,薛观瀛分析资料)

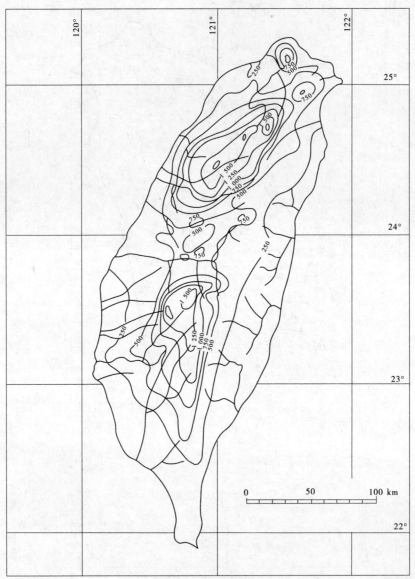

最大平均雨深 （单位:mm）

面积	降水持续时间（h）											
（km²）	1	2	3	6	12	18	24	30	36	48	57	72
50											1 812	
100											1 725	
481	89		227	428	754		1 221	1 400	1 490		1 655	
500											1 653	

图 4-4　暴雨研究（台湾省气象局分析之 1963 年 9 月 10～12 日,葛乐礼台风资料）

第六节 1996年7月30日至8月1日大暴雨洪水

1996年7月30日强烈台风逼近台湾东北部,31日20:44在宜兰登陆,横扫台湾北部、中部和南部的一部分,至8月1日离开。除最南端局部地区外,全台湾普遍发生大暴雨。台风环流云系宽达700 km,中心通过台湾北部时间超过8 h,结果造成许多大暴雨新记录的出现。

首先,中部阿里山7月31日雨量1 094.5 mm,创1933年设站以来最高记录,而24 h雨量1 748.5 mm,创全台湾和全中国的最高记录。其次,7月31日与8月1日2 d雨量1 986.5 mm,已和1967年新寮10月17、18日2 d降雨2 260.2 mm较为接近。细查其逐时雨量变化得知,7月31日16时至8月1日6时,时雨量均超过80 mm,8月1日凌晨1时雨量112.5 mm为最大值。此种持续达13 h的强烈降水确属罕见。在此次大暴雨发生前,台湾12 h的最高记录为1973年10月9日大观862 mm,也被这次阿里山9 h 889.5 mm所超过。

另一较高暴雨记录为溪头,1 h、6 h、12 h、24 h雨量分别为110.0 mm、538.0 mm、813.0 mm和1 099.0 mm。图4-5为台风路径移动情况及7月31日地面天气图。图4-6为这次大暴雨的总雨量分布图,显示南北两大暴雨中心。南部中心呈南北向分布,北部中心雨量较小,呈东北—西南向分布。东部太平洋沿岸山前地带也有少量降雨。图4-7为7月31日地面天气图。在这样的大暴雨影响下,浊水溪出现特大洪水,洪峰流量为20 000 m³/s。过去的最高记录为1960年8月1日10 500 m³/s,这次几乎超过一倍。

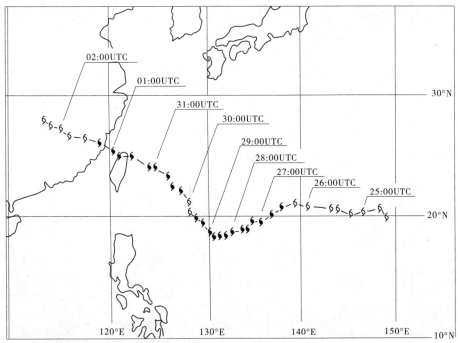

图4-5 贺伯台风最佳路径(空心代表轻度台风,实心代表中度台风以上强度,
时间为1996年7月24日12:00UTC至8月2日12:00UTC)

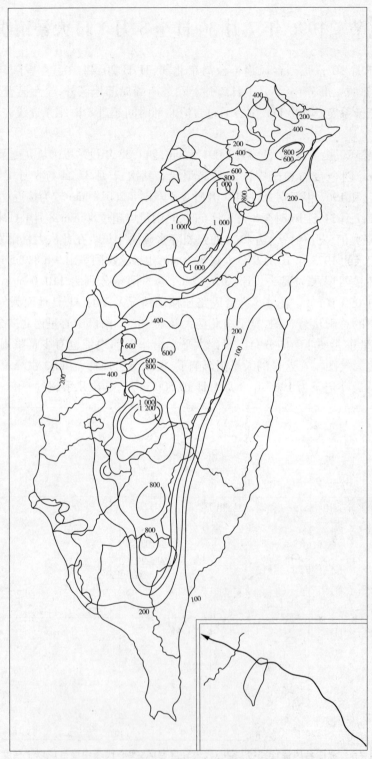

图 4-6　贺伯台风侵袭期间台湾地区总雨量分布 （单位：mm）

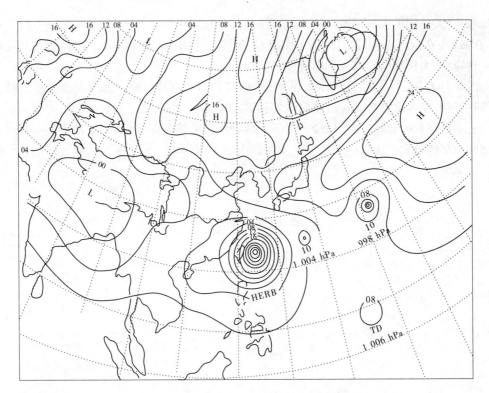

图 4-7 1996 年 7 月 31 日 00:00UTC 地面天气

第七节 闽、浙、赣、台大暴雨洪水与太阳活动关系

闽、浙、赣、台地区 1955 年、1968 年、1992 和 1959 年、1963 年、1996 年六次大暴雨洪水出现时太阳活动的位相如下：

1955 年为太阳黑子活动第 19 周的谷年后一年,年平均相对数为 38,1～5 月平均相对数为 17.8。

1968 年为太阳黑子活动第 20 周的峰年,年平均相对数为 105.9。

1992 年为太阳黑子活动第 22 周的第二个峰年后一年,这一周为双峰,年平均相对数为 94。

1959 年为太阳黑子活动第 19 周峰年后二年,年平均相对数为 159.0。

1963 年为太阳黑子活动第 20 周谷年前一年,年平均相对数为 27.9。

1996 年为太阳黑子活动第 23 周谷年,年平均相对数估计为 10。

以上六次大暴雨洪水三次出现在谷年或其附近年份,三次出现在峰年或其附近年份。谷峰年份也是中国大陆大江大河容易出现大暴雨洪水的年份,闽、浙、赣、台也未例外。

比较海峡两岸大暴雨洪水出现年份的差异,研究它们之间的关系,初步发现存在两岸大暴雨洪水谷峰转移交替出现的某种规律。

1955 年在闽、浙、赣先出现大暴雨洪水,1959 年接着在台湾出现大暴雨洪水,由谷年变到峰年,大暴雨洪水出现地区从海峡西岸转移到东岸。

1963 年在台湾先出现大暴雨洪水,1968 年接着在闽、浙、赣出现大暴雨洪水,又是由谷年到峰年,大暴雨洪水则从东岸转移到西岸。

1992 年在闽、浙、赣出现大暴雨洪水,1996 年接着在台湾出现大暴雨洪水。这次是由峰年到谷年,大暴雨洪水又从海峡西岸转移到东岸。

是不是谷到峰和峰到谷,每逢太阳黑子活动出现大的变化,海峡两岸暴雨洪水将有某种转移和交替出现。这是一个值得注意和深入研究的问题。至少这半个世纪的经验是这样。

第五章　1662年(清康熙元年)长历时特大暴雨洪水

中国黄河、长江曾经发生过像1843年、1870年那样的大暴雨洪水,但降雨都不及10日,而且雨区或者在秦岭以南,或者在秦岭以北。有无雨区跨秦岭南北,暴雨超过10日,并且前期尚有长时间降雨的特大暴雨洪水确实在中国发生过,这是一个既有科学理论意义,又有工程实际价值的重大问题。著者前后历经14年研究1662年特大暴雨洪水,获得圆满结果,得到公认。由此始知仅仅着眼近一二百年认识洪水确有局限。

第一节　1662年洪水的发现及其意义

1662年9月25日至10月10日(清康熙元年八月十四日至二十九日)黄河下游出现持续十五六昼夜的特大洪水,同时汉江、淮河和漳卫河也出现洪水或大洪水,前后稍差一点时间,金沙江、雅砻江、大渡河、岷江和嘉陵江也有洪水出现。这是近300多年来,跨我国黄河、长江、淮河、海河四大流域的一次非常罕见的大洪水。对于跨四个流域的特大洪水是第一次发现,对这些河流的治理和大型工程规划设计及管理运用都有直接关系。

黄河是我国洪水灾害最严重的河流,特别因多泥沙而著称于世界。多泥沙的特大洪水对治黄工作有重大意义。发生在黄河中游的雨区大而历时长的大暴雨形成的特大洪水,更应引起注意。康熙元年八月大水就是这样一个典型。

近40年来,对黄河洪水进行了大量的观测、调查和研究工作,逐步发现黄河有四种特大洪水。

第一种,暴雨带呈西南—东北向分布。渭河、泾河、北洛河的上游,延河、无定河、窟野河、皇甫川以及晋西北的一些河流发生洪水或大洪水。黄河北干流龙门出现大洪水或特大洪水,三门峡发生特大洪水。100多年来这种洪水最大的一次发生在清道光二十三年(1843年)。

第二种,暴雨带呈南北向分布。伊洛河、沁河、汾河、涑水河以及潼关以下至郑州花园口区间黄河干流发生洪水或大洪水。花园口发生特大洪水。200多年来这种洪水最大的一次发生在清乾隆二十六年(1761年)。

第三种,暴雨带呈东西向分布。渭河、泾河、北洛河、延河、清涧河、昕水河、北干流南段、汾河、涑水河、伊洛河、沁河,以及下游沿河部分地区,包括金堤河、大汶河发生洪水或特大洪水,黄河潼关出现特大洪水,并且沿程向下,支流洪水继续入汇,上下遭遇。300多年来这种洪水最大的一次发生在康熙元年(1662年)。

第四种,暴雨带偏于黄河上游,也略呈南北向分布。贵德以上各支流,特别是吉迈至玛曲间的吉曲、西科曲、东科曲、白河、黑河发生大洪水。大夏河和洮河也发生大洪水。贵德、兰州出现特大洪水。100多年来这种洪水最大的一次发生在清光绪三十年(1904年)。

前三种洪水都能在黄河中下游造成严重灾害。历史上洪水出现时下游河道都曾经决口泛滥。第四种洪水造成的灾害主要在上游,传播到中下游有所减轻。

结合输沙考虑,第二种、第四种特大洪水输沙的泥沙量较少。遭遇这种洪水,黄河滩地虽有大量淤积,但主槽却有显著冲刷。河道行洪能力在主槽部分反而有所增大和改善,总淤积量也较小。但第一种和第三种特大洪水,输沙量都很大。发生这种洪水,黄河在潼关以上汇流区和下游河道都要发生极其严重的淤积,滩槽都要升高,行洪能力将显著降低。所以这两种洪水危害更大。

300 多年来,这 4 次特大洪水,1843 年大水的暴雨历时约 3 d,1761 年大水的暴雨历时约 5 d,1904 年大水的暴雨历时为 5 ~ 7 d,时间都较短,雨区面积也较小。1662 年大水,暴雨历时约 17 d,雨区面积远远大于其余 3 次,洪水过程更长,水量、沙量更多,因此关系黄河防洪安危最大。

这次洪水的发现、研究和确认经历了较长时间。1965 年,黄委设计院曾找到一条文献记载,但内容简略,未做进一步工作。1975 年,中国科学院南京地理研究所徐近之教授受著者请托发现了康熙《陕西通志》中的一条重要记载,对雨情和泾河、渭河、洛河水情都有记述。以后陆续收集到大量雨情详细记载。1977 年,著者在复旦大学图书馆找到康熙元年时任黄河总督的朱之锡的著作《河防疏略》,同年更在北京图书馆找到其属下任南河同知的崔维雅的著作《河防刍议》,其中有康熙元年特大洪水的大量水情详细记载,并有下游河道及决溢口门附图。从此结合实地调查,研究逐步深入。以后为探索此次异常洪水的成因,在暴雨的天气条件、气候变化背景及日地物理关系方面都取得了重要成果。1978 年起,在有关学科的学术会议、大流域各省有关部门、高等院校和研究所以及中国气象局反复进行讨论及补充工作。1979 年在黄河中下游治理规划学术讨论会上报告后,1982 年经过确认,由著者写入水利部黄河水利委员会黄河水利史述要编写组所著《黄河水利史述要》一书,作为近 300 年来特大洪水之一正式出版公开发表。随后,又进行了水文学总结,1987 年末决定编入《中国历史大洪水》专著,1989 年正式出版,供各方面工作参考。

第二节　雨情分析

1662 年夏秋,我国四川、甘肃、陕西、山西、河南、河北、山东、安徽等省普遍多雨。中秋前后,在夏历八月初九至二十五日(公历 9 月 20 日至 10 月 6 日)发生了一场持续 17 d 的跨流域特大暴雨。雨区以黄河流域为主,包括长江、淮河和海河的部分流域。黄河流域降水量最大,汉江和淮河流域雨量也较大。

全面查阅黄河流域及其邻近流域各省地方志,对雨情记载进行考证。其中包括:甘肃天水地区,陕西关中及汉中地区,山西汾河及沁河流域和豫东、鲁西、冀南、皖北等平原地区。康熙元年夏秋都有大雨记载。在五六月至七八月,前后都有大暴雨发生。

将黄河流域各地雨情记载,从上中游到下游,按自西向东、自南向北的次序加以编排,并且划分雨情的强弱和起讫时间的变化,则可得表5-1。此表可以显示雨情的时空分布和

表 5-1　清康熙元年(1662 年)汛期雨情分析

地点	六月	七月	八月	九月	地点	六月	七月	八月	九月
秦州(天水)					荣河				
宝鸡					猗氏				
永寿					闻喜				
武功					解州				
盩厔(周至)					安邑				
咸阳					永济				
泾阳					平陆				
三原					芮城				
咸宁(西安)					临猗				
临潼					曲沃				
高陵					临汾				
渭南					太平				
华县					徐沟				
华阴					阳曲				
朝邑					灵宝				
大荔					怀庆(沁阳)				
富平					开封				
澄城					原武				
中部(黄陵)					阳武				
洛川					中牟				
延安					扶沟				
延长					陈留				
略阳					杞县				
宁羌(宁强)					夏邑				
凤县					东明				
城固					清丰				
定远厅(镇巴)					曹县				
宁陕					商丘				
安康					朝城				
兴安府					项城				
白河					淮阴				
镇安					扬州				
商州					长治				
汉南郡									
雒南									
吉州									

注:雨 ▬▬▬；大雨 ▬▬▬；大雨如注 ▬▬▬。

强弱变化。由 5-1 表可知,春末夏初降雨即异于常年,渭河上游、泾河中游以及商洛地区开始最早,入夏以后,五六月即有大雨发生。盛夏降雨更为频繁和连续。陕南、关中、渭北,六月下旬起有大面积的持续 60 d 的大雨。七月渭河上游和黄河上游、黄河北干流东侧有大暴雨和特大暴雨出现,雨区向东扩展。八月雨区继续扩大,形成与秦岭大体平行的东西向大雨带。晋南、豫西和冀鲁豫三省相邻的黄河下游地区,都笼罩在这次特大暴雨下。此时雨区面积最大,降雨强度最大,是这一年降雨的高峰。据大量记载分析,可以定出此次特大暴雨自八月初九开始,至二十五基本结束(即 1662 年 9 月 20 日,至 10 月 6 日),降雨历时 17 d。然后,中游泾河和黄河下游又有 3 d 降雨,才最后结束。

将八月特大暴雨各地记载汇入图 5-1,由图可知,西起 105.5°E,东至 116.2°E,南起 32.6°N,北至 38.1°N,此东西向雨带的轴线约在 35°N。其中,主要雨区为西南—东北向分布,大部分在黄河流域,长江的部分支流如汉江,淮河的部分支流如沙颍河,海河的部分支流如漳卫河也笼罩在同一雨区下。其边界,大体自渭河上游与嘉陵江的分水岭起,向东经过泾河和北洛河的中游,到北干流。在延河口平渡关附近跨过黄河,经吉县折向东北,沿汾河至太原地区。再转而向南,穿越沁河至晋东南。然后在八里胡同附近过黄河,向西到达陕南商洛、安康和汉中地区。在主雨区以东,冀、鲁、豫三省相邻地区及黄河开封至曹县一段河道,又为一次主要雨区所笼罩。此次主要雨区降雨时间迟于主雨区约 8 d,历时 6～14 d,北部较短、东部较长。黄河流域部分的暴雨中心共有:天水地区,泾河、渭河中游,北洛河和北干流邻近,太原地区,晋南和冀、鲁、豫邻区等六处。

陕西永寿"六月二十四日至八月二十八日淫雨如注,连绵不绝,城垣、公署、佛寺、民窑俱倾。山崩地陷,水灾莫甚于此"。泾阳"八月大雨五旬,民居倾圮"。富平"八月淫雨如注旬有六日,会省、郡、邑及村堡、民舍尽圮"。渭南"六月大雨六十日,平地水涌,漂没人家无算"。澄城"大雨日夜不绝四十日,屋无新旧皆漏,灶底生蛙,驱之不绝"。山西吉县"七月大雨滂沱,连绵数月,民房城垛多有塌毁"。荣河"七月雨至九月初方止,城中井溢,平地泉涌,城垣、庐舍塌毁甚多"。猗氏"八月大雨霖,自初九至二十五大雨如注,昼夜不绝,墙屋倾圮殆尽"。解州"八月大雨如注者半月,连绵四旬。城垣、庐舍十倾六七。盐池被害,斗盐一两二钱"。永济"八月九日大雨如注,连绵弥月。城垣半倾,桥梁尽圮,山有崩处"。临汾"八月大雨如注,连绵弥月。城垣半倾,桥梁尽圮,山有崩"。河南"八月大雨伤稼,开封、归德、怀庆所属"。山东曹县"八月……十七、十八至二十七日淫雨如注"。朝城"八月十九日至二十五日淫雨七昼夜。""淫"、"霖"指连雨时间之长,"如注"指降雨强度最大。明清均如此记载。这些都是主要暴雨中心的重要史实记录。

这次降雨从黄河洪水角度看有几个重要特点。第一是盛夏以后,陕西一直大雨,以泾河、渭河中下游暴雨持续 64 d 最强最长。黄河中游包括甘肃东部和山西西部在内,大部分地区都出现了三四十天大雨,其中都有持续 15 d 左右的特大暴雨。而这里正是黄河出现特大洪水的主要产流产沙地区。第二,整个雨区逐渐向东扩展,有一个移动和发展过程。黄河下游冀、鲁、豫三省相邻地区大暴雨持续 7～14 d,出现时间滞后于中游特大暴雨的起始日期 5～8 d。此种间隔时间恰和中游暴雨形成的黄河干流洪水到达下游时间相同,这就必然造成上下洪水遭遇。而且防洪抢险也必须在大暴雨中进行。第三,特大暴雨出现在长期大雨的后期,恰在中秋前后,这时地表裸露,黄土含水量饱和,流水侵蚀和重力

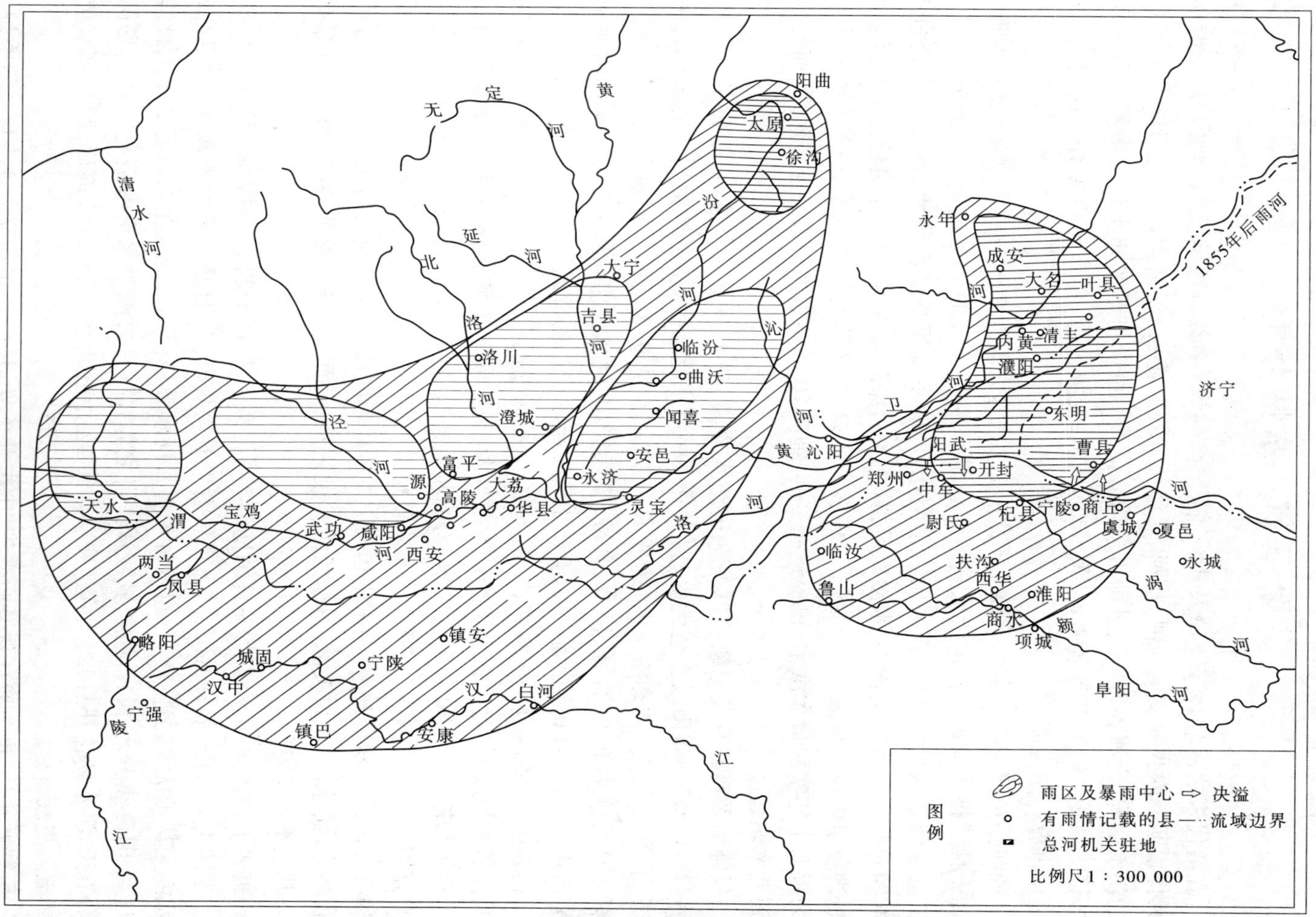

图 5-1 八月特大暴雨各地记载

侵蚀大为加剧,湿陷和滑坡势必大量出现。所以有山崩地陷的记载。黄河洪水输沙量和含沙量因此也不会和一般秋季洪水相同。

第三节　水情分析

在清代朱之锡《河防疏略》及崔维雅《河防刍议》中都有康熙元年大水黄河下游水情的具体说明。对主要支流泾河、渭河、北洛河、汾河、沁河、伊洛河以及龙门以下黄河北干流的洪水情况,沿河各省、州、县地方志均有记载。可以将雨情和支流洪水及干流洪水相互考证。河南、安徽、江苏各省,黄河、淮河并涨,受灾极重,地方志中曾有大量记载,私人著述中也有一定说明。

泾河是黄河中游洪水的重要来源之一。"八月大雨五旬……泾河水涨,漂没人畜,绝渡者十日。"极为异常。泾河洪水通常陡涨陡落,一二十小时即行过去。作此种记载的泾阳县为泾河进入平原之处,张家山以下河床开阔,不是罕见的大洪水,绝渡没有超过 1 d 的。经向渡口航运队调查,大水漫滩后,首先大船停渡。水再涨,小船也停渡。继续再涨,因特别急事而冒险抢渡的二人匣子也停渡。所以,绝渡不是一般洪水。1933 年 8 月大洪水为近七十年实测最大洪水,也仅绝渡 1 d。绝渡 10 d,不但他们没有亲身经历,而且没有听到老辈说起过。

据临潼及高陵有关记载:"八月……诸水皆溢,渭水冲崩南岸数村,绝渡半月。"泾河大水,再加上渭河咸阳以上也大水。"八月……渭水泛涨,水从平地涌出,井泉皆满,民田近漆、渭多没于水。"漆即漆水河,为发源于麟游、在武功入汇的渭河重要支流。盩厔"三月至九月雨连绵不止,官署、民舍、县城、乡堡皆圮,河水泛滥,沃壤化为巨浸。"渭河南岸也有洪水汇入。所以,到了临潼以下就出现了绝渡半月的特大洪水。

据朝邑、大荔的有关记载,"洛、渭皆溢"。据荣河的有关记载,"(汾阴脽)只遗秋风一楼及门殿一座,诸文籍碑记悉沉溺残废不可考,至康熙元年秋水灾滋甚,皆尽所为者而没之。"(明隆庆四年 1570 年黄河大水,汾阴脽上建筑曾受到破坏。至 1662 年大水,残余尽毁。)据阳曲、徐沟记载,"八月……汾水泛涨。三河涨发,平地水深丈余,四门壅塞。"据解州的有关记载,"盐池被害。"据阳武记载,"八月沁河决。"据东明的有关记载,"八月雨六昼夜始止,沁水溢,河渠突涨,月余始涸。"北洛河、黄河北干流、汾河、涑水河、沁河都有大水。其他不一一备录。

黄河下游洪水涨落过程,据《河防疏略》记载:"八月十四后,雨大河发,水与杞县堤平。本院力督官民,躬冒风雨,防守帮筑者十五六昼夜。""且意今夏伏水洪大,加倍往年,秋水断无甚于伏水之理……不意八月十五日河水骤长,又兼十七、十八以至二十七日淫雨如注,大河白浪滔天,风狂漾涌,其汪洋澎湃之势较五月再涨之水更数倍矣。"特大暴雨开始后五天,洪水到达开封,六天到达曹县。十四、十五起涨,二十八日前后消落,高水位持续十五六昼夜。

康熙元年夏,黄河原在曹县石香炉、中牟黄练集、开封时和驿等多处决口。石香炉、黄练集大决,秋季并未堵复。在长达半月之久的秋季特大洪水袭击下,不但原决泛滥,而且又有新决发生。据鱼台记载:"八月十七河决牛市屯口,水大至,溃北堤入城。"牛市屯属曹县,北决东泛直灌鱼如。再据兰阳记载:"八月二十三日河决高家堂,水围县堤。"起涨后三天、九天连续新决。据《河防疏略》记载:"秋分以后涨水非常,全河入(石香炉)决口十之八。"能够在旧决大量跑水条件下,又接连发生新决。在新旧决口漫溢情况下,杞县洪水还能与堤顶相平,并且保持十五六昼夜。这次特大洪水洪量及洪峰流量之大一定非同寻常。十七和二十三日两次新决,可能正相应于连续洪峰中的两次洪峰。

在黄河大量决溢泛滥下,淮河也同时发生大水,因此黄河、淮河下游水灾极其严重。河南武陟、原武、阳武、郑州、中牟、尉氏、通许、拄沟、开封、祥符、杞县、太康、宁陵、虞城、夏邑、永城、兰阳、考城,山东曹县、东明、鱼台,江苏沛县、睢宁、宿迁、安东都受到黄河洪水灾害。又据河南商水和西华的有关记载:"八月黄河水溢,泛滥于南,与沙河堤平。西华河决葫芦湾,商水河决杨家湾,二水横流,漂民庐舍,不可胜数。城不浸者三版。河水之决无大于是者。"再沿沙河向下,项城、阜阳均受波及。苏、皖之间,据《淮系年表》记载:"河决归仁堤,入洪泽湖。南河分司吴炜擅开周桥,淮大泄,黄水逆入清口。旋冲决翟家坝,流成大涧九条。其水东注高宝湖,高邮堤决。"宝应、兴化等地同时受灾。《河防疏略》称:"江南一带,桃、宿、淮、扬所在漫溢……黄淮水势共涨,南北湖、河内外交攻。不特土堤埽个悉被冲蛰,即砖石崖岸亦无一处不漫激敧斜……至秋洪水陡发,淮阳竟成泽国,一望汪洋,无可收拾。"黄河从进入大平原开始,一直到入海河口附近,包括沁河下游及淮河下游洪泽湖至高宝湖一带,从上到下几乎没有不受灾的地方。

全面分析黄河流域水情记载,得知这次洪水:第一,发生时间在下游为八月十四日至二十九日(9月25日至10月10日)。中间一直持续高水位,即峰型异常平缓。八月十八日(9月29日)和二十四日(10月5日)前后有两次洪峰。结合以后分析可知,对应三次台风登陆后三次偏南气流对水汽的强烈输送,前面可能还出现过一次洪峰。这是一次在秋季出现的连续多峰型长历时特大洪水。第二,洪水组成有两个重要特点,即中游干流和大部分支流(北干流北段无定河以上各支流不在内)是洪水的主要来源,其中泾河、渭河、北洛河、汾河、沁河等河流所占比重较大。而到达下游以后,又和下游暴雨形成的洪水相遭遇,从而加重了决溢泛滥灾害。第三,这次特大洪水峰量级别(包括输沙量)都高。根据主要洪水来源泾、渭河洪水绝渡十天至半月,下游河道多处旧决未堵,在南北泛滥情况下仍屡有新决,而且决口靠下,洪水水位与堤顶相平以及高水位能持续十五六昼夜几点分析,最大洪峰流量、洪水总量和输沙量都要超过近七十年的实测洪水和近两百多年的几次历史洪水。第四,稀遇程度和洪水类型,从已有资料比较,至少从1570年(明隆庆四年)至1996年近四百多年间,这一类型的洪水以1662年洪水为最大。在实测洪水中,从雨情、水情、天气成因等多方面分析,接近1662年洪水的为1933年洪水。1933年8月大洪水为七十八年来陕县实测的最大洪水,该年输沙量也为实测最大输沙量。第五,这次异常的大洪水为什么中下游有这样多的记载,而潼关至孟津峡谷河段没有文献或洪痕记录。这一问题仅从水文学角度得不到解决。原来当年正处于社会大变乱的时期,这一地区恰为李自成、张献忠等农民起义军余部控制区和清政权控制区的接触带。据史料记载,1662年夏秋正当清军密谋剿灭李来亨等重大军事行动执行之时。潼关至孟津峡谷段十室九空,有时甚至没有政权,也未留下记录。三百年前,黄河缺乏流域降雨和干支流洪水的全面观测,更不能预知洪水何时到达何处。根据现代水文测验知识,大暴雨开始后,洪水传递到开封、曹县需 5～6 d。八月九日暴雨开始，洪水十四日到达开封，十五日到达曹县，历史记载合乎实际，是正确的。

第四节　灾情分析

　　1662 年大洪水的灾情重要记载部分已在雨情、水情两节中引用。在这样异常的暴雨和洪水袭击下，中游雨区、主要支流、黄河北干流、黄河下游干流、黄河南北广大地区，由于同时淮河也出现大水，还有黄淮相邻地区以及淮河干流洪泽湖以南高宝湖至江苏里下河地区，都遭受严重水灾。由于特大暴雨笼罩地区尚不只黄河、淮河两个流域，所以汉江河、漳卫河同时也有水灾记录，其中，汉江灾情严重。总河朱之锡在《河防疏略》卷十四中曾报告说："今岁（康熙元年，1662 年）阳侯（指水神）肆虐，自夏徂冬，北直（今河北）、河南、山东、江南（今江苏、安徽）无时无地不以巨浸滔天，怀襄泽洞之势频呼叠告。臣数月以来，虽焦唇茧足，差檄四驰，而无如百川交涨，人力之经营已瘁，天河之泛滥无休。"

　　当年实际水灾情况，给人民所造成的灾难以及河事的废烂，还不是这几句向皇帝的奏报所能概括的。

　　在黄河中游各主要暴雨中心地区，在长历时高强度大暴雨的袭击下，出现了城垣、公署、佛寺（在黄土地区这都是最好的最坚固的建筑）和民居"俱倾"即普遍倒塌的灾害。陕西、甘肃、山西多处都出现山崩地陷，井泉满溢，平地水涌，墙屋和桥梁倾圮殆尽，漂没人家无算，人畜溺死者甚众的严重灾情。在这样情况下，人民或者蹴居破庙，或者相率逃亡。由于禾稼尽伤，盐池被害（斗盐涨价至一两二钱），确实无法生活。

　　特大暴雨下势必产生异常的径流和洪水。所以诸谷皆溢，淹山走陆，河水泛滥，沃壤化为巨浸。泾河、渭河等近河民田被淹，村庄被冲崩塌，河两岸交通断绝。一些河道流路迁徙。泾河、渭河、北洛河诸河都发生决溢灾害。汾河、沁河、涑水河、伊洛河也都泛滥，民居田禾大量受淹。山西徐沟县（今清徐县汾河左侧，在太谷县北）三河同时涨发，平地水深丈余，县城四门拥塞。灾情严重是为一例。

　　黄河北干流在明隆庆四年（1570 年）出现特大洪水，山西荣河县汾阴脽上建筑物受到破坏，以后有所恢复。清顺治十二年（1655 年）河道向东摆动，虽又遭冲蚀，但是重要建筑物秋风楼及门殿一直仍在。及至康熙元年秋季特大洪水发生，这些遗存建筑物完全被冲没于黄河。荣河县旧址在今万荣县荣河镇，频临黄河东岸，今天汾阴脽及建筑物都已不可再见。

　　黄河干流决溢灾情极为严重记载甚详，康熙元年夏季，下游已有多处决溢。至秋，曹县石香炉和中牟黄练集大决尚未堵复。八月特大洪水到来时，十七日又决曹县牛市屯，溃北堤东泛灌入鱼台县城，官署、民居尽多倾塌，沿途农田受淹。二十三日再次决兰阳（今兰考）高家堂，水围县堤，四野泛滥。而曹县石香炉决口口门迅速扩大，大部分洪水由此泛滥。与此同时，沁河决溢，武陟、原武、阳武（今原阳）、东明等地平地行船，民居田禾淹没。汴水决溢，开封、陈留、扶沟等县城垣水浸，四野行舟，乡城楼房倾圮无数。黄河南北泛滥，尤其淮河流域，也同时出现大洪水，自河南西华、商水以下沿沙河向东，直至江苏淮安、扬州地区，黄河、淮河交涨，一片汪洋。民间庐舍，漂流几尽，麦禾无收无种，灾情更为严重。淮河下游水系所遭破坏十几年以后才得治理,一次大洪水成灾影响如此长久甚为罕见。

汉江也同时大水,灾情甚重。谷城八月大水至城门外,钟祥许家堤、草庙、真君庙、臼口四处八月溃决。潜江聂家滩溃,京山番林垸、聂家滩并溃。天门、汉川汉江溢。天门舟行城上(经实地调查考证及测量,1662年大洪水天门最高水位和1935年特大洪水最高水位相近)。宜城、荆门、兴国、江陵、沔阳等江汉之间地区及对岸松滋都遭受水灾。黄河北面的漳卫河八月二十七日也大水平堤。

从流域到支流和干流以及邻近河流,历史洪水有这详尽的记载是少有的,有关材料见参考文献。在私人著作中也有记述,不再多列。

第五节　天气成因

由于特大暴雨和特大洪水发生在秋季甚为异常,虽然雨情、水情、灾情考证详实,互为核对无误,因为类似情况缺乏亲身经历,知其然尚不知其所以然,所以从大水产生的天气成因上有进一步探究的必要。

三百多年以前,人类关于天气学的知识很少,没有气象测验,没有天气图,更谈不到高空气象资料。但我国从远古以来就重视冷暖水旱的气候变化,台风登陆记载可以上溯千年,明代以后,各州、府、县普遍编印地方志,使我们尝试从地面记载考证天气形势有了可能。

但关键要了解特大暴雨发生前后,一个较短时段的天气变化。如果没有准确到日的记载,仍不能达到目的,这一点,在我国历史气候学和历史水文学的科学研究中,还是初次尝试。此外,我国东南地区文献较多,西南特别是西藏,则文献较少。若水汽可能来自孟加拉湾和印度、缅甸地区,还必须另找旁证。

据江苏、浙江、安徽、江西、湖北、湖南、福建及河北、山西等省大量地方志记载,康熙元年夏秋,我国气候变化异常,长江以南和华北北部发生大旱。江苏如皋"正月不雨至七月"。浙江长兴、海盐、嘉兴"秋旱","大旱"。安徽安庆"旱"。江西九江、湖口"大旱百余日"。武宁、安仁、万年、弋阳、新淦、新昌、萍乡、兴国以及南昌、广信府属各县均"大旱"、"夏秋旱"、"秋旱"。湖北黄州、黄冈、黄安、黄陂"秋旱"。湖南浏阳"五至八月不雨旱"。安乡、清泉、衡阳、永州、麻阳"旱"。河北涿县"大旱"。昌黎、卢(卢)龙"夏大旱"。山西繁峙"旱"。我国旱涝分布出现了南北旱中间涝的形势。

从长江口和钱塘江口,此一走向为西南的主旱带,大体与长江平行而略偏南。实际上反映着当年夏秋西太平洋副热带高压异常强盛地持续稳定在这一带上空,江西为其中心所在。邻近此干旱带即为副高的脊线。通常副高脊线从6月到9月,自北纬23度北跳到29至30度,然后又退回到25度。康熙元年南撤缓慢,入秋后脊线仍偏北,估计副热带高压也会有几次经向流型活动,华北北部,可能还有东北和朝鲜一带也受其影响。这样就产生了南北干旱区。同时,也阻塞了西来槽的东撤。因此,入秋以后,在西北冷气流开始频繁活动时,青藏高原低值系统陆续东移,在水汽来源异常丰沛的条件下,就造成了以黄河流域为主的东西向大暴雨带。

当长江下游受副高控制时,一般苏、浙、闽、台没有台风。经详查各省地方志,均无记载。因此,与西南气流相配合,在副高南侧可能有南海台风登陆。在这种天气形势下,南海强台风登陆后变为低气压,对水汽供应,有特殊的意义。经查考广东沿海地方志,发现海南岛及雷州半岛各县果然有强烈台风记载,且甚为详尽,万宁"秋八月飓风。"文昌"秋八月淫雨不止。"安定"淫雨连旬,自八月至十月。"澄迈"立秋后,连月淫雨,十雨一晴。"徐闻"八月飓风大作。"尤可珍贵的是雷州半岛东北角的吴川县,记下了台风登陆的具体日期和次数,"八月初六至十六,飓风大作者三,禾稼尽淹。"由此向内陆,廉江的有关记载"秋八月飓风大作"。再向西北,广西梧州地区的岑溪也有大水记载。早于特大暴雨发生前三天,南海极强烈的台风开始在广东西部沿海登陆。据"大作者三"的记载,可能为接连三次强台风登陆。

青藏树木年轮能反映历史水旱的显著变化。据西藏林芝所采年轮(林)No.7 1512～1973年的年轮指数变化资料,1662年为一年轮指数波的峰年。说明这一年孟加拉湾来的西南暖湿气流异常强盛。1662年峰前还有两个波峰,为1570年和1632年,经查考此两年历史记载,黄河流域和汉江流域也都发生了大暴雨和大洪水。

这些记载说明,当副热带高压异常强盛持续稳定在长江中下游地区上空时,八月上中旬南海有极强烈台风活动,同时,孟加拉湾西南气流也极为强盛。两方面水汽汇合,因此给大暴雨带来了特别丰沛的、持久的水汽来源。台风开始登陆日期早于黄河中游大暴雨开始日期3 d,第三次登陆日期顺延三四天即为20 d左右,特大暴雨的起止日期和持续时间于此得到相应说明。

长江流域除汉江大水外,川西西昌"大水"。汉源、邛崃、名山"水灾"。雅安"秋大雨、大水",夹江"大水,城皆为江水所淹"。陕西在米仓山以北的宁强、略阳、凤县也同时大雨。因此,雅砻江、大渡河、岷江至嘉陵江等川西北地区长江的一些重要支流也有洪水发生。

除我国中部江、淮、河、海四大流域雨情、水情、灾情可以互为参证外,沿青藏高原东侧的南端,恰正当水汽绕过喜马拉雅弧形山脉东端之后,在云南金沙江南岸的鹤庆地区也有"大水"记载。结合前述广西记载可知,在副热带高压西侧与青藏高原之间,自南向北沿水汽通道途中,普遍发生了大雨和暴雨,因而造成了许多河流的洪水。实际上,在这一天气形势下,受影响的并不是只有一个黄河流域,参见图5-2。

1933年8月,我国已有地面天气图的测绘,6～10日黄河流域中游有大暴雨。当时,西南低气压正笼罩长江上游地区,南海强台风经海南岛在广西北海附近登陆,副热带高压也正控制在长江下游地区。此种形势与1662年有些类似。所不同的是持续时间较短,几天以后,形势即变。因此,暴雨也仅有不到五天时间。但此次暴雨形成的洪水,已是黄河在现代水文测验中最大的一次洪水。这一年的输沙量也是实测最大的一年。

在三百多年以前,对黄河中游发生大暴雨的情况,缺乏统一观测和科学认识。更没有

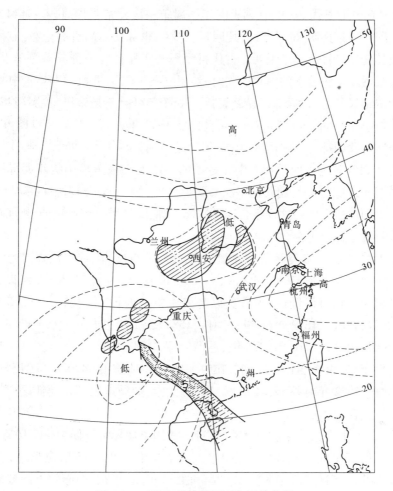

图 5-2　1662 年特大暴雨天气形势分析

类似现代的气象观测资料,了解它的成因。所以,那时黄河总督既不能及时掌握上中游雨情,更不了解天气形势,防汛抢险十分被动。在多方面进行考证和研究以后,获得了上述认识,对今后防洪大有裨益。

第六节　日地物理和气候变迁背景

　　17 世纪是一个天文、地球物理、气候和水文出现一系列异常事件的时期。许多变化带有全球和半球规模。欧洲这时正是出现现代小冰川气候的中期,亚洲也有类似反映,中国也不例外。从日地气象水文的基本关系着眼,对中国异常水旱出现的物理背景加以分析,发现 1662 年前后,太阳活动、行星会合、强烈地震和大旱、严寒的变化都有它的特点。并且同期还有多次范围较小的大洪水和局部大暴雨出现。日地水文基本规律三百年前和现在甚为一致。

　　17 世纪中叶,太阳活动从一度很强以后大幅度衰减,直到 18 世纪初极度衰弱。1616～

1639年,我国有黑子记载17次,在两千多年中属于一次异常强烈时段。1624年有"日赤无光,有黑子二三荡于旁,渐至百许,凡四日。"这一非常具体的目测记载。对日面状况,黑子数量及其变化过程都作了说明。古代目测黑子实际是黑子群或大黑子。所以,这时可能正是太阳活动多级波动的峰年。同时,参照欧洲观测记录和树木年轮中^{12}C和^{14}C同位素比值测定结果分析,以后即行显著衰减。1662年可能正是多级波动的谷年。太阳活动的蒙德尔极小期(Maunder Minimum)可能即从1662年开始。1662～1712年,近半个世纪来,每遇谷年,我国都有大水出现,1662年又是一例。

1665年1月6日为近两千年发生在冬季的一次地心张角最小的八大行星会合的日期。自水星至海王星为43°,比其他多次都要小10°～20°。会合时地球在太阳的一侧,其他行星处于太阳的另一侧。这样组合,我国多出现低温气候。初步考证,长江和黄河流域有一些大水就发生在行星会合时期。

地球物理的变化,主要是地震有详细记载,1654～1718年,我国已查清的强烈地震共48次,其中8～8.5级3次,7～8级4次,6～7级10次,5～6级31次。7级以上7次地震都集中在黄河、淮河、海河流域,为有史以来最密集的时段,为1654年(7.5级,天水)、1668年(8.5级,郯城)、1679年(8级,三河)、1683年(7级,原平)、1695年(8级,临汾)、1709年(7.5级,中卫)、1718年(7.5级,通渭),平均每10年一次。其中,以前三次合计释放能量最大,是发生大变化的时期。1654～1668年地震沿34°N～35°N迁徙,1661年华县、雒南地震,1662年甘谷、天水、宜阳、项城、太康、盐城地震都在迁徙线上,和1662年雨带位置正好重合。

1628年以后,即在太阳活动显著衰减以后,我国出现异常气候变化。1628～1652年,从陕北大旱开始,到两湖、苏、皖大旱为止。二十五年中,我国一再出现严重干旱。特别是1638～1641年出现了连续四年的特大干旱。西北、华北、华东、中南的大部分地区和西南部分地区,大旱连成一片。赤地千里,寸粒不收,川竭井涸,民死近半。陕西、山东、山西、河北、河南、甘肃、江苏等省都出现人相食的悲惨景象。

大旱以后,当太阳活动进入极度衰弱时期,1653～1671年,我国又出现了近两千年来最频繁的强烈寒潮活动。后来1679～1689年又继续有强寒潮活动。在此期间,除西北、东北、华北出现暴风雪和严寒外,包括平常年份并不结冰的南方江河湖泊,淮河、汉江、长江、太湖、洞庭湖、鄱阳湖也多次结冰。有的甚至封冻,鲁南、苏北沿海海水曾经两次结冰。华南也多次遭受寒潮侵袭。

严寒时间,屡次发生异常水情。1651～1654年山西连续四年大水。1653年5月22日西安附近出现特大暴雨。1654年河南出现特大暴雨。1655年陕西关中东部大雨六十余日。1659年陕北延安发生大暴雨大洪水。1663年、1664年晋中、晋西北大水。同期淮河流域也有多年出现大水。1663年长江发生特大洪水。1668年海河发生特大洪水。1661～1663年广东连年多台风暴雨。1662年正是这一异常多水时期的高峰年份。后来到1679年又出现了一次跨几个流域但暴雨历时较短的大水。总的来看,这次特大洪水的出现有深刻的物理背景,不是偶然的,参见图5-3。

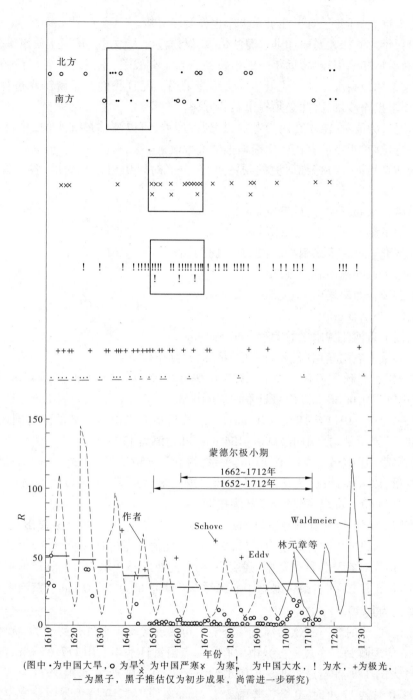

(图中·为中国大旱，ο为旱×为中国严寒× 为寒， 为中国大水，！为水，+为极光，
— 为黑子，黑子推估仅为初步成果，尚需进一步研究)

图5-3　17世纪中国记载的太阳黑子、极光、大水、大旱和严寒

第七节　雨量和洪水泥沙估算

因为主要雨区在黄河流域，又大部分在中游，所以雨量、水量、沙量的估算以黄河干流

三门峡以上为重点。同时,对汉江洪水大小也作初步分析。

对于三百年前的特大暴雨和洪水泥沙估算,以前没有人做过。黄河土质崖岸较多,航行不便,因而洪痕和题刻较少,远年的更难找到。当年有战争,也缺乏峡谷河段的水情记录。所以,通常用最高水位推算流量的办法不能采用。况且我们要了解洪水过程和总洪量,然后还要求出输沙量,因此必须提出新的方法。

汉江情况较为简单,由于在天门考古,找到古城墙,可以测估最高水位,并和1935年特大洪水进行比较,所以能够比较简捷地推估最大流量。

雨量的估算根据经过仔细研究的雨图进行,分区时以历史记载为准,各分区面积如下:

渭河上游天水暴雨中心:11 900 km²;

泾渭河中下游暴雨中心:15 350 km²;

北洛河及北干流附近暴雨中心:22 200 km²;

汾河上游太原暴雨中心:7 500 km²;

汾河下游及晋西南暴雨中心:8 300 km²;

外围雨区:75 250 km²;

三门峡以上黄河流域雨区总面积:140 500 km²。

暴雨中心最大点雨量用以下三种方法估算,并互相校核:

(1)按照同类型秋季实测大暴雨1937年9月2~6日渭河上游陇西降水量579.4 mm,取平均得暴雨中心最大点雨量日平均值116 mm。

(2)查考1933~1944年期间既有实测雨量,又有地方志雨情记载的同时同地交叉记录,求得"如注"暴雨平均日雨量为90~134 mm,其均值为119 mm。

(3)分析黄河中游最大点雨量和历时关系,得 $R_{max} = 600D^{0.425}$。式中:R_{max} 为最大实测或调查点雨量,以 mm 计;D 为历时,以 d 计。按此求得连续17 d 最大点雨量为2 000 mm,平均每天117.65 mm。三种结果甚为接近。

黄河流域1 d 最大降雨可达600 mm。1977年8月1日黄河中游曾出现8~10 h 1 000~1 400 mm 的短历时特大暴雨记录,更远大于此值。考虑到长历时降雨和短历时降雨情况不同,估算对象又为秋季暴雨,强度应小,因此暂定不予增大。和邻近流域相比,海河流域1963年8月2~8日最大暴雨中心獐犹7 d 降水量为2 050 mm。黄河1662年估算降雨强度约为其40.17%。

据历史记载,当时曾有三次台风接连登陆。再按现代暴雨天气过程经验,大约5 d 一次过程,17 d 应理解为三次过程。暴雨中心最大点雨量日平均选用117.65 mm,实际上一次过程中最大的1 d 将超过此值,也有几天小于此值。陇西大暴雨1937年9月6日02:00至19:10时共17小时10分曾降雨288.2 mm。而1662年特大暴雨非常罕见,强度可能大于1937年暴雨。不论均值或最大1 d 值,现在选用的和可能达到的相比都比较合理而审慎。

根据雨情记载分析,泾渭河中下游、北洛河及北干流附近、汾河下游及晋西南三个暴雨中心最强,即照此计算,汾河上游太原暴雨中心减少20%,渭河上游天水暴雨中心减少30%,外围雨区减少50%。按照一些实测暴雨经验,从最大暴雨中心到外围雨区,点、面系数分别选用0.7、0.4,进行分区平均雨量计算。最后加权平均求得三门峡以上黄河流域雨区平均面雨量每日为43.9 mm。17 d合计为745.6 mm,此值与年平均雨量相近。

径流系数根据1662年特大暴雨出现在长时间降雨的后期特点,参考一些大暴雨的实测资料,并对它们之间的差别加以考虑,选用如下:

泾渭河中下游暴雨中心:0.50;

汾河上游太原暴雨中心:0.35;

北洛河及北干流暴雨中心:0.40;

渭河上游天水暴雨中心:0.35;

汾河下游及晋西南暴雨中心:0.35;外围雨区:0.25。

由此进行计算,合计为374.0亿 m^3。基流按3 000 m^3/s计算,包括洪峰和退水共30 d,为77.7亿 m^3。则30 d总洪量为451.7亿 m^3,取整数定为450亿 m^3。然后再以1933年大洪水典型放大,进行校核,求得为365亿 m^3。这是洪量的两个方案结果。

根据求得洪量,参照1933年大洪水峰型,以历史记载的过程和决溢日期作控制,进行两个方案的洪水过程日平均流量估算,结果如表5-2所示。最大瞬时洪峰流量以经验关系约等于最大日平均量的1.3倍求得,结果如下:

最大5 d洪量:110.7亿~136.4亿 m^3;

最大12 d洪量:231.0亿~284.8亿 m^3;

最大30 d洪量:365.0亿~450.0亿 m^3;

最大洪峰流量:47 600~58 600 m^3/s。

黄河下游在多处决溢跑水的情况下,位于南决主要口门黄练集以下约70 km、北决主要口门石香炉以上约60 km,并就在高家堂口门附近的杞县堤段,"八月十四日后雨大河发,水与杞县堤平。本院力督官民,躬冒风雨,防守封筑者十五六昼夜"。如果洪量不大,这里受上下决口影响,水位势必显著下降,更不能持续这样久时间。与黄河多年平均径流量相比,最大30 d洪量为其77.9%~96.0%。与年径流量实测最大的1964年相比,仅为其42.4%~52.3%,上述结果还可能偏小。

三次暴雨过程连续出现,相应产生三次洪峰,分别计算所得结果已经列入表5-2。根据秋季洪水含沙量较夏初为小,三次洪峰含沙量过程应逐渐递减的一般规律。考虑到1662年特大暴雨发生时,山崩地陷、淹山走陆、重力侵蚀严重,各个暴雨中心普遍出现房倒屋塌,建筑毁坏,以及特大洪水对中游干支流河床前期淤积泥沙要发生强烈冲刷,并带往下游,因此含沙量也不能太小。经分析近三十多年来潼关、陕县和三门峡站实测资料,流量为1 000~20 000 m^3/s,最大日平均含沙量稳定在500 kg/m^3左右。立秋以后出现的洪水,含沙量也能达到这样大。但考虑水土保持影响最后仍选用了较小的400 kg/m^3、360 kg/m^3、320 kg/m^3,作为每一个洪峰的最大日平均含沙量。

参照1933年大洪水实测含沙量对应沙峰的相对变化过程,进行计算后求得:陕县30 d自然输沙量为114.5亿~141.1亿t,其平均值约为1979年前60年中实测最大年输沙量的3.2倍,为实测平均值的8倍。黄河大、小水年输沙量的差别很大,变化幅度大于径流量。1933年输沙量为1928年的8倍,为均值的2.5倍。

考虑到现在如果出现这样的特大暴雨和洪水,将有许多中小型工程毁坏,一些水库和

表 5-2 1662 年黄河特大洪水水量、沙量估算成果（陕县自然水沙量）

日序	日期 康熙元年	日期 1662年	水沙量（365 亿 m³ 方案） 第一个洪峰 (m³/s)	第二个洪峰 (m³/s)	第三个洪峰 (m³/s)	综合流量 (m³/s)	含沙量 (kg/m³)	输沙量 (亿t)	最大洪峰流量 (m³/s)	水沙量（450 亿 m³ 方案） 综合流量 (m³/s)	含沙量 (kg/m³)	输沙量 (亿t)	最大洪峰流量 (m³/s)
1	八月初十	9月21日	3 000			3 000	40	0.12		3 000	40	0.12	
2	十一	22	5 400			8 400*	160	1.344		10 400	160	1.664	
3	十二	23	20 400			23 400	370	8.658	30 400	28 800	370	10.656	37 500
4	十三	24	20 200			23 200	400	9.280		28 600	400	11.440	
5	十四	25	11 100			14 100	300	4.230		17 400	300	5.220	
6	十五	26	9 300			12 300	220	2.706		15 200	220	3.344	
7	十六	27	5 400			8 400	160	1.344		10 400	160	1.664	
8	十七	28	3 700	8 100		14 800	280	4.144		18 200	280	5.096	
9	十八	29	3 000	30 600		36 600	340	12.444	47 600	45 100	340	15.334	58 600
10	十九	30	2 900	30 400		36 300	360	13.068		44 700	360	16.092	
11	廿	10月1日	2 200	16 600		21 800	320	6.976		26 800	320	8.576	
12	廿一	2	1 600	13 900		18 500	260	4.810		22 800	260	5.928	
13	廿二	3	1 100	8 100		12 200	200	2.440		15 000	200	3.000	
14	廿三	4	600	5 600	6 600	15 800	260	4.108		11 500	260	5.070	
15	廿四	5	100	4 400	24 800	32 300	300	9.690	42 000	39 800	300	11.940	51 800
16	廿五	6		4 300	24 600	31 900	320	10.208		39 300	320	12.576	

续表 5-2

日序	日期		水沙量（365 亿 m³ 方案）							水沙量（450 亿 m³ 方案）			
	康熙元年	1662年	第一个洪峰（m³/s）	第二个洪峰（m³/s）	第三个洪峰（m³/s）	综合流量（m³/s）	含沙量（kg/m³）	输沙量（亿 t）	最大洪峰流量（m³/s）	综合流量（m³/s）	含沙量（kg/m³）	输沙量（亿 t）	最大洪峰流量（m³/s）
17	廿六	7		3 300	13 500	19 800	280	5.544		24 400	280	6.832	
18	廿七	8		2 300	11 300	16 600	240	3.984		20 500	240	4.920	
19	廿八	9		1 600	6 500	11 100	180	1.998		13 700	180	2.466	
20	廿九	10		1 200	4 800	9 000	180	1.620		11 100	180	1.998	
21	卅	11		800	4 200	8 000	160	1.280		9 900	160	1.584	
22	九月初一	12		600	3 400	7 000	140	0.980		8 600	140	1.204	
23	二	13		400	3 100	6 500	120	0.780		8 000	120	0.960	
24	三	14		200	2 800	6 000	120	0.720		7 400	120	0.888	
25	四	15		100	2 400	5 500	100	0.550		6 800	100	0.680	
26	五	16			2 000	5 000	100	0.600		6 200	100	0.620	
27	六	17			1 500	4 500	80	0.360		5 600	80	0.448	
28	七	18			1 000	4 000	80	0.320		5 100	80	0.408	
29	八	19			500	3 500	60	0.210		4 500	60	0.270	
30	九	20				3 000	40	0.120		3 600	40	0.144	
								114.536				141.131	

注：＊以下各加入基流 3 000 m³/s。

拦截泥沙的工程早期淤积的泥沙,可能有一部分也要冲刷下来。按目前经验,以增加10%计算。

则三门峡水库入库总沙量可能增至126.0亿~155.2亿t,平均为140.6亿t。

三次洪峰各最大4 d输沙量已分别求得,为24.9亿~30.7亿t,37.4亿~45.9亿t,29.6亿~36.4亿t,以第二个洪峰最大。这个洪峰估计在八月十八(9月29日)出现,即在牛市屯决口的后一天,它的流量也最大,其最大4 d输沙量和1933年输沙量相近,含沙量则较小。

汉江发生特大洪水,钟祥以下严重决溢。天门"八月汉溢,舟行城上"。另据记载"康熙二年六月水决入城,三年入城,四年六月水决入城"。"西堤溃,屡筑屡决。至五年知县陶襄修"。在这几年内,包括1663年长江出现特大洪水年份,汉江均以1662年洪水最大。天门古城墙现仍保存一段,在今县人民政府后院。再后为城壕,向东即长湖。据县志记载并调查访问,此处城墙较低,墙上城垛现已毁,但据亲见者估计高约1.2 m。县文化馆存有该墙已拆城砖,砖文为"沔阳州提调官焦德司吏朱兰堪禛,景陵县提调官宋迁凤司吏陶信山"。沔阳州与景陵县并列,应在明洪武九年(1376年)沔阳府改州,至天启元年(1621年)景陵县划归承天府之间。即此城确为明代所建,为1662年大水时遭淹城墙。景陵即天门,为康熙后来所改。

后经天门县水利局测量,墙顶高程30.91 m,城垛顶高程应为32.11 m(吴淞冻结基面)。如以垛上水深为1 m计,则1662年该处最高水位为33.11 m。经施测1935年附近最高水位为33.724 m,颇为接近。城墙以东南临天门河及汉江处较高,但已毁坏,未能测量。如"舟行城上"、按临江一面城墙计算,则可能和1935年最高水位不相上下。

1935年7月上旬汉江流域白河至碾盘山间右岸全部及左岸部分地区发生大暴雨,上下也有降雨。郧城、均县、光化、襄樊、谷城均受灾,钟祥以下沿江多处决溢。据推算,丹江口最大洪峰流量为50 000 m³/s。碾盘山最大30 d洪量为281亿m³。1662年以减少20%估算,洪峰流量约为40 000 m³/s,最大30 d洪量约为225.4亿m³。

上述雨量和水沙量分析及估算,仍旧属于定性和初步定量的成果。对于远年洪水的定性分析和多途径定量估算方法,1662年洪水提出了一个探索性的先例,以供今后进一步研究参考。

第八节 研究方法和结论

在1662年特大洪水研究之初,曾提出以下疑问:

(1)降雨历时及范围究竟多长、多大?60 d中最强的连续降雨时段究竟有多少天?能否根据历史记载绘出雨图?"诸谷皆溢,淹山走陆,平地水涌"。"泾、渭绝渡者十日"。只有特大暴雨,而且历时超过10 d、15 d,才能发生这样的洪水,是不是这样?

(2)当时黄河下游洪水情况如何?何时洪水涨落?洪峰高水位持续多少天?特大洪水到来前是否曾决口?到来时是否又有新的决口?受灾情况是否异常?泛滥波及范围多大?影响如何?

(3)是怎样的天气形势造成这次特大暴雨的发生?当年夏秋长江中下游气候状况如

何？全国旱涝分布有什么特点？为何能造成这样长时间和大面积的降雨？其水汽来源如何？有没有台风影响？台风在何处登陆？起止日期和持续时间能否确定？

（4）为什么恰好在17世纪中叶发生这次特大暴雨和洪水？这时是不是一次气候异常变化的时期？还有没有其他大江大河前后也发生特大洪水？这个时期太阳活动和地球物理状况又有哪些异常变化？

（5）邻近的大江大河是否同期也有大水？为了解答这些疑问，需要从雨情、水情、灾情、天气形势、气候变迁、日地物理背景和邻近河流情况几个方面加以全面的考证和分析，中国有无充分可靠的历史记录？

（6）能否进行雨量和洪水的估算？洪水估算中能否对输沙量也加以估算？

一次发生在三百多年以前的远年历史洪水，难以找到洪水痕迹。只有史料充分，论证切实合理，检验互相符合，关键处的分析有现代科学依据，才能得出可靠结论，这就是说必须以水文学为主，结合气象学、历史地理学、日地物理学以及有关社会科学学科进行综合研究。地球表层主要由气圈、水圈、岩石圈和生物圈联合组成，异常水文气象事件不是偶然出现的，要从地球物理整体上进行认识。史料的发掘、鉴别、考证、整理和分析无疑是重要的，它是研究工作的基础。但是，首先必须有日地水文学正确的科学理论指导。这两个方面相辅相成，相互促进，逐步深入。由于采用这种方法，又注重实地调查和综合比较，这些疑问开始看起来很难，后来都一一得到解决。如果不是这样做，如此重要的一次长历时跨流域特大暴雨洪水就在历史中埋没了。

总结以上各节，可得下述结论：

根据大量历史资料，结合现代观测和实地考察综合分析雨情、水情、灾情、天气形势、日地物理和气候变迁背景，并以邻近流域情况和现代及水文气象实测资料相验证，是以确知康熙元年（1662年）黄河发生了一次异常的特大洪水。同时，汉江、淮河、漳卫河也出现了特大洪水和大洪水。

此次特大洪水，出现在夏秋季60 d大雨的后期，为从夏历八月初九开始，到二十五日，共17 d的大面积特大暴雨形成。黄河的许多重要支流（如渭河、泾河、北洛河、汾河、沁河、涑水河、伊洛河以及龙门以上的北干流）都有特大洪水或大洪水发生，潼关以下黄河出现特大洪水。

黄河下游自八月十七开始至二十七也有特大暴雨发生。今天北金堤滞洪区正笼罩在雨区之中，金堤河也有大洪水。黄河干流洪水，八月十四到达河南开封，十五日到达山东曹县。高水位持续十五六昼夜。南北决溢泛滥，河南、山东、安徽、江苏等省广大地区严重受灾（当年黄河从江苏入海）。

从降雨落区、雨区面积、降雨历时及降雨强度和洪水过程与决溢情况综合分析，这次洪水的最大洪峰流量、总洪量和总输沙量，比以前做过较多研究的清道光二十三年（1843年）特大洪水和清乾隆二十六年（1761年）特大洪水可能更大。1843年洪水降雨仅约3 d，1761年洪水降雨约5 d，雨区面积都小得多。仅据此也可以推知这次洪水更大。1904年洪水到下游变成一般洪水自然也小于这次洪水，是以1662年黄河洪水可能是1570年以来实际发生过的最大洪水。1662年主要雨情及黄河决溢历史记载的各种史料可参考《中国历史大洪水》上卷著者专文第326～328页，记载完整，十分珍贵，在世界洪水史上说明中国领先的事实。

由于 1662 年汉江和淮河也同时出现大洪水,所以完全有可能,在天气形势稍有变化条件下,秦岭以南和淮河流域降水量会有一定程度增加,那样这些河流洪水必然更大。因此,有关黄河洪水的上述结论,对长江流域,尤其是汉江和嘉陵江,对淮河流域都是非常值得参考的。

近四十多年来,中国由于进行大规模的水利水电建设,对许多江河的重要河段和工程所在地,做了大量的历史洪水调查研究。加上实测洪水,所取得的丰硕成果固然已经走在世界前列。但是对于长历时跨流域大洪水的注意仍然不够,对于中国洪水和邻国洪水及世界洪水关系的研究仍很薄弱。这是和中国洪水问题在全球所处的地位不够相称的。洪水不仅是一个水文问题,从成因来说,它更是一个地球物理问题、日地物理问题。著者希望这一基本认识更快得到大家的赞同,并在以后的研究中取得更多的成果。

第六章 1992年7月4日武夷山短历时特大暴雨洪水

1992年7月3～5日,在武夷山脉至仙霞岭,沿分水岭东北—西南走向约长250 km、宽180 km的范围内,发生了一场梅雨期特大暴雨,闽江、衢江、信江干支流出现了特大洪水或大洪水。闽、浙、赣邻区南平、衢州、上饶三地(市)大面积受灾。武夷山主峰黄岗山西南侧的崩山站(光泽县高家水库自动测报站)出现了3 d降雨698 mm的特大暴雨,其中15 min降雨117 mm创全国实测最高记录,30 min降雨120 mm、180 min降雨331 mm,为全国罕见,其他各历时暴雨在江南梅雨地区也十分突出。开展对崩山站暴雨观测值的确认可信性调查分析研究,对江南梅雨区乃至全国短历时特大暴雨的研究和闽、浙、赣地区防洪减灾研究,特别是对福建省闽江洪水的研究,都具有重要的意义。

作者1993年以后在福建、浙江、江西有关部门支持和邀请下,参与筹组闽、浙、赣邻区集中暴雨防洪减灾信息网,成立时被推选为理事长。在商讨研究1992年暴雨洪水时和大家商定,首先进行暴雨中心崩山站最大点雨量的分析和鉴定。经向中国科学院大气物理研究所名誉所长、中国气象学会前理事长陶诗言院士及水利部全国暴雨洪水分析计算办公室负责人胡明思(教授级高级工程师)汇报,完成分析报告后在福建武夷山市召开了鉴定会议,陶诗言院士临时因另一会议冲突,请吴高任研究员代表参加。1994年4月20日,在福建省科学技术委员会和福建省水利电力厅主持下,鉴定委员会经过严格审查和仔细讨论,在胡明思、吴高任领导下作出结论认为:成果基本可信,报告很有价值,建议可以考虑公布此次暴雨崩山站15 min最大降雨117 mm为我国15 min最大降水量记录。在作者指导下,分析报告由颜传柄、朱永泉、黄志辉三人完成。以下作简要介绍。

第一节 暴雨中心地区地理概况与降水特点

本次暴雨的主要中心有崩山和古楼两处,崩山站位于福建省北部光泽县司前乡深山区,属于闽江主要来源富屯溪上游北溪流域,位于17°37′27″E,27°47′53″N,在武夷山主峰黄岗山西南侧,海拔约1 000 m。古楼站位于福建省北部浦城县(分水岭以北,洪水经江西广丰入信江。分水岭以南的小安下属于闽江另一主要来源建溪上游南浦溪支流源头),位于118°20′05″E,28°02′42″N,在黄岗山东北侧,海拔450 m。崩山、古楼和武夷山市的桐木、东坑,都处于梅雨季节出现大暴雨的高强暴雨区内,常有200 mm以上大暴雨出现。其年平均降水量在2 200 mm以上,桐木有时达2 800～3 000 mm,1957年曾达3 404 mm。

崩山站以北3 km和西北4～7 km、南2～3 km及8～9 km,均为两重1 600～1 700 m的高山屏障,虽有少数低凹山口,但比崩山高。东5 km为香炉山(1 930 m),东南4 km为横坑顶(1 745 m)、挂挡山(1 830.6 m),东北15.7 km为黄岗山(2 158 m)高峰,唯西南低矮,在其下游有自东北向西南延伸的北溪,沿程有司茶溪、儒茶溪、清溪注入,与西溪在光泽汇合。四周受武夷山脉北段和杉岭环绕,海拔千米以上山峰五十余座,层峦叠嶂,地势高耸。河谷盆地,中间低平,由上向下逐渐开阔。梅雨季节西南气流低空涌来,由于东北高山的强迫抬升作用,再加上喇叭口地形,增加了地形对气流辐合上升致冷凝结作用,雨强不断增加,多出现大暴雨。如崩山站1992年7月3~5日总雨量占全月的93.6%,1993年6月雨量占4~6月主汛期雨量的68.5%,为历史同期均值的2.3倍。全年降水量为2 150~2 696 mm,靠近武夷山边境为2 300 mm。北溪上游司茶溪和清溪源头均为最高雨量区,是洪水的主要来源。

北溪流域受武夷山脉高山屏障的影响,每年2~6月北方的寒流与南方的暖流常在这一带交绥,这一时期雨量充沛,是光泽县高雨区,但分布不均。多年平均2~4月为春雨,降水量占全年的31.5%,5~6月为梅雨,降水量占全年的33.5%,7~9月降水量占全年的21%,10月至次年1月少雨,降水量占全年的14%。

桐木与崩山比邻,为武夷山市最高雨量区,多年平均降水量2 300 mm。1957年曾出现降水3 404 mm的记录。1993年6月雨量1 061 mm,占全年的46%。东坑与古楼比邻,同处于海拔1 500 m高峰铜钹山下东南坡暴雨区。多年平均降水量在2 100 mm的雨圈外围为1 900~2 000 mm。

图6-1为崩山—古楼周围地区年降水量等值线图。

第二节 "92·7"崩山暴雨

一、"92·7"暴雨的面分布

7月1~5日,浙西南降雨量龙游371.9 mm,衢县354.3 mm,开化211.9 mm,常山278.8 mm,江山253.2 mm;3~5日,赣东南降雨量广丰202.9 mm,玉山229 mm,上饶305.2 mm,铅山275.6 mm,横峰316.2 mm,弋阳318.5 mm;3~5日,闽北浦城降雨量古楼454.4 mm,武夷山东坑406 mm,光泽崩山698 mm。3~7日雨量超过300 mm的有明溪、古田,雨量为200~300 mm的有建阳、邵武、松溪、政和、南平、建宁、将乐、清流、三明、沙县、闽清、闽侯、福州,雨量为100~200 mm的有建瓯、顺昌、泰宁、宁化、尤溪、大田、永泰。

图6-2为闽、浙、赣邻区1992年7月3~5日降水量等值线图。

"92·7"3~5日特大暴雨形成300 mm以上雨区为三个点,暴雨落区面积均小于1 000 km²。以武夷山主峰黄岗山西南迎风坡崩山最大暴雨中心为最小,仅600 km²。以次中心古楼(铜钹山南坡)最大,为960 km²(武夷山东坑占1/2)。江西怀玉山南坡,鹰潭至上饶一线为次,为690 km²。雨区雨带方向,均与山脉走向一致,即东北—西南走向。

3~5日特大暴雨形成200 mm以上雨区范围为怀玉山以南,武夷山、仙霞岭两侧的闽、浙、赣邻区。暴雨落区为30 716 km²(不包括江西资溪部分)。

经比较,300 mm以上的特大暴雨面积仅占200 mm以上暴雨面积的7.3%,而400 mm以上则更小,仅占2.85%。

经测算,3~5日200 mm等雨深线内降水体积为70亿m³,其中300 mm等雨深线内

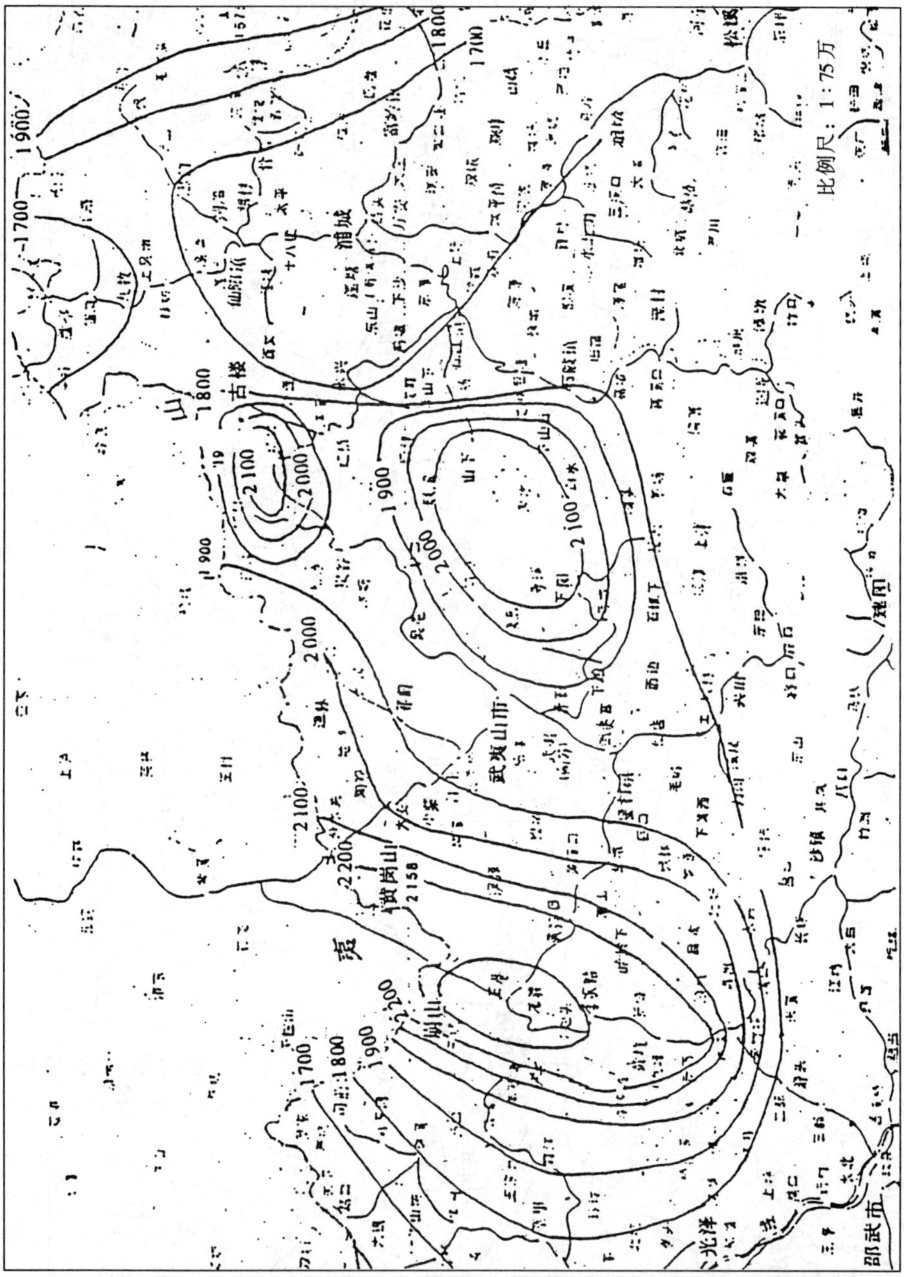

图 6-1 崩山—古楼周围地区年降水量等值线

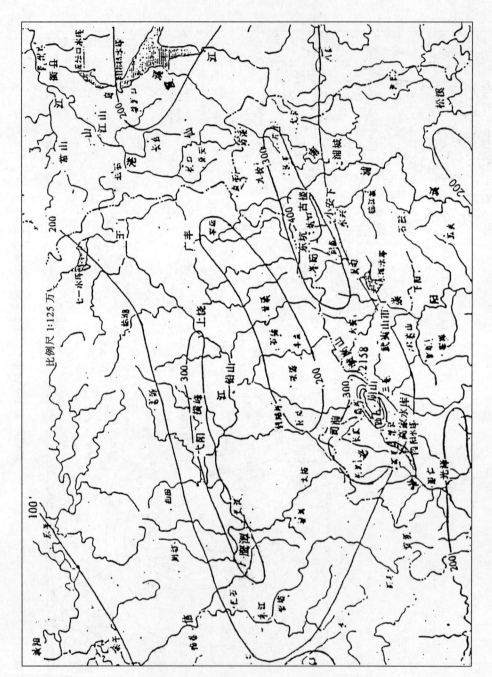

图 6-2 闽、浙、赣邻区 1992 年 7 月 3～5 日降水量等值线

降水体积为 7.6 亿 m³,占 10.86%(崩山 2.3 亿 m³,古楼 3.2 亿 m³,上饶—鹰潭 2.1 亿 m³)。

二、暴雨的时间分布

(1)日程变化从表 6-1 得出 4 日最大,崩山最大,古楼次之。

表 6-1 崩山及古楼一线附近各站逐日降雨(3~5 日) (单位:mm)

日期	崩山	西口	岱坪	坝头	东蓬	三港	岭阳	东坑	古楼
3	94	83	89.5	48	70	62.8	129.8	154	172.1
4	468	163	189.3	189	121.5	108.7	134.0	174	209.1
5	136	122	98.4	86	77.5	98.7	77.7	78	73.2
合计	698	368	377.2	323	269	270.2	341.5	406	454.4

崩山是此次暴雨最大中心,3 d 降雨 698 mm,最大 24 h 降雨为 562 mm。古楼为次中心,3 d 降雨 454.4 mm,最大 24 h 降雨为 311.3 mm。从崩山到古楼一线,7 月 4 日降雨最大,尤其是 08:30~13:15 为特大暴雨降水过程,其中短历时 15 min(按自动测报记录统计)出现降雨 15 mm 以上为 39 次,其中 30 mm 以上的有 13 次,超过 50 mm 的有 4 次:东坑(靠近次中心)53 mm,崩山 63 mm、51 mm、117 mm。以上短历时降雨受地形特征的影响及天气条件强对流系统所致。从当时雷达天气图反映,絮状降水云系中并存块状雷雨云层,以 20 km/h 低速南压向东移动,多次出现小区域骤然强暴雨,崩山站 8:30~8:45 降雨 63 mm,13:00~13:15 降雨 117 mm 时,周围各站基本少到无雨;东坑站 8:45~9:00 降雨 37 mm,10:00~10:15 降雨 53 mm 时,前后亦基本无雨。

图 6-3 为武夷山、仙霞岭 1992 年 7 月 4 日(最大降雨日)降水量等值线图。

(2)时程变化。

(3)雨量历时关系参见表 6-2~表 6-4。

表 6-2 崩山高山与河谷点雨量逐时对照(7 月 4 日最大日) (单位:mm)

时间	0~1	1~2	2~3	3~4	4~5	5~6	6~7	7~8
高山/河谷	2/2.1	3/5.2	7/22.3	0/1.9	2/0	4/0	23/0	28/17.2
时间	8~9	9~10	10~11	11~12	12~13	13~14	14~15	15~16
高山/河谷	75/12	13/52	65/29.5	128/9.6	27/5.9	122/1.1	0/0.3	1/0.1
时间	16~17	17~18	18~19	19~20	20~21	21~22	22~23	23~0
高山/河谷	0/0	0/0	0/0	0/0.3	0/0	0/0.2	0/0	0/0

三、崩山暴雨与其他实测大暴雨的比较

经比较,崩山站短历时 15 min 降雨 117 mm,创全国实测最大记录。3~6 h 在南方地区亦属较大,参见表 6-5。

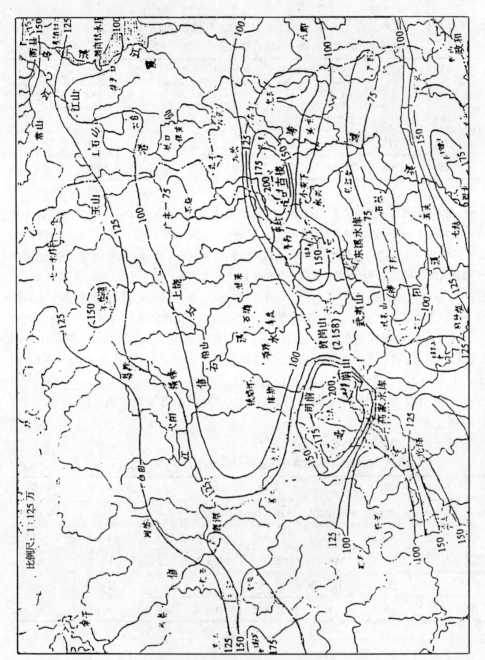

图 6-3　武夷山、仙霞岭 "92·7"（4 日，最大日）降水量等值线

表 6-3　崩山邻近各站及东坑站点雨量逐时对照(4 d)　　　　　　（单位:mm）

测站	0~1	1~2	2~3	3~4	4~5	5~6	6~7	7~8	8~9	9~10	10~11	11~12	12~13	13~14	14~15	15~16	16~17	17~18	18~19	19~20	20~21	21~22	22~23	23~0
西口	2	6	4	2	1	5	27	19	12	12	58	24	9	6	1	0	0	0	0	0	0	0	0	0
茶州	4	0	1	0	0	0	0	0	0	0	8	85	58	21	2	0	0	0	0	0	0	0	0	0
坝头	2	4	3	0	2	0	23	13	8	13	106	19	8	7	1	0	0	0	0	0	0	0	0	0
东坑	0	3	0	5	42	24	8	15		3	67	6	8	4	2	0	1	0	0	2	1	0	0	1

表 6-4　不同历时最大雨量　　　　　　（单位:mm）

测站	15 min	30 min	45 min	60 min	1 h	2 h	3 h	6 h	9 h	12 h	18 h	24 h	1 d	2 d	3 d	说明
崩山	117	120	135	139	128	193	277	430	405	494	503	526	460	604	698	以 min 滑动
西口	30	37	41	58	58	82	94	152	172	179	189	205	163	255	360	
茶州	23	47	66	85	85	143	164	175	175	175	175	181	193	315	321	
坝头	46	40	50	106	106	125	138	182	195	197	197	206	189	275	323	
岱坪					67		129	199		229		235	170	299	377	
司前					58		122	154		196		218	174	260	332	

表 6-5　崩山站和南方、北方及全国最大点雨量比较　　　　　　（单位:mm）

点雨量	崩山	南方最大	北方最大	全国最大	
3 d	698	2 749(台湾新寮)		2 749	
24 h	526	1 672(台湾新寮)	1 060(河南林县)	1 672	
12 h	494	771(台湾白石)	643.3(辽宁黑沟)	771.0	
6 h	439	688.7(广东东溪口)	830.1(河南林庄)	830.1	
3 h	277	434.8(广东东溪口)	494.6(河南林庄)	494.6	180 min 331 mm
2 h	193	380.9(广东东溪口)	342.6(河南林庄)	380.9	120 min 256 mm
60 min	139	245.1(广东东溪口)		245.1	
45 min	135	182.4(广东东溪口)		182.4	
30 min	120	148.4(广东东溪口)		148.4	
15 min	117	117(福建崩山)		117	
10 min		86.5(台湾红叶谷)		86.5	

第三节　崩山雨量观测与记录

一、测站分布

崩山站是清溪上高家水库于 1991 年 7 月建成的 7 个自动测报雨量站之一,为高山站,共控制清溪流域面积 249 km²。司茶溪司前水文站以上 132 km² 内建有岱坪、长庭、司前自记雨量站。武夷山市有桐木、三港、东蓬、大安等雨量站,还在东溪水库上建有 11 个自动测报雨量站。浦城古楼雨量站及南浦溪上游小安下小流域水文站等。在这场特大暴雨中,它们都测记了可靠的点雨量,为分析提供了数据(注:除高家、东溪 18 个自动测报站外,其他均为国家站)。

闽、浙、赣邻区集中暴雨防洪减灾信息网邻区范围内 265 个点降水资料及流域内河流洪水资料,提供了"92·7"暴雨面上的宝贵数据。图 6-4 为崩山及邻近地区雨量站分布图。

二、崩山自动测报雨量站

崩山遥测站建在海拔约 1 000 m 的崩山脊顶缓坡上。西侧为土庙,测站地面基本与土庙顶齐平,测站系利用水泥杆件上架设遥测平台,平台高出地面 6 m,于平台上安装南京水文自动化研究所研制生产的 DY1090A 型遥测雨量计,并于上部装 5.5 m 高的避雷针,组成遥测站。其北、东、南三面计有七株 25 ~ 40 cm 直径的树竖立,离测站最近者 13 m,远者 25 m,树冠顶高与避雷针同,见图 6-5。

遥测雨量计性能,施测及试验:

崩山站使用南京水文自动化研究所研制生产的 DY1090A 型遥测雨量计测雨量,降雨时仪器使用正常。

遥测自动式数传仪能及时将每毫米雨量发至中心站,时段雨量是每次雨量之和,根据崩山站 7 月 4 日 24 h 内中心站收到测站发来的数据次数与累积雨量的数据经对照相符,仪器运行正常。又检查 7 月 4 日前后仪器较长时间使用亦属正常,遥测数据可靠。经查阅说明书,其中载明,正常使用雨强范围为 0.01 ~ 4 mm/min,允许通过最大雨强为 8 mm/min(雨强大于 4 mm/min 时,在翻斗过程中降水漏失,所测雨量可信,但比实际少 3% ~ 5%)。因此,15 min 可以达到 120 mm 的记录。为确信此种性能,专门做了模拟试验测定,结果证明可以达到,记录值偏小误差为 3% ~ 3.5%(见表 6-6),经检查比较,其他 6 个站点自动测记与自记的数字也都一致。

表 6-6　人工模拟降雨试验统计

次序	起讫时间	历时(min)	试验总雨量(mm)	仪器接收雨量(mm)	雨强(mm/min)	误差(mm)	精度(%)	其中摘采 15 min 起讫时间	相应接收雨量(mm)	5 min 起讫时间	相应接收雨量(mm)
1	15:53 – 17:11	18	200	193	11.1	-7	-3.5	16:56 – 17:11	167	16:56 – 17:00 17:01 – 17:06 17:06 – 17:11	53 57 57
2	17:23 – 17:44	21	200	194	35	-6	-3	17:29 – 17:44	138	17:29 – 17:34 17:34 – 17:35 17:35 – 17:44	46 46 46

经查找,距崩山站 1.4 km 的自记及人工雨量站(在山谷中海拔约 760 m)3 ~ 5 d 降雨 369 mm,岱坪(距崩山 7 km)377 mm,西口(距崩山 6.7 km)368 mm,茶州(距崩山 6.7 km)321 mm,三港(距崩山 7.7 km)270.2 mm,东蓬(距崩山 17.7 km)269 mm,勾绘降水

量等值线图比较协调。而崩山站698 mm,在短历时15 min内降雨117 mm,同时西口及河谷中的自记雨量站仅1~2 mm,反映崩山站与附近各站降雨有差异,是由特殊的地理及中小尺度天气系统所致。

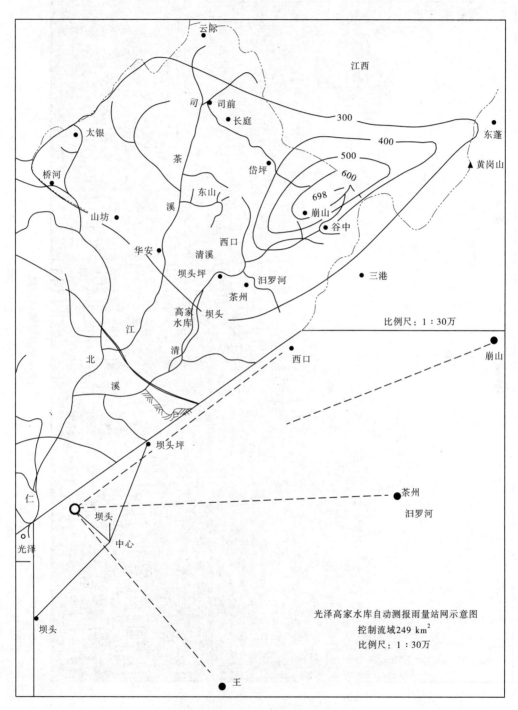

图6-4 崩山及邻近地区雨量站分布

图 6-5　崩山遥测站位置

岱坪、西口较崩山站低 440～450 m,位于西南侧开阔地带,崩山下河谷中自记雨量站,比崩山站低 240 m,深藏在大山沟谷之中,在崩山站山下东南方。当西南气流行经崩山南北各两重高山夹道中时,受正面高山强迫抬升,暴雨强度加大,造成垂直分布降雨差别。从一般暴雨情况看,崩山较附近各站暴雨多,雨量大。1991 年 7 月建成遥测系统后,该站"93·6·20"最大 24 h 降雨总量为 280 mm,3 d 降雨总量为 383 mm,5 d 降雨总量为 492 mm,均大于附近各站 70 mm,也说明"92·7"崩山站特大暴雨实测值比附近各站偏大是合理的。

第四节　天气分析

1992 年梅雨期自 6 月中旬开始至 7 月上旬结束,梅雨期的梅雨锋带维持在 25°N～30°N 的长江以南地区。梅雨期曾出现两次强降水过程(6 月 14～26 日,7 月 1～8 日)。这场特大暴雨出现在第二次强降水时段中。7 月 1～8 日,东亚天气形势以副热带高压北跳,蒙古高压和沿海大槽为主要特征,见图 6-6。在这个时段中,从北方有强冷空气侵入到长江以南,同时从华南有一股强西南风急流侵入福建地区。梅雨锋的活动加强,暴雨发生在梅雨锋南侧。暴雨是由一次强的中尺度(100～500 km)对流性系统引起的,该系统从武夷山区缓慢向东和东南方向移去。由于系统移动慢,再加迎风坡的地形抬升,因而使得在崩山出现短历时特大强降水。

从中小尺度天气形势对福建省南平地区气象局建阳雷达探测天气图,7 月 3 日 20 点 57 分至 7 月 4 日 13 点 34 分五张直接相关图分析(见图 6-7、图 6-8 主要降水 4 日 9 时 34 分及 13 时 34 分雷达探测天气图):

(1)7 月 3 日 20 点 57 分出现雷达回波强度为 21～36 dbz、高 9～14 km 的块状云层,在环玉山以南至黄岗山以北约 320 km²,光泽至邵武出现雷达回波强度为 36～41 dbz、高 10～13 km 的块状云层,约 12 km²,以 45 km 的时速向东移动。

(2)22 点 59 分时,上述块状云变成絮状云,雷达回波强度为 26 dbz、高 8～9 km,约 3 300 km²,笼罩武夷山脉、仙霞岭一线等地,以 40 km 的时速向东移动。

(3)7 月 4 日 5 时 58 分,在西南气流持续稳定的影响下,絮状云层扩大到约 18 000 km²,雷达回波强度为 26 dbz、高 6～9 km 的云层笼罩闽、浙、赣邻区,在大面积云层中有数小块雷达回波强度为 36 dbz、高 9～11 km 的云层,在浦城到武夷山一线,致使岭阳—东坑 15 min 降雨 23 mm、24 mm,该块大面积絮状云层以 40 km/h 的速度向东北移动。

(4)7 月 4 日 9 时 34 分絮状云层比 5 时 58 分的云图面积增大南侵,约 24 000 km²,雷达回波强度为 21～26 dbz,高度为 6～9 km。该云层为主要降水云,其中部还出现雷达回波强度为 41 dbz,高度为 9～11 km 雷雨云层约 1 000 km²,多块相连,以 20 km/h 的速度向东移动,1 h 前在崩山 08:30～08:45 降水 63 mm,于 08:45～09:00 在岭阳降水 40 mm,东坑降水 37 mm。30 min 后(指 09:34 之后)雷雨云层笼罩在东坑至古楼一带,10:00～10:15 东坑降水达 53 mm,古楼也降下强暴雨。

金溪、资溪、儒州、崇仁、麻沙长 130 km,宽 30～65 km 云层约 4 000 km² 雷达回波强度为 21 dbz,高度为 8～9 km 的降水云层,以 20 km/h 的速度向东移动。10:00～13:00 笼

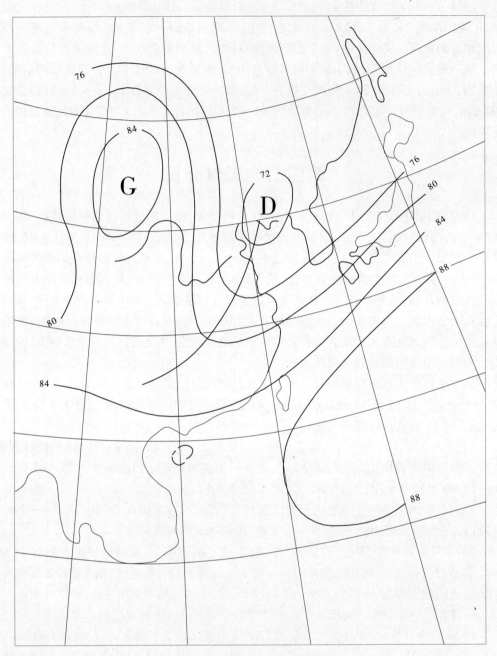

图 6-6 500 hPa 平均形势

（1992 年 7 月 4 日 8 时）

罩在司茶溪、清溪上的霞洋、高家两水库及其上游,降下大暴雨,15 min 降水 15～20 mm 的 16 次,降水 20～35 mm 的 5 次,还有降水 36 mm、38 mm、41 mm、51 mm 各 1 次,这一段期间还出现雷雨(见图 6-7、图 6-8)。

（5）7 月 4 日 13 时 34 分絮状降水云层雷达回波强度为 16～26 dbz,高度为 5～10 km,

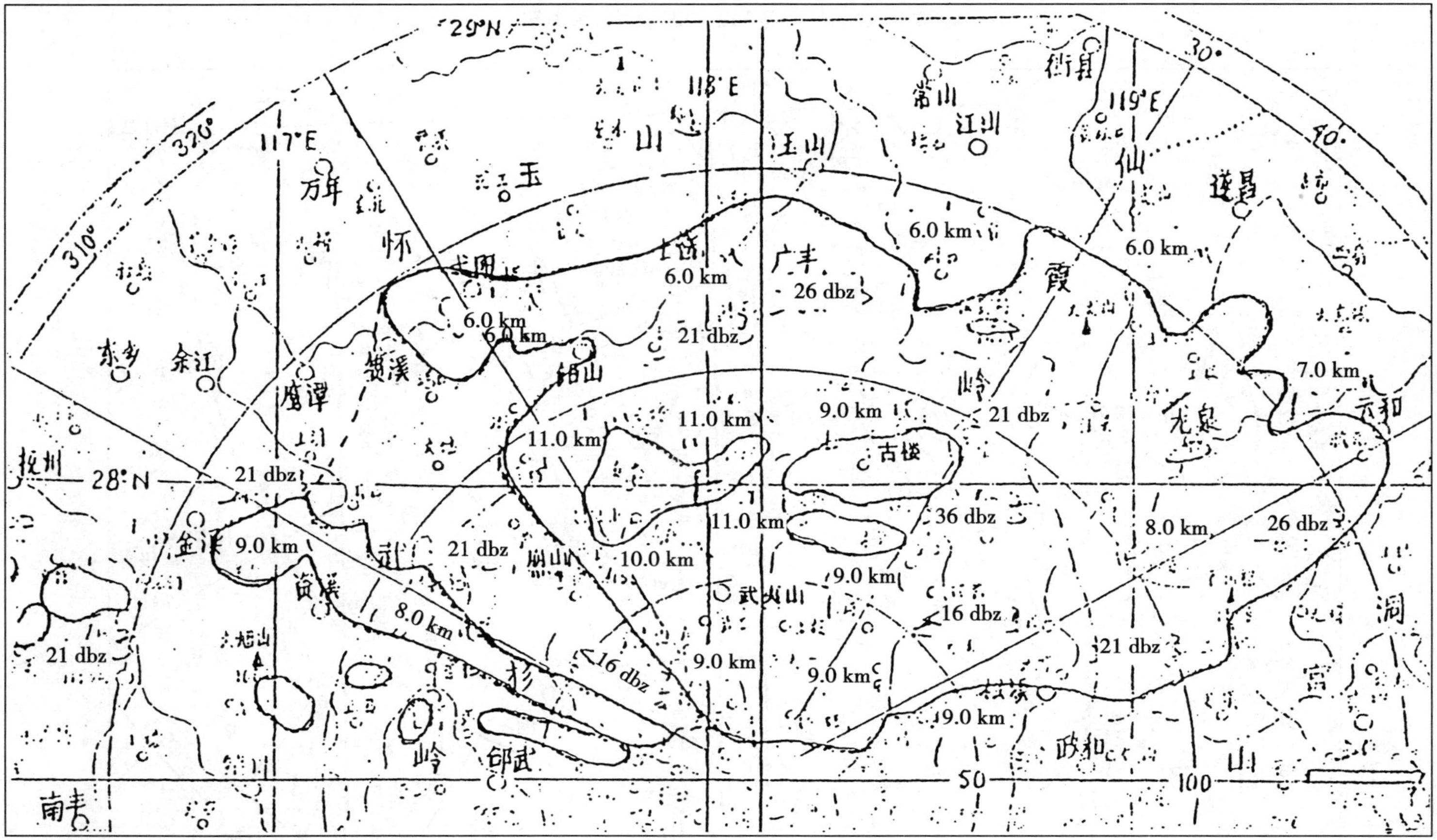

图 6-7 福建建阳雷达探测天气图(7 月 4 日 9 时 34 分)

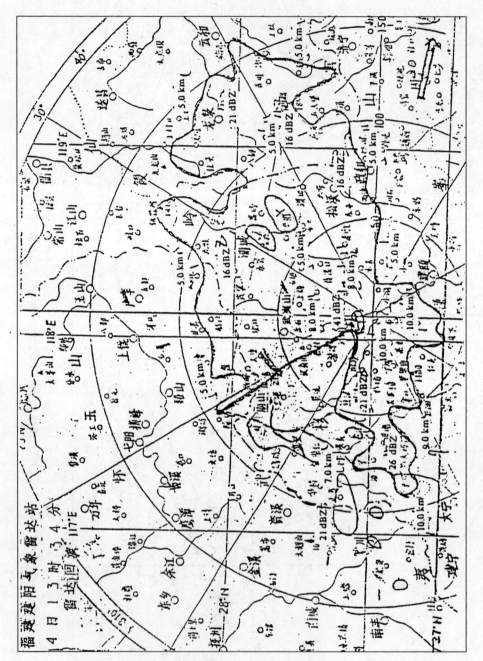

图 6-8 福建建阳雷达探测天气图（7 月 4 日 13 时 34 分）

面积约 18 000 km²,在冷暖气流的影响下持续稳定向南移至建瓯、政和、寿宁、云和一带,以 20 km/h 的速度向东南移动。其中黄岗山南侧,高度为 5~8 km,面积约 11 km²,雷达回波强度为 41 dbz 的雷雨云层,13:00~13:15,笼罩在崩山暴雨中心,降水 117 mm。

7 月 4 日,崩山降雨有三个急雨时段:①08:00~09:30 前 30 分后 45 分钟雨都不大于 7 mm。08:30~08:45 突然出现 63 mm;②09:30~13:00,3.5 h 内先逐渐增强,然后出现 15 min 51 mm、41 mm,再逐渐衰减,总过程较和缓;③13:00~13:15,一开始就出现最强降雨 117 mm,然后 30 min 衰减。因而 6 h 降雨发展过程(包括三个急雨时段)与雷达遥测天气图和中小尺度的天气背景综合分析是相协调的。

第五节　水情与灾情

一、闽、浙、赣大范围地区大洪水

"92·7"特大暴雨造成闽江、衢江、信江普遍出现大洪水,其中不少是历史记录居第一位的特大洪水,有关情况见表 6-7。

表 6-7　闽、浙、赣邻区闽江、衢江、信江 1992 年 7 月洪峰情况

水系	河名	测试地点	集水面积 (km²)	洪峰流量 (m³/s)	出现时间 (日 T 时)	洪峰模系数	稀遇程度	历史实测洪水 (流量/时间)
闽江建溪	南浦溪	万安	629	1 950	04T19	26.4		2 190/ (1900-06)
		管潭	2 214	3 610	04T	21		
		古楼小安下	93.9	966	04T	46.0	第一位	
	崇阳溪	东溪水库	554	2 541.7	04T10	37.6	第一位	
		吴边	440	2 190	04T10	37.7	第一位	
		崇安	1 078	4 400 (未调)	04T	41.7	第一位	4 100/ (1886-06)
		松溪	1 629	2 060	04T	14.5		
		七里街	14 787	10 900	06T13	18.0		20 300/(1900)
闽江富屯溪	清溪	高家水库	179.6	1 544	04T14	48	第一位	
	司茶溪	司前	132	1 130	04T10	42	第一位	
	北溪	北溪口光泽	1 366	3 670	04T	29.1		
	洋口	洋口	12 699	11 500	06T17	21	第一位	9 810/(1876)
闽江沙溪	沙溪	沙县	9 922	5 140	06T11	5.2		7 120/(1800)
闽江	闽江	十里庵	42 320	27 500	06T23	22.56	第一位	25 000/(1900)
闽江	闽江	竹岐	54 500	30 300	07T14	21	第一位	29 400/ (1968-06)
衢江	马金溪	密赛	797	1 420	03T19	16.5		4 210/(1955)

水系	河名	测试地点	集水面积 （km²）	洪峰流量 （m³/s）	出现时间 （日 T 时）	洪峰模 系数	稀遇 程度	历史实测洪水 （流量/时间）
	常山港	长风	2 032	3 150	04T13：30	19.3		4 500/ （1955-06）
	江山港	双塔底	1 561	2 210	04T13	16.4		2 960/ （1955-06-20）
	乌溪江	荻青	2 130	5 150	04T	31	第一位	5 130/ （1955-06-20）
	衢江	衢县	5 424	6 480	04T23	21.4	10 年 一遇	8 630/ （1955-06-20）
信江	玉山水	上饶	2 735	2 830	04T	14.1	水位第二	
	石溪水	铁路坪	311	1 340	04T	28.6	第一位	
		大场站	390	1 138	04T	20.7		
	信江	弋阳站	8 753	9 400	04T	22	水位 第二	11 800/ （1955-06-20）
	信江	梅港坝	15 535	11 300	04T	18.1	水位 第一	13 600/ （1956-06-22）

二、暴雨中心地区大洪水

崩山最大暴雨中心地区特大洪水，经北溪上游司茶溪司前与清溪高家水库控制测算，次中心古楼根据小安下小流域水文站测算，分别详述于后。

（一）司前水文站（集水面积 132 km²）

7 月 4 日 10:30 时最大洪峰流量为 1 130 m³/s，洪峰模比系数（$M = Q_m/F^{2/3}$）为 42。3 d 洪量为 3 955 万 m³，根据降雨等值线图推算 3～5 d 降雨产水量为 5 043 万 m³，径流系数为 0.784。

（二）高家水库（入库流量站集水面积 165 km²）

7 月 4 日 12:30 最高水位 425.93 m，最大洪峰流量为 1 436 m³/s（每平方千米 8.7 m³/s），计及库内流域 15 km² 的来水（7.0 m³/s × 15 = 105 m³/s），总入库流量为 1 541 m³/s，经水库管理处对入库洪水过程推算，7 月 4 日 12:30 库内滞洪削峰流量为 856 m³/s，入库洪峰流量为 1 464 m³/s（14 时水库坝前水位为 421.06 m（最高）时，最大下泄流量为 885 m³/s），141 h 洪量为 6 844 万 m³，根据降雨等值线图推算 3～5 d 降雨，产水量为 7 400 m³，径流系数为 c = 0.90（计及后 3 d 降雨），考虑高家水库经过十几年运行库容曲线变化，用库容推算入库流量的误差及泄流孔口流量系数选用确切程度，综合分析 12:30 最大入库洪峰流量为 1 544 m³/s，洪峰模系数为 48。

从 4 日最大降雨崩山各站降水柱状图及高家水库 4 日 11～17 时入库洪水过程线雨洪对照表明，高家水库入库洪峰流量是由 10～12 时全流域降雨形成的，过程中的短历时强降水引起洪水径流的多次增加。洪峰后 13:00～13:15 崩山降水 117 mm 时，流域内仍有分布不均的少量降雨，这些使洪水过程线上叠加新增径流，雨洪对应相关，协调一致，见图 6-9。

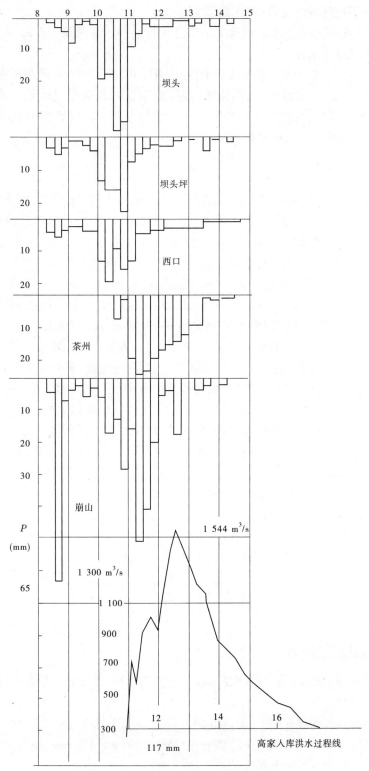

图 6-9 崩山各站 7 月 4 日降水柱状图

（三）小安下小流域水文站（集水面积 93.9 km^2）

古楼次中心根据小安下小流域水文站 7 月 4 日实测洪峰流量 996 m^3/s，洪峰模系数为 46.3 d 洪量为 3 229 万 m^3。

崩山暴雨中心降雨产水过程及其总量，经司茶溪司前水文站、清溪高家水库管理处测算分析，其洪峰流量、入库流量、滞洪流量、溢流流量及水位流量过程均能平衡一致（见图 6-10）推算径流系数，司前为 0.8，高家为 0.9，也是合理的。再后次中心古楼小安下小流域水文站测算参证，也合理一致。

三、灾情

1992 年 7 月洪水，受灾范围大，灾情重。光泽司前乡干坑下游洋坑（溪水北岸）7 月 4 日中午发生强暴雨，造成泥石流，泥石挑流飞跃 30 余米，跌落在 6 m 多高的平房上，屋内 8 人倾刻惨死。司前洪峰之大、来势之猛是空前的，有 300 多年历史的古建筑泰安桥毁于一旦，洪水比民国 11 年的大洪水水位还高 1 m 多。洪水涨落先后各为 0.5 h，极为迅猛。泥石流造成人、村、路、田毁灭性灾害，泛滥冲毁良田、乡村，推移质砂砾石覆盖耕地（仅司前就 7 000 多亩），人、财来不及转移。司茶溪的段尾村最高洪峰到来时，每分钟上涨 1 m（7 月 4 日 12 时），民房 29 栋刹那之间冲毁 28 栋，惨死 12 人，30 多人来不及转移（1 人流失到邵武被救上岸），全部困在唯一的砖混结构楼上，幸免于难。浦城古楼中潭苦追坑 7 月 4 日 10 时许，极强暴雨引起泥石流袭击叶姓一家，房屋全毁，家中老小 5 人倾刻丧生，1 人冲到广丰军潭水库，还有两具尸体不知流落或埋在何处。暴雨最大中心崩山及次中心古楼降雨之大，有倾缸大雨，二人对面握手不见人，毛竹更影隐似不见。在出现 15 min 降水 117 mm 之前还有 15 min 降雨 63 mm、53 mm、51 mm、41 mm 等集中记录，暴雨中心地带及高雨区为 300～500 km^2 范围内灾害最大。此连续性暴雨自北向南，造成上下游径流洪水汇集和遭遇，形成中下游全区性灾害，溪河两岸普遍受淹成灾。闽江干支流发生有记录的第一位特大洪水。光泽、武夷山、浦城三县（市）死亡 122 人（其中泥石流死 61 人），损失 6 亿元以上。南平地区死亡 141 人，损失 16.5 亿元以上。闽江干流洪峰流量 30 300 m^3/s，居历史实测第一位，为 20 世纪以来的最大洪水。衢江、信江均发生大洪水。据统计，闽、浙、赣"92·7"洪水死亡 409 人，共损失 92.7 亿元。

第六节　结　论

一、崩山点雨量的数值与地位

崩山点雨量，3 d 698 mm，24 h 526 mm 均为武夷山脉、仙霞岭一带东南地区实测的最大值。

崩山点雨量短历时 6 h 430 mm，3 h 277 mm，180 min 331 mm，2 h 193 mm，120 min 256 mm，1 h 128 mm，60 min 139 mm，45 min 135 mm，30 min 120 mm，均为武夷山脉、仙霞岭、福建省内、东南山区的实测最大值。

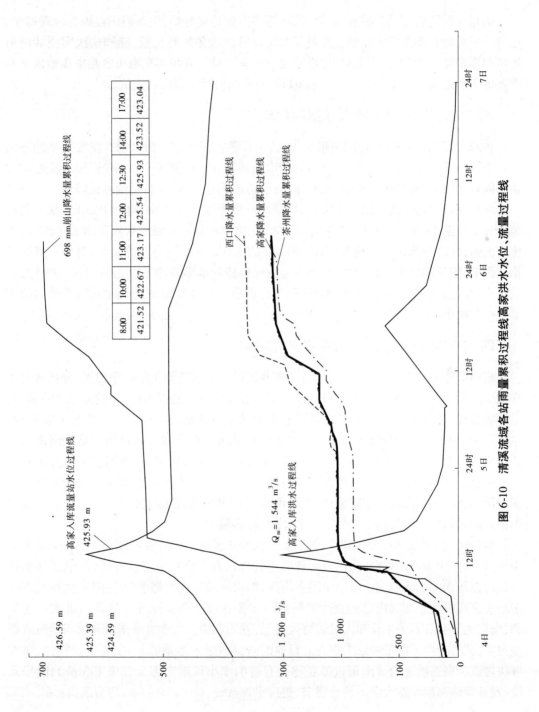

	8:00	10:00	11:00	12:00	12:30	14:00	17:00
	421.52	422.67	423.17	425.54	425.93	423.52	423.04

698 mm 崩山降水量累积过程线

高家入库流量站水位过程线
425.93 m

西口降水量累积过程线

高家降水量累积过程线

茶州降水量累积过程线

$Q_m = 1\ 544\ m^3/s$

高家入库洪水过程线

426.59 m

425.39 m

424.59 m

图 6-10　清溪流域各站雨量累积过程线高家洪水水位、流量过程线

崩山点雨量 15 min 117 mm 为南方实测最大值,也是全国的实测最大值。

二、崩山最大点雨量的确认与比较

根据雨量测验、雨情、洪水、灾情、天气等多方面论证分析,确认崩山点雨量合理可靠。经与全国实测和调查最大点雨量资料及水文计算图表集进行比较,确知这次实测的崩山短历时降水量,突破了武夷山脉、仙霞岭过去已有记录。对我国东南山区和华东地区具有重要的实际意义。其中,短历时 15 min 117 mm,创全国实测最高记录。

三、"92·7"武夷山特大暴雨的形成

1992 年 7 月 1~3 日,在副热带高压北跳,以蒙古高压和沿海大槽为主要特征的环流背景下,长江中下游冷空气南侵,江淮雨带南压到浙、闽、赣邻区。在热带暖湿气流稳定加强的同时,南海出现东风急流中心,对流活跃,造成了这次 3~5 日持续性强降水。

降雨在低空切变线南侧的武夷山、仙霞岭一线呈东北—西南走向的雨带出现。主要是 4 日 5 时至 13 时 34 分,被 18 000~24 000~18 000 km² 大面积絮状降雨云层笼罩,系统环流强,加之黄岗山高峰两侧绵延 360 km 的 1 500 m 上下高度的山脉,对低空暖气流抬升影响,使暴雨强度大为增加,在崩山与古楼独特的地形条件下,7 月 4 日 8~13 时,上空是主要降雨云层持续稳定的活动范围,又有雷雨正面袭击,因此形成这次特大暴雨的主要中心与次中心。

四、中国短历时极强暴雨观测研究问题

崩山雨量的研究证明,中国短历时极强暴雨的自记和遥测工作必须加强,分析研究工作也应进一步的组织推动。如果不是设立了海拔 1 000 m 的崩山站,并设立了 15 min 的遥测雨量计,这一新的 15 min 全国极强暴雨记录不可能取得。如果不能及时加以分析,也难以使大家获得一致的科学认识,并且了解它的重要意义和实用价值。从北溪流域和武夷山区来看,由于海拔 800 m 以上的雨量站极少,自记观测更少,不利于了解短历时雨量的变化。这次崩山站 3 d 雨量和 24 h 雨量距全国最高记录尚远,如果那些测得最大记录的测站也采用短时段自记雨量计,很可能会出现更多的短历时极强暴雨记录。何况中国山区雨量站的设置长期以来一直偏少,定有许多漏测。

鉴于这次工作经验,考虑到这种暴雨产生的洪水具有毁灭性的影响,为减少灾害损失,保护人民生命财产安全,我们谨向各级主管部门和广大社会群众呼吁,提供条件加强短历时强暴雨的观测研究。由于中国多山区,而山区的经济大都落后于平原,大中城市位于经常出现极强暴雨的山区的更少。所以一定要通过一些实际发生的暴雨洪水灾害实测,向广大社会各有关单位和人民讲清楚情况,说明利害。高强度暴雨既会给当地造成严重灾害,又要给中下游带来巨大损失。目前的防洪措施远远不够,一定要认真检讨,谋求解决之道。高强度集中暴雨预报需要建设有效的中小尺度灾害天气快速和精确测报系统,现有雷达测雨设施大多不符合要求,更应早谋改进。

第七章　太阳活动与流域水旱灾害关系的研究

第一节　太阳活动峰谷期中国主要河流水文异常[❶]

　　太阳活动峰期谷期,降水量和径流量常有偏多偏少的异常变化。不论北方还是南方,20 世纪 90 年代和 21 世纪初期,确实应该增强水患意识。1991 年 6～8 月,淮河、长江下游太湖流域、松花江先后出现大洪水,这是在 22 周太阳活动峰期。1996 年 6 号台风(台湾称贺伯台风)在阿里山造成特大暴雨和浊水溪造成特大洪水。1997 年 7 月在香港出现破 113 年记录降雨,同期在中原和华北、西北则持续干旱少雨。这是在第 23 周太阳活动谷期。为此进行较全面的考查分析十分必要。

　　本节先就太阳活动峰期和谷期,对全国主要河流加以研究,包括洪水和暴雨。然后针对北方两条大河——黄河和松花江,着重对峰期前后不同河段的洪水予以分析。

一、历史的经验

　　过去,在太阳活动峰期,中国已经多次出现大洪水。1991 年 6～8 月,淮河、太湖、松花江已经出现的大洪水,显示了太阳活动第 22 周峰期,中国一部分江河流域水文的异常变化。

　　1981～1983 年,太阳活动第 21 周峰期,长江、黄河、汉江、渭河、湘江、赣江、闽江、北江、辽河都出现过大洪水。

　　1967～1970 年,太阳活动第 20 周峰期,黄河、湘江、赣江、闽江、北江、嫩江、淮河、沅江、韩江、红水河出现过大洪水。

　　1957～1959 年,太阳活动第 19 周峰期,松花江、沂河、黄河、东江出现过大洪水。

　　1947～1949 年,太阳活动第 18 周峰期,郁江、西江、澧水、汉江、长江、沂河、淮河出现过大洪水。

　　1936～1939 年,太阳活动第 17 周峰期,正当抗日战争初期,水文记录不全。黄河、郁江、永定河等出现过大洪水。

　　半个多世纪中,五次太阳活动峰期中国部分江河出现大洪水的事实,说明当前这次太阳活动峰期开始出现的大洪水没有例外。

二、黄河在峰期谷期出现大洪水

　　中国的洪水灾害最严重的河流是黄河。清咸丰五年(1855 年)以前,黄河夺淮从江苏

---

　　❶　国家自然科学基金委员会资助研究项目"太阳活动峰年中国北方河流水文异常"及有关研究综合成果,以峰年洪水研究为重点。

入海。约八百年间,豫东、皖北、苏北水灾极重。作者故乡江苏萧县(现安徽)这一期间仅黄河决溢即超过 40 次。

据 1919 年以后黄河实测大洪水记录,干流洪峰流量超过 20 000 m³/s 的共有 3 次。1933 年河南陕县流量 22 000 m³/s,1958 年河南郑州花园口流量 22 300 m³/s,1967 年陕西韩城龙门流量 21 000 m³/s。前一次出现在谷期,后两次出现在峰期。龙门至潼关河段 1942 年、1953 年、1954 年、1977 年等年和花园口河段 1982 年都还出现过大于 15 000 m³/s 的洪水,绝大多数在谷期,个别在峰期。

300 多年间,黄河中下游曾出现三次特大洪水,清康熙元年(1662 年)、乾隆二十六年(1761 年)、道光二十三年(1843 年)。前一次洪水由持续 17 d 大雨和暴雨形成,雨区跨中下游,面积最大;后两次洪水均由 3~5 d 连续暴雨形成,雨区在中游,面积较小。洪峰流量都超过 30 000 m³/s。洪量、洪峰流量及高水位持续时间均以 1662 年洪水最大、最长。1662 年、1843 年在谷期。1761 年在峰期。

黄河的决溢泛滥灾害,一方面是由洪水过大,堤防冲决、溃决、漫决造成;另一方面则是由于洪水挟带大量泥沙,使下游河道在极短时间内产生严重淤积,缩小过流断面,减小了过流能力,改变了主流方向,从而导致决溢。而上述这些大洪水、特大洪水都带有巨量泥沙。1933 年输沙量为 39 亿多 t,1958 年输沙量为 27 亿多 t,1967 年输沙量为 24 亿多 t。特大洪水的输沙量更大。太阳活动峰期谷期不但水大,而且沙多。

根据黄河日地水文规律所作的预测。在 1964 年、1967 年、1977 年、1982 年等的大洪水都已得到证实。1991 年以后则正待检验。

三、淮河在峰期谷期出现大洪水

淮河大洪水由江淮、黄淮和淮河流域单独出现暴雨 3 种不同降雨情况的来水形成,比较复杂。在黄河夺淮期间,黄河洪水对淮河的水灾具有很大影响。研究淮河大洪水的日地水文规律,应以现有水系为准。对历史洪水则需进行流域雨情校核。

根据历史洪水记录、大洪水调查和 1915 年以后实测资料分析,初步求得近 250 年间淮河大洪水年份为 1753 年、1755 年、1757 年、1773 年、1782 年、1819 年、1831 年、1832 年、1848 年、1866 年、1883 年、1889 年、1898 年、1910 年、1916 年、1921 年、1926 年、1931 年、1943 年、1950 年、1954 年、1956 年、1963 年、1968 年、1975 年、1982 年、1991 年等年。这些洪水三分之二出现在谷期,三分之一出现在峰期,只有 1831 年和 1950 年为峰期过后(1828~1830 年为第 7 周峰期,1947~1949 年为第 18 周峰期)一年。

淮北地区水灾,在徐州以东现在更受沂河、沭河、运河和废黄河洪水影响。以沂河为例,检查其洪水记录可知,近 40 多年最大的一次洪水出现在 1957 年,为正常峰期,另外几次较大洪水,分别出现在 1956 年、1960 年、1963 年和 1974 年。前两次在峰期,后两次在谷期。

竺可桢发现的江淮大洪水的 22 年周期,以 1975 年和 1954 年、1931 年比较,雨区分布有所不同,这也说明,不能完全固定地看待一次次的大洪水的暴雨落区。据检查,近 200多年来,淮河流域 1730 年、1753 年、1773 年、1799 年、1819 年、1841 年、1866 年、1889 年、1910 年、1931 年、1954 年、1975 年各年共出现 12 次大洪水,其平均周期正为 22 年,这些大洪水都出现在谷期,雨区也有些变化。

四、太湖在峰期谷期出现大洪水

1954年太湖出现高水位,在太阳活动谷期。1991年太湖出现高水位,在太阳活动峰期。历史上也有类似情况。太湖高水位的形成有长江下游出现大洪水和本流域出现大洪水两方面的原因。另外还有台风、高潮和泄水不畅的影响。

200多年前的清雍正十年(1732年),正当太阳活动谷期,在夏历七月十五至十八,太湖流域、上海滨海和淮南地区遭受百年未遇的特大水灾。据历史记录,苏州、吴县、吴江、常熟、昭文、昆山、新阳、太仓、江阴、川沙、类县、华亭、青浦、金山、南汇、湖州、长兴等沿湖沿江地带,以及东台、兴化、如皋、泰兴、泰州、靖江、南通等淮南沿江地带,江湖并溢,平地水深丈余。海潮大溢,延入内地20余km。庐舍漂没,田禾尽淹,人畜溺死不可胜计。这次大灾主要是台风、暴雨和高潮、海溢造成的。长江并未出现大洪水。

此后一些谷期,又曾在1755年、1799年、1823年、1889年、1921年、1931年、1954年等年出现过大洪水。另外,又在一些峰期,如1762年、1804年、1849年、1991年等年出现过大洪水。在峰期过后1781年也出现过一次大洪水。合计13次大洪水,平均周期也约为22年。其中,在谷期出现的占60%稍多,在峰期出现的占30%,在峰后衰减段出现的不到10%。这些大洪水中,由于淮南、沿江和太湖流域降大雨暴雨来水的有6次,由于长江发生大洪水,同时太湖流域也降大雨暴雨,淮南多数也有暴雨洪水的也共有6次,各约占一半。太湖流域一区来水的只有一次。最严重的洪水灾害多数出现在长江和太湖同时涨大洪水的时候。

五、松花江在峰期谷期出现大洪水

松花江大洪水多数由它的几个主要支流,如嫩江、洮儿河、第二松花江、拉林河和牡丹江大部分出现洪水,有的出现大洪水汇合入干流形成。和江淮流域、太湖流域不同,松花江的大洪水平均周期较短,具有一个时期密集出现,另一时期又间隔较长的特点。

根据实测资料和历史记录,结合洪水调查得知,100多年间,1856年、1897年、1909年、1911年、1932年、1953年、1956年、1957年、1960年、1964年、1969年及1991年等年出现过大洪水。其中,以佳木斯和哈尔滨松花江干流而论,1932年、1960年、1957年、1956年及1991年洪水最大。松花江流域大洪水的平均周期为11年。这12次大洪水出现在谷期的6次,占一半。出现在峰期的4次,占1/3。出现在峰后衰减段的2次,占1/6。

1909年和1911年2次大洪水,间隔一年。1953年、1956年、1957年、1960年、1964年5次大洪水,分别间隔2年、无间隔、2年、3年,密集出现。这5次大洪水都集中出现在太阳活动有望远镜观测记录以来最强的第19周。在哈尔滨,1957年洪水是1932年以来的最大洪水,正发生在第19周的峰顶。在中国的河流中,在最强的活动周,出现大洪水最频繁的河流就是松花江和黄河。

1856年和1897年两次大洪水,间隔41年。1911年和1932年两次大洪水,间隔21年。1932年和1953年大洪水,间隔21年。1969年和1991年大洪水,又间隔22年。多次出现22年左右或是其倍数的间隔,都正在太阳活动与前期相比处于相对减弱的阶段。

历时约为两个 11 年周期。

六、其他河流在峰期谷期出现大洪水

辽河在 1951 年、1953 年出现大洪水。1888 年辽东出现大洪水。1930 年辽西出现大洪水。1886 年辽河出现较大洪水。滦河在 1883 年、1886 年、1894 年、1930 年、1949 年、1959 年出现过大洪水。这期间两条河 10 次大洪水平均周期为 11 年，其中出现在谷期 5次，占一半。出现在峰期 4 次，占 3/5。出现在峰后衰减段 1 次，占 1/10。

海河流域南北支流及干流在 1794 年、1801 年、1834 年、1853 年、1868 年、1871 年、1872 年、1883 年、1890 年、1892 年、1893 年、1896 年、1917 年、1924 年、1939 年、1956 年、1963 年、1966 年出现过大洪水和较大洪水。这一期间 18 次大洪水平均周期为 11 年。其中，出现在谷期 9 次，占一半。出现在峰期 7 次，占近 2/5。出现在峰后衰减段 2 次，占1/10。

长江近 200 多年曾发生 3 次特大洪水，即 1788 年、1860 年和 1870 年洪水。20 世纪的 3 次大洪水，1931 年、1935 年和 1954 年洪水，其中 1954 年也是特大洪水。前 3 次出现在峰期，后 3 次出现在谷期，各占一半。

长江的大支流汉江和在上游的支流岷江、嘉陵江，近 60 年间在 1935 年、1955 年、1961 年、1973 年、1975 年、1981 年、1983 年等年出现过大洪水。平均周期为 11 年。其中，在谷期出现 4 次，占 3/5。在峰期出现 1 次，在峰期过后出现 2 次，合占 2/5。

长江上游支流乌江和中游支流澧水、沅江、资水、湘江及赣江，近 60 年间在 1943 年、1950 年、1954 年、1955 年、1962 年、1964 年、1968 年、1969 年、1980 年、1982 年等年出现过大洪水。平均周期为 6 年，即约为太阳活动 11 年周期的一半。这 10 次大洪水在谷期出现的为 5 次，占一半。在峰期和刚过峰期出现的为 5 次，也占一半。这是峰谷期中国都出现大洪水的代表性地区河流。

珠江及其支流东江、北江、西江、郁江、红水河，近 60 年间在 1937 年、1942 年、1944年、1947 年、1949 年、1959 年、1968 年、1970 年、1976 年、1982 年等年出现过大洪水。平均周期也为 6 年。这 10 次大洪水在谷期出现 3 次，占 3/10。在峰期出现 7 次，占 7/10。这也是周期为太阳活动 11 年周期的一半，但主要在峰期出现大洪水，谷期出现较少的另一个代表性地区的河流。

还有一些河流，因为观测记录时间较短，或者一时未能收集，今后将进一步分析。

七、峰期谷期出现的特大暴雨

我国沿海和台湾是世界上特大暴雨的频发和高值地区。以前认识不足。特别内陆，经过 1963 年 8 月河北獐狨、1975 年 8 月河南林庄、1977 年 8 月内蒙古乌审旗等几次特大暴雨实测和若干历史大暴雨初步估算以后，认识显著提高。下面简要加以整理分析。

1 h 最大实测雨量：1975 年 8 月 7 日河南泌阳老河，为 189.5 mm。1965 年 9 月 27 日广东台山康垌，为 180 mm。1964 年 9 月 10 日浙江吴兴埭溪，为 165.4 mm。这 3 次特大暴雨都发生在谷期。

3 h 最大实测雨量：1975 年 8 月 7 日河南泌阳林庄，为 494.6 mm。1965 年 9 月 27 日

广东台山康垌,为 367 mm。1965 年 7 月 8 日河南唐河祁仪,为 281.5 mm,都在谷期。

6 h 最大实测雨量:1975 年 8 月 7 日河南泌阳林庄,为 820.1 mm。1965 年 4 月 22 日广东阳江圹口,为 601 mm。1972 年 7 月 1 日安徽界首,为 402.2 mm。前两次出现在谷期,后一次出现在峰期过后的衰减段。

9 h 最大实测雨量:1977 年 8 月 1 ~ 2 日内蒙古乌审旗,为 1 078 mm。调查估算雨量为 1 000 ~ 1 400 mm。这次特大暴雨出现在谷期。

12 h 最大实测雨量:1975 年 8 月 7 日河南泌阳林庄,为 954 mm。1976 年 9 月 21 日广东吴川吴阳中学,为 779 mm。1971 年 8 月 8 日山东徽山夏镇,为 575.8 mm。前两次在谷期,后一次在峰后衰减段。

24 h 最大实测雨量:1996 年 7 月 31 日至 8 月 1 日台湾阿里山,为 1 748.5 mm。1967 年 10 月 17 日台湾新寮,为 1 672 mm。1963 年 9 月 10 日台湾白新,为 1 248 mm。1975 年 8 月 7 日河南泌阳林庄,为 1 060.3 mm。前一次出现在峰期,后两次出现在谷期。

1 d 最大实测雨量,1975 年 8 月 7 日河南泌阳林庄,为 1 005 mm。1963 年 8 月 4 日河北内邱獐㺃,为 865 mm。1962 年 7 月 26 日辽宁宽曲黑沟,为 684.3 mm。前两次出现在谷期,后一次出现在峰后衰减期。

3 d 最大实测雨量,1967 年 10 月 17 ~ 19 日台湾新寮,为 2 749 mm。1913 年 7 月 18 ~ 20 日台湾凤鸣口,为 2 070 mm。1975 年 8 月 7 ~ 9 日河南泌阳林庄,为 1 605.3 mm。1935 年 7 月 3 ~ 5 日湖北五峰,为 1 076.1 mm。第一次出现在峰期,以后三次出现在谷期。

7 d 最大实测雨量,1963 年 8 月 2 ~ 8 日河北内邱獐㺃,为 2 050 mm。其中,3 ~ 5 日 3 d 雨量,为 1 457 mm。最大 24 h 雨量为 951.5 mm,这是在谷期。

1997 年 7 月 1 ~ 18 日香港为 679 mm,打破 1884 年以来同期记录,也在谷期。

综合起来,中国的特大暴雨大都出现在太阳活动谷期,一小部分出现在峰期及峰后衰减段,这和前述各部分洪水是一致的。

八、太阳活动峰期与黄河上游洪水的关系

黄河上游自 1934 年以来有实测水文资料。经统计,截至目前,共发生大洪水(洪峰流量大于 4 700 m³/s,较多年均值 3 524 m³/s 偏大 33% 以上)9 次,均发生在太阳活动峰期的 M-4 至 M+2 位相的 7 年里,其中 7 次发生在 M-2 至 M+2 位相的 5 年里,其年最大洪峰流量的平均值达 5 290 m³/s,较多年均值偏大 5 成以上(见表 7-1)。

表 7-1　黄河上游(兰州站)大洪水与太阳活动位相对照

大洪水出现年份	1935	1937	1943	1946	1949	1955	1964	1967	1981
$Q_m(m^3/s)$	5 510	4 810	5 060	5 900	4 940	4 760	5 660	5 510	5 600
太阳活动周	17	17	18	18	18	19	20	20	21
位相	M-2	M	M-4	M-1	M+2	M-2	M-4	M-1	M+2

九、太阳活动峰期与陕县站年最大流量的关系

黄河陕县站汇流面积 73 万多 km²,控制了黄河流域 92% 的面积。根据有关文献记

载、洪水调查,以及水尺的洪水刻度记录,再加上1919年以来的实测资料,至今已有两百多年的最大流量系列,这对于以大尺度为着眼点分析太阳活动峰期与其关系,无疑具备了良好的条件,为此,我们选取了1764年以来陕县站的年最大流量作为本部分分析的一项基本资料。

(一)年最大流量的分级

为了便于统计分析,我们将1764年以来陕县站年最大流量按其距平值(即对于多年均值的偏差)的大小分为5级。其中,1~5级分别代表大洪水、偏大洪水、正常洪水、偏小洪水和小洪水。各级洪水取值范围和气候概率如表7-2所示。

表7-2 陕县站年最大流量分级的取值范围与气候概率统计

洪水级别	1	2	3	4	5
取值范围(m³/s)	>14 600	11 000~14 600	6 600~11 000	4 500~6 600	<4 500
频次	22	28	73	73	30
气候概率(%)	9.7	12.4	32.3	32.3	13.3

注:陕县站年最大流量1764~1990年的平均值为8 874 m³/s。

(二)单、双周对比分析

统计太阳黑子活动磁周期与陕县站年最大流量的关系,我们发现两者存在较密切的关系。表7-3列出了1764年以来相应于太阳黑子活动单、双周峰年*附近(简称峰期)陕县站大洪水(包括1级、2级的大洪水和偏大洪水)、小洪水(包括4级、5级的偏小洪水和小洪水)出现的概率。

表7-3 太阳活动单、双周峰期陕县站大、小洪水出现概率统计 (%)

位相			M−1	M	M+1	平均
单周	大洪水	频率	40	30	20	30
		与气候概率差	+19	+9	−1	+9
	小洪水	频率	50	50	40	46.7
		与气候概率差	+6	+6	−4	+2.7
双周	大洪水	频率	10	0	0	3.3
		与气候概率差	−11	−21	−21	−17.7
	小洪水	频率	40	60	20	40
		与气候概率差	−5	+15	−25	−5

注:表中M代表峰年;M−1为峰前一年;M+1为峰后一年。

---

 * 1764年以来第3~21周的单周峰年有1778年、1804年、1830年、1848年、1870年、1893年、1917年、1937年、1957年和1979年;第2~22周的双周峰年有1769年、1787年、1816年、1837年、1860年、1883年、1905年、1928年、1947年、1968年和1989年。

由表7-3可知：

（1）太阳活动单周的峰期，陕县站易出现大洪水；而在双周的峰期，陕县站以中、小洪水为主。

（2）太阳活动单周峰期，陕县站出现大洪水的概率除 M＋1 年接近气候概率外，其余年份均大于气候概率；并且在 M＋1 出现小洪水的概率明显低于气候概率。

（3）太阳活动双周峰期，陕县站出现大洪水的概率甚小；相反，陕县站出现中、小洪水的概率高于气候概率；尤其小洪水出现概率为大洪水的 12 倍以上。

统计太阳黑子活动单、双周峰期各年陕县站年最大流量及其对比值见表7-4、表7-5。

表7-4　太阳活动峰期黄河陕县（潼关）站年最大流量统计　　（单位：m^3/s）

周序	单周				周序	双周			
	M－1	M	M＋1	M＋2		M－1	M	M＋1	M＋2
3	10 800	6 600	3 200	4 400	4	6 000	5 400	8 000	10 000
5	13 000	3 740	3 200	14 300	6	10 100	5 250	7 100	6 200
7	5 800	18 100	8 600	11 600	8	5 200	6 650	10 000	16 400
9	13 000	8 500	32 800	30 800	10	10 000	6 200	11 000	5 900
11	5 000	4 000	14 000	11 000	12	5 800	6 500	7 000	9 000
13	16 000	5 600	6 100	8 000	14	9 000	7 000	11 000	6 000
15	4 000	6 300	8 500	11 200	16	4 520	3 650	8 500	5 340
17	12 000	11 500	8 150	7 290	18	10 800	7 450	5 100	10 800
19	7 330	6 400	9 540	11 900	20	15 300	6 520	9 540	11 900
21	3 180	6 450	4 760	6 200	22	8 260	7 280	4 430	4 560
平均	9 011	7 719	9 915	11 669	平均	8 498	6 190	8 167	8 610

表7-5　太阳黑子活动峰期单、双周陕县站年最大流量（Q_m）对比

位相	M－1	M	M＋1	M＋2	平均
（1）单周 Q_m（m^3/s）	9 011	7 719	9 915	11 669	9 579
（2）双周 Q_m（m^3/s）	8 498	6 190	8 167	8 610	7 866
（3）＝（1）－（2）（m^3/s）	513	1 529	1 748	3 059	1 713
（4）＝（3）/（2）（%）	6.0	24.7	21.4	35.5	21.8

由表7-4、表7-5可以看出：

(1)单周易出现大洪水和偏大洪水,第 3~21 周的单周峰期的 40 个位相中,除 M 位相外三个位相的平均年最大流量较常年均值 8 700 m³/s 偏大,其中 M+2 位相偏大 34%以上,尤其第 9 周出现了近 200 多年来连续二年大于 30 000 m³/s 的特大洪水。

(2)与单周相比,双周峰期则陕县站多出现正常偏小洪水,在第 4~22 周的 40 个位相年中,大于 11 100 m³/s 的偏大洪水仅 3 个位相年,其余都为正常洪水和偏小洪水。

(3)峰期各位相陕县站年最大流量的平均值都呈现单周大于双周,其差值平均超过 1 700 m³/s,约 20%;尤其是 M+2 位相年,单周较双周偏大近 4 成。

十、太阳活动峰期与花园口站年最大流量的关系

黄河花园口站自 1946 年有实测水文资料,处于太阳活动峰期 M、M+1、M+2 三个位相的共 15 年(见表 7-6),花园口站易出现大洪水和偏大洪水,峰期平均流量为 9 300 m³/s,较多年均值(7 400 m³/s)偏大 25%以上;其中,单周峰期较多出现大洪水和特大洪水,三个位相年平均流量 19 周接近 15 000 m³/s,较常年偏大一倍多,21 周也达 10 513 m³/s,较常年偏大 4 成以上。有记录以来的最大洪水(1958 年 22 300 m³/s)和次大洪水(1982 年 15 300 m³/s)都出现在单周的峰期。

表 7-6　太阳活动峰期部分位相年花园口站年最大流量统计　　　　(单位:m³/s)

周序	18	19	20	21	22	平均
M	(9 800)	13 000	7 340	8 060	6 100	8 860
M+1	(9 650)	22 300	4 500	15 300	4 440	11 238
M+2	12 300	9 480	5 830	8 180	3 180	7 794
平均	10 580	14 927	5 890	10 513	4 573	9 300

十一、太阳活动峰期与入黄泥沙量的关系

表 7-7 列出了太阳活动第 1 周以来峰期陕县站对应的年输沙量。可以看出,太阳活动峰期陕县站年输沙量与径流洪水一样,易出现异常现象,其特点与洪水基本一致,即单周峰期易出现多沙,其中大于 17.5 亿 t 的多沙年出现概率可超过 45%,远大于气候概率(31%),而双周峰期则以小沙年为主,小于 13.7 亿 t 的小沙年出现概率也超过 45%,而出现大沙仅 1 年,其概率为 4.5%,前者为后者的 10 倍。

十二、太阳活动峰期与兰州至三门峡间径流量的关系

根据兰州至三门峡(简称兰三间)天然年径流量资料,统计列出了太阳活动第 1 周以

表 7-7　太阳活动峰期陕县站年输沙量　　　　　　　（单位：亿 t）

周序	单周		周序	双周	
	M	M + 1		M	M + 1
1	25.5	14.1	2	13.6	14.6
3	15.7	17.9	4	17.0	11.3
5	13.6	11.8	6	16.3	9.3
7	16.0	14.8	8	9.9	17.5
9	17.9	16.5	10	16.4	16.8
11	16.2	23.0	12	17.5	17.7
13	20.9	22.7	14	15.3	16.4
15	20.0	16.4	16	6.9	8.5
17	26.2	17.8	18	17.0	12.8
19	10.3	29.9	20	15.6	12.5
21	12.3	6.0	22	9.5	8.3
平均	17.7	17.4	平均	14.1	13.2
距平（%）	+13.5	+11.5	距平（%）	-9.6	-15.4

来峰期 M-2 至 M+2 位相年的平均天然年径流量(见表7-8)。由表7-8可以看出：

(1)太阳活动峰期兰三间天然年径流量以偏丰为主，尤其 M 位相年，偏丰较显著。

(2)单周峰期兰三间天然年径流量较双周峰期要大，其中以 M 和 M+1 位相的差异最甚，前者较后者平均要偏大 10% ~ 20%。

(3) M-2 位相单、双周所对应兰三间的天然年径流量均以偏枯为主。

(4) M-1 位相所对应兰三间的天然年径流量，双周反而略大于单周。

有关黄河的研究不少内容已经由王云璋与彭梅秀等另写专文介绍，已收入本书，不再详述。

表 7-8   太阳活动峰期各位相年黄河兰三间天然年径流量统计

位相		M - 2	M - 1	M	M + 1	M + 2	平均
单周	径流量(亿 m³)	169.7	169.5	196.3	184.0	180.5	180.0
	距平(%)	- 3.9	- 4.1	+ 22.3	+ 10.4	+ 6.9	+ 6.4
双周	径流量(亿 m³)	160.5	180.6	178.5	159.9	174.9	170.9
	距平(%)	- 13.1	+ 7.0	+ 4.9	- 13.7	+ 1.3	- 2.7
综合	径流量(亿 m³)	165.1	175.1	187.4	172.0	177.7	175.5
	距平(%)	- 8.5	+ 1.5	+ 13.8	- 1.6	+ 4.1	+ 1.9

注:兰三间天然年径流量的多年均值为 173.6 亿 m³。

十三、太阳活动峰期东北主要江河洪涝异常的分析

东北地区洪涝异常与太阳黑子的变化存在明显的相关关系,从 142 年太阳黑子年相对数的资料分析可以看出,东北地区的异常洪涝多发生在太阳活动的减弱期,也就是从高值年到低值年的下降段。这一结论是正确的,但是太阳黑子从高值年到低值年一般要经历 7~8 年的时间,东北地区究竟在太阳活动下降段的哪一段最容易出现洪涝异常? 通过对太阳黑子年相对数与东北主要江河洪涝异常的变化曲线的进一步分析发现:在太阳活动高值年的单周年如 1848 年、1870 年、1893 年、1917 年、1937 年、1957 年、1980 年这 7 个单周峰值年中,有 4 个年份即 1870 年、1917 年、1937 年、1957 年与东北地区发生洪涝异常有关,其概率是 57%。而在这 7 个单周峰年的下一年(M + 1),东北地区发生洪涝异常的概率是 100%。M - 1 年、M + 2 年和 M + 3 年出现异常的概率很小;在太阳活动高值年的双周年如 1860 年、1883 年、1905 年、1928 年、1947 年、1968 年、1989 年这 7 个年份中,仅有 2 年与东北地区洪涝有关,即 1928 年和 1989 年,其概率是 28.6%。而从 M + 1 年或 M + 2 年开始,到 M + 3 年东北地区可连年出现洪涝异常。像这样的情况有 1885~1886 年、1909~1910 年、1929~1931 年、1949~1951 年、1990~1991 年 5 次,其概率是 71%。M - 1 年的概率是 0。根据上述分析可有如下结论:

(1)在太阳活动高值年的单周年,东北地区易发生洪涝异常,尤其是高值年的下一年即 M + 1 年,东北地区发生洪涝的概率是 100%。

(2)在太阳活动高值年的双周年,东北地区发生洪涝异常的概率较小,而从 M + 1 年或 M + 2 年到 M + 4 年,东北地区可连年发生洪涝异常,这种概率是 71%。1991 年是太阳活动的 M + 2 年,又处于第 22 个双周年,1991 年东北地区发生的洪涝异常现象也说明东北地区发生洪涝异常具有连年性。因此,要注意太阳活动这第 22 个双周年,更重要的是要注意 M + 2 年后的下一年至 M + 4 年,其范围是辽宁中南部,详见太阳黑子相对数年平均值与东北主要江河洪涝异常变化曲线和太阳活动峰期东北地区洪涝异常范围(见表 7-9)。

表 7-9 太阳活动峰期东北地区洪涝异常范围(单周)

太阳活动单周	年份	位相	洪涝异常范围
9	1849	M+1	辽宁大、小凌河及太子河暴涨为灾
11	1870	M	辽河水溢,辽阳、庄河、凤城大水
	1871	M+1	沈阳地区大水,大、小凌河六股河水猛涨为灾
	1872	M+2	沈阳、锦州、绥中地区河水猛涨为灾
13	1894	M+1	辽河上、下游开口数处水灾甚重
	1895	M+2	沈阳地区发生水灾
	1896	M+3	吉林省伊通河、饮马河、嘎呀河、牡丹江中游出现历史第一位洪水
	1897	M+4	辽宁丹东新民等十二厅州县大水
15	1917	M	东辽河出现50年一遇暴雨,辽、浑、太河及丹东山洪暴发
	1918	M+1	浑、太河及丹东地区大雨如注,平均水深丈余
17	1937	M	浑、太、辽河流域及大凌河受暴雨袭击损失甚重
	1938	M+1	吉林省图们江开山屯,南坪发生80年一遇洪水
19	1957	M	吉林省洮儿河镇西出现历史第一位洪水
	1958	M+1	太子河以东以南地区普降大暴雨,暴雨中心凤城县那家卜子803 mm
21	1981	M+1	吉林省岔路河五里河上游出现40年一遇暴雨

十四、太阳黑子活动峰期突发性暴雨洪水异常分析

突发性暴雨洪水异常,是指30年以上未发生过的现象,即多指50年以上一遇的相应重现期的暴雨洪水。这类暴雨洪水的特点是雨强大、范围虽然一般比较小,但造成损失大,人员伤亡大,不可低估。首先要搞清正常和异常:常见和罕见,因为天气变化是遵循一定的物理定律的,这些定律的基本要素是大气的、地表的和太阳的辐射,它支配着天气型的发展。这次偏重探讨太阳辐射的影响,故我们从历史东北三省一区洪水调查及近期实测的1846~1991年146年太阳黑子峰期段暴雨洪水异常来探讨,据不完全统计,共发生突发性暴雨洪水23次,而在太阳黑子峰年(M年)就有8次,占35%。M-1年、M+1年两年共发生8次,也占35%。其他年份发生次数仅占30%,每次暴雨发生的日期、黑子自然位相、发生暴雨洪水高区、所在省区等详见表7-10。

因此,在太阳黑子峰期,即M-1年、M年、M+1年这三年一定要特别注意东北各地突发性暴雨的发生,做好一切防灾减灾等准备工作,避免和减少人身伤亡事件的发生。

表 7-10 太阳活动峰期东北地区洪涝异常范围(双周)

太阳活动双周	年份	位相	洪涝异常范围
12	1885	M+2	沈阳、铁岭、丹东大水尽成泽国
	1886	M+3	辽宁辽河、大凌河连日大雨、山洪暴发
14	1909	M+4	吉林省二松中游出现百年一遇暴雨,辽、浑、太河、鸭绿江大涝,房屋倒塌甚多
16	1928	M	吉林省海兰河支流长仁河出现80年一遇暴雨
	1929	M+1	辽、浑、太河洪水冲毁河坎39处,大凌河受灾严重
	1930	M+2	辽河以西以北区水灾甚大,大凌河最重
	1931	M+3	太子河、柳河决口
18	1949	M+2	辽宁全省阴雨40多天,沈阳以西各河水位猛涨,大凌河流量达13 000 m³/s
	1950	M+3	辽宁辽、浑、太各河水位急剧上涨,浑、太河堤防决口
20	1969	M+1	吉林省境内嫩江大赉站发生实测记录第一位洪水,最大流量8 810 m³/s
	1971	M+3	辽宁浑、太河暴雨成灾,太子河、运粮河堤防决口
22	1989	M	黑龙江、乌苏里江虎头站和加格达旗出现实测记录第一位洪水,吉林省拉法河出现实测记录第一位洪水,蛟河县城进水
	1990	M+1	吉林省洮儿河支流蛟流河务本站出现实测记录第一位洪水,洮儿河上游暴雨成灾,创业水库决口

十五、用太阳黑子三年滑动平均曲线来探讨东北松辽流域旱涝异常的关系

各月的太阳黑子有时变化是比较大的,尤其是太阳黑子年峰期年,全年月最高值发生在后一季度,就是说 M+1 年有时不是太确切,况且逐年绘出的过程线多呈锯齿形,为此用滑动平均曲线来进行对比,会一目了然。因此,我们就选用河流下游具有代表性站库、最大流量、6~9 月来水量资料来进行探讨分析。

(一)资料的选用

(1)选用松辽流域东辽河下游二龙山水库(集水面积 3 676 km²)1950~1991 年 42 年的 6~9 月入流量。

(2)辽河干流的辽宁省铁岭站(集水面积为 120.764 km²)1950~1991 年 42 年最大洪峰流量。

(3)松花江下游佳木斯水文站(集水面积为 5 277.95 km²)1899~1989 年实测和 1991 年、1995 年、1996 年的预报太阳黑子资料。

(4)选用上述太阳黑子峰期所收集到的发生的水文气象、旱涝发生异常 13 年资料。

(二)具体做法

将年太阳黑子、水文站及水库最大洪峰流量,6~9 月平均流量进行了 3 年、5 年、11

年滑动平均计算,经比较选用3年滑动平均过程线绘在同一张纸上,并将洪涝异常洪水用⊙标志在太阳黑子滑动平均过程线上。

(三)结论

太阳黑子变化过程线同松辽流域旱涝变化过程线呈反比,异常洪水主要易发生在滑动平均峰值上或相邻两年黑子数值变化不大的曲线年上。发生在峰顶 M 年或 M − 1 年、M + 1 年较多,同前面分析的太阳黑子自然位相没有矛盾,比较吻合。

十六、太阳黑子峰期东北异常洪水预测与检验

众所周知,长期预报是一门涉及多种学科的综合性极强的科学,尤其是异常洪水更是这样,就是说影响洪涝的大小、范围、物理机制是十分复杂的,不能单纯地利用某一种(海温、环流物征量、气象、水文)影响要素点绘的相关图或数理统计计算,就预测洪灾大小和在何时发生,必须进行综合分析。我们认为太阳活动是上述有关影响旱涝因素的总能源,用太阳黑子作为强弱的表征,间接反映了大气环流的变化。我们这次进行探索上游洪涝思想方法是:"以近知远,以一知万,以微知明"的做法。我们利用 1992 ~ 1995 年年太阳黑子相对数同东辽河二龙山大水库 6 ~ 9 月流量、松花江丰满水库 6 ~ 9 月流量、松花江最下游出口佳木斯站的最大洪峰流量和西辽河铁岭站的最大洪峰流量来进行研讨,检验我们的成果是否可靠。首先,分别将年太阳黑子、6 ~ 9 月来水量、最大洪峰流量进行三年滑动平均计算。其次,相应地绘其过程线,该四个站库同太阳黑子三年滑动平均有着明显的反相关关系。

同时,我们又将太阳黑子第 22 周期从 1992 年开始下降段对应年东北各河异常洪水进行统计,发现我们早在 1991 年 11 月所打印"太阳活动峰年松花江流域水文异常分析及其预测"第 3 页曾指出:"要注意太阳活动这第 22 个双周年,更主要的是要注意 M + 2 年后的下一年至 M + 4 年,其范围是辽宁的中南部。"四年后的今天实况如何?辽宁省水文总站水情科 1996 年 3 月总结 1994 年、1995 年雨情、水情基本特点之一是:"大小河流普遍涨水,连续洪水多,超标准洪水多。据全省 30 余条河流统计,发生超标准洪水 7 条,发生有记录以来历史最大的洪水 8 条,达到记录第二、第三位洪水 7 条,辽河、浑河、太子河 3 条大河一百多年来第一次同时发生洪水。这种大小河流普遍发生洪水现象在东北地区的历史上是没有的。吉林省水文水资源局 1996 年 3 月总结前两年洪水灾情时写到:1993 年西部嫩江与西辽河水系受"外洪"影响,霍林河、新开河出现了近 100 年一遇的稀遇洪水,灾情最严重的通榆县有 24 个乡(镇),315 个自然屯进水,全县几乎一片汪洋,1994 年东辽河上游连续发生超历史记录特大洪水,饮马河、伊通河上游洪水标准达 50 年一遇,辉发河水系 8 个水文站 6 个超历史记录,四平市所辖 17 个水文站 13 个发生建站以来第一、第二位大洪水,全省水灾直接经济损失达 56.5 亿元。1995 年中南部地区的辉发河发生了 110 年标准的稀遇特大洪水,松花江上游发生了超 100 年的稀遇洪水,浑江、鸭绿江等也发生了超记录洪水,造成 35 个县(市、区)受灾,28 个城镇进水,灾情最重的桦甸市全被淹,平均水深 3 m,最深 10 m,全省直接经济损失高达 283 亿元。近 2 年,全省共有 25 条江河 34 站次出现超实测记录大洪水,占水文报汛站的 34.6%。这说明辽宁、吉林两省近两年发生异常洪水现象是多的。为了对比方便,列出了太阳黑子峰期东北地区异常洪水

趋势分析与实况检验比较,见表7-11。

表7-11　太阳黑子峰期东北地区异常洪水趋势分析与实况检验比较

太阳活动双周	年份	位相	洪涝异常范围
22	1992	M+1	西辽河上游西拉木伦河发生了有记录以来最大洪水,西拉西庙洪峰流量为20年一遇洪水
	1993	M+2	嫩江大赉水文站出现了新中国成立以来第二位大洪水
	1994	M+3	吉林省松花江上游支流辉发河干支流8个水文站,自上而下有6个出现了超记录洪水
	1995	M+4	吉林省松花江上游五道沟水文站发生100年一遇特大洪水
			白山、丰满水库发生了1911年和1856年以来的最大洪水
			白山水库11 d洪量超千年,丰满水库各河段洪量均在百年以上辽宁省7月28~30日,辽河中下游均发生暴雨和特大暴雨,降雨量均在260 mm左右,最大点雨量达380 mm,清河水库入库流量达5 330 m^3/s,柴河水库入库流量达2 780 m^3/s,均超过300年一遇洪水标准。浑河上游雨量为300~680 mm,最大雨量达679 mm,大伙房水库下游东洲河出现千年一遇的特大洪水,洪峰流量达4 170 m^3/s

十七、结论

本节通过年太阳黑子和东北140多年的历史洪涝灾害统计分析得出:太阳黑子三年滑动平均数同对应的三年滑动平均的松花江下游、辽河干流、辽河下游水量呈明显的反相关,突发性暴雨洪水多发生在太阳黑子自然位相的M年,太阳活动仅双周年下降段易发生大水,高值年的单周年,尤其是在M+1年洪涝概率可达100%;最后以1992~1995年东北洪涝实况来验证,成果可信可用。

东北洪涝同太阳活动有一定对应变化规律,其原因为:

(1)资料代表性好。研讨太阳活动和水文径流所使用的资料,基本是采用超百年的长系列天文、洪涝资料,且其资料范围是全东北洪涝灾情实况、校核检验的水文站、大型水库实测资料数据,最长的是97年,最少的还有45年,同时又是选用大江大河出口站,四个站库的集水面积为648 559 km^2,占东北辽宁、吉林、黑龙江三省总面积的790 000 km^2的约82%,该四站库确切地反映了东北洪涝及其水文气象变化规律。异常遇暴雨洪水,不是到处可以发生的,它必须具有特殊地域条件,对于产生稀遇洪水的大暴雨来说,暴雨的极值与地形关系极为密切。

(2)采用太阳活动指标和分析对象内容,能够反映洪水径流时空变化,避免了它的偶然性,它的物理机制是明显的,方法是可行的。

这次采用年太阳黑子资料而且还用了年滑动平均资料,江河洪水采用6~9月流量和汛期最大洪峰流量,这种资料表征了洪涝稳定性和洪水瞬时变化规律。从影响异常洪涝因素来看,造成特大洪涝的暴雨,往往是几种不同尺度、不同来源的运动系统所造成的,这不同于比较单一的一般暴雨而与一般暴雨洪水混为一体来探讨分析其预测对象。因为用年太阳黑子数和整个汛期流量分析是比较客观、可行的。

（3）探讨本课题，我们选用长期、短期预报方案相结合处理办法，就是不仅利用了松花江流域的河系短期洪水预报方案，而且还有针对性地编制了松花江上游的、嫩江上游的、富拉尔基、江桥、大来、下岱吉、哈尔滨、牡丹江、佳木斯、白山、丰满方案；辽河流域上的西拉西庙、河清、二龙山水库、铁岭等定量长期预报方案，利用这些有一定精度的方案来进行研究分析探讨，相互校核它们之间的内在关系，并进行上下游水量平衡，寻找是否合理、分析探讨是否能发生异常洪水的可能性。

（4）从形成不同洪涝灾害成因来分析。这次我们把突发性暴雨洪水所形成的灾害和一般大洪水分别同太阳黑子求它们之间的关系，这样其物理意义就更明显。

探讨分析大洪水时，不是孤立地只研究本年洪涝异常，而是把前后年洪水径流规律一并去探讨，这在某种程度上考虑了某站（库）的气候背景；由于太阳活动影响对大气环流各种环流特征量指标的异常有一定指示意义，这就吸取了作者用太阳活动分析，考虑本年、前后年径流变化曾多次预报我国几次大洪水成功的先进经验。这次分析虽然取得一些初步成果，但我们深深知道距离真正能发布长期洪水作业预报相距很远；"旱涝形成是多种因素综合作用的结果"，对水利水文工作者来说，只是研究面上的洪水成因远远不够，就是说，仅靠本行业、本学科的知识是无法完成的，它必须发挥天文、气象、水文、海洋、地震、地理、通信（遥感雷达）等各行科学家群体优势，及时收集各种有关资料，从不同角度，采用不同方法来进行探索分析、研究，渴望在不远的将来能作出理想洪涝异常预报，满足防汛等有关部门的需要。

第二节　太阳活动与二重衰减期北方大旱

一、二重衰减期大旱理论的提出

1961 年，作者对我国近五百年水旱变化规律及物理成因和背景进行初步研究后，提出了"强湿弱干"和"太阳活动二重衰减期华北华中大旱"的日地气象水文关系理论。用以概括历史事实，说明当时干旱出现的原因，并启迪以后的研究。

1970 年后，这一理论受到严格检验，得到证实。在又一次二重衰减期中，不仅我国华北、西北、华中、西南等广大地区，而且西亚、北非和欧洲许多地区都出现了大旱。长江、黄河、淮河、海河、滦河、辽河、松花江等主要河流，在这一期间大部分水量偏枯。

1980 年初，面对再一次二重衰减期到来，作者在分析太阳活动增强期第一峰和行星会合时我国可能出现大水的同时，曾经指出华北可能出现大旱。这一预见近两年也已经得到证实。现在预计这次衰减期将延续至 1988 年结束，在此期间，华北或更大范围将可能再次出现大旱。时间为 1985～1988 年。

20 世纪 60 年代和 70 年代初期大旱以后，我国都曾接着出现大水，然后又出现大旱。作者最近检查太阳活动类似现在的第 11 周情况，发现许多值得当前借鉴的重要水旱灾史实。太阳活动一直处于波动变化中，根据对黑子、耀斑、射电的观测，最常见的为周期 11

年的变化,还有由它组成的更长周期的变化。作者曾在1961年提出命名前一种为一级波动,后一种为二级波动。20世纪最大的一次二级波动,其谷年为1933年,峰年为1957年。当二级波动和一级波动同时处于衰减期时,称为二重衰减期。20世纪内1906~1913年、1918~1923年、1929~1933年、1958~1964年、1969~1976年都是二重衰减期。检查200多年来历次二重衰减期我国旱情记载,发现大部分长历时、大范围的连年大旱都出现在这一期间。其中,特别以华北地区关系最为明显。

我国华北地区和部分西北、东北地区,都在北半球的中纬度地带,其南侧又有青藏高原和秦岭山脉作为屏障,上空正为西风带控制。因此,每当二重衰减期纬向型环流居于统治地位时,南方来的暖湿气流很难到达这一地区,所以容易出现严重的干旱。

二、二十多年来大旱的证实

1957年太阳活动异常强烈,年平均黑子相对数为190.2,创200多年来观测最高记录。1958年仍极强烈,年相对数达184.8。此两年中,23个月相对数大于150,其中8个月大于200。最大的一个月为1957年10月,相对数为253.8。1959年以后开始衰减,1960年、1961年减至高峰年的59.1%和28.4%。1959年长江流域出现持续大旱。1960年旱区扩大,北方也出现大旱。1961年旱情减轻,夏秋以后华南、华东、华中先后降雨,接着华北、东北也得雨。1962年旱情消失。1961年9月作者在讨论1962年天气预报时的分析符合实际,已为以后的变化证实。

1968年、1969年、1970年连续三年,太阳活动维持在同一个较强烈的水平上。年相对数分别为105.9、105.6、104.7,相差极小。此后持续衰减,一直到1976年。1971年以后,先在华北、西北,以后扩展至大部分中国,出现了比20世纪50年代末60年代初更为严重的干旱。长江、黄河、淮河、海河、滦河、辽河等水系先后都出现了两三年至四五年的连续枯水段。1971年、1972年两年,长江和黄河都出现了新中国成立以来的最小洪水。

这两次二重衰减期中,北方许多河流出现了特枯年份,年径流量只有多年均值的1/3左右,甚至不到1/4(有时某些河段还发生干河断流,造成供水的重大困难)。例如,淮河1961年(占多年均值的35.2%),颍河1959年(24.2%)、1960年(22.2%),黄河1960年(41.6%),渭河1972年(34.2%),汾河1960年(45.9%)、1972年(33.9%),永定河1972年(44.7%)、1973年(28.9%),滦河1961年(43.7%)、1972年(40.1%),辽河1972年(44.9%)。长江在20世纪70年代大部分年份水量偏枯。松花江自1975年以后也出现连续多年的枯水系列。

20世纪70年代初期大旱不仅出现在我国,而且在亚洲中部、西部,非洲北部和中部,以及欧洲部分地区都曾出现严重干旱。其中特别是北非,旱期特长,旱情最重。这次二重衰减期大旱具有世界规模。

三、近两年华北大旱的预报及证实

1979年9~12月,太阳黑子活动出现了当前这一周的高峰。月平均相对数为188.7、188.2、185.0、182.2,持续强烈。1979年平均值达到156.5,是一个强周。联系上一周1968年相对数105.9来看,这是又一次增强期。历史上类似这种情况的为1870年,年相对数为 139.0,它的上一周为 1860 年,相对数为 95.8。

1870 年长江发生了特大洪水,暴雨落区主要在四川。据长江流域规划办公室估算,宜昌洪峰流量约为 110 000 m³/s。检查 1870 年河北、山东、山西等省历史记载,这一年华北出现大旱。因此,在预报长江 1980～1982 年间可能出现特大洪水的同时,作者曾经指出,华北可能出现大旱。

1980 年华北果然出现干旱,河北、山东、山西、河南北部旱情严重。1981 年继续干旱。许多河流径流量显著减少,甚至河道断流。京津地区供水出现严重困难。例如,滦河水量大减,潘家口 1980 年只过水 13 亿 m³,1981 年 1～7 月仅 3 亿 m³。而正常年份滦河约有水量 45 亿 m³。1959 年竟有水量 127.7 亿 m³。潮白河密云水库 1980 年出现最枯来水量 3.75 亿 m³。而修建密云水库前平均年径流量原有 19.1 亿 m³,1956 年竟有 42.9 亿 m³。官厅水库和岳城水库情况也类似。华北地区大部分水库蓄水都在死水位以下,或仅略比死水位稍高一些,基本上无水可用。不少中小型水库甚至干涸。大片地区地下水位普遍下降 4～6 m。许多抽水机出水量大减,甚至抽不上水。实际上受旱范围不仅限于华北,陕西、内蒙古、宁夏、甘肃、辽宁以及江苏、安徽等省(区)部分地区也受到影响。

黄河自 1980 年 7 月至 1981 年 6 月又一次出现接近 1960 年的特枯水量,仅有 267.3 亿 m³,只相当于多年均值的一半稍多一点。

四、本次二重衰减期后段大旱初步预报

本次二重衰减期可能延续时间较长。1980 年太阳活动仍然很强,年平均相对数为 155.7 与 1979 年相比基本一致。1981 年以后预计逐渐减弱,参照以往相似周期经验,可能持续 8～10 年,即到 1988 年或 1990 年结束。衰减期越长,出现大旱的机会越多,旱期可能越长。这一点必须早日引起大家注意。

但是,并不是整个二重衰减期年年都干旱。就华北地区而论,根据 20 世纪 60 年代初期和 70 年代初中期的经验,在衰减期开始阶段出现大旱以后,接着有一段时间旱情会有所减轻,局部地区还可能出现大水。1962 年滦河大水,1963 年海河大水,1964 年黄河、淮河大水,1975 年淮河大水,1976 年黄河水也较大,这些都是先例。1981 年黄河和渭河水量已经显著增加,虽然雨区偏于上游,中下游仍旱。但是,这很可能是华北旱情将逐渐缓和的征兆。

最近作者再次检查了太阳黑子活动第 11 周衰减期后段我国干旱情况的记载,发现这正是连续四年华北出现特大干旱的时期。清代光绪元年至四年距今仅约百年,大旱记载丰富,情况详实,可以细加考证。这次连年大旱出现在衰减期的第 5～8 年。从太阳活动相对数降至峰年的 12.2% 的 1875 年开始,一直持续到衰减期结束的 1878 年。类比当前,1985～1988 年,甚至更后一点时间,将可能出现连年大旱。

下面对历史情况再作进一步说明。

表 7-12 为水利水电科学研究院水利史研究室 1960 年统计的 1875～1878 年我国十五省受旱县数,表 7-13 为中央气象局研究所等单位 1977 年编制的 1875～1878 年我国二十九省(市、区)旱涝等级。由于引用史料不全一致,稍有一些差别,但就华北地区来看,包括相邻的一些省份,出现了连年大旱是无疑问的。这是一个不容忽视的历史事实。

表 7-12 1875～1878 年我国十五省受旱县数

年份	河北	山东	河南	山西	陕西	江苏	安徽	浙江	湖北	湖南	甘肃	四川	云南	贵州	广东	总计
1875	12	15	4	6	1	28	8	17	2					1	2	97
1876	25	52	17	17	1	13	5	1	4	1	1	5	7		1	150
1877	44	29	42	68	61	13	3		6	2	8	19	2	2	1	300
1878	19	8	19	29	20	2		11	2		4	9			1	2	126
合计	100	104	82	120	83	56	16	29	14		13	33	9	5	5	673

表 7-13 中旱涝等级按五级划分:1 级涝,2 级偏涝,3 级正常,4 级偏旱,5 级旱。从全国范围统计,受旱地区平均占 45.7%,即约半个中国同时受旱。1877 年旱情严重,占 52.3%,而且 5 级地区多于 4 级地区,这就是著名的光绪三年大旱。

分开来看,北方的河北、山东、河南、山西、内蒙古、陕西、甘肃、宁夏,以及北京、天津共十省(市、区)旱情最重,受旱地区占同区的 81.1%,特大干旱的 1877 年竟占 97.0%。这种几乎遍及华北和西北的大旱,出现在太阳活动二重衰减期临近结束的年份。

表 7-13 1875～1878 年全国旱涝等级分布

年份	华北																						
	北京	天津	河北					山东					河南					山西				内蒙古	
			唐山	沧州	保定	石家庄	邯郸	济南	德州	莱阳	菏泽	临沂	安阳	郑州	洛阳	南阳	信阳	大同	太原	临汾	长治	呼和浩特	鄂托克
1875	4	2	5	5	3	4	3	4	4	2	4	4	4	5	4	4	4	4	4	4	4	4	5
1876	3	4	5	5	4	5	4	5	5	5	5	4	5	5	4	5	5	5	5	5	5	5	4
1877	4	4	5	5	5	5	5	5	5	5	5	5	5	5	5	5	5	5	5	5	5	5	5
1878	2	2	3	3	4	4	5	4	4	3	4	4	4	4	4	4	3	4	5	5	5	5	5
4级5级合计年数	2	2	3	3	3	4	4	4	4	1	4	4	4	4	4	4	4	4	4	4	4	4	4

年份	西北													东北					
	陕西					甘肃				宁夏	青海	新疆		辽宁				吉林	黑龙江
	榆林	延安	西安	安康	汉中	天水	平凉	兰州	张掖	银川	西宁	乌市	喀什	开原	沈阳	朝阳	丹东	长春	哈尔滨
1875	4	4	4	4	4	3	3	2	3	3	4			4	4	4	4	5	5
1876	4	4	4	4	4	3	3	3	3	3	4	3		4	4	4	4	4	2
1877	5	5	5	5	5	5	5	5	5	5	5	4		4	4	3	3	3	3
1878	5	5	5	5	5	5	5	5	4	3	4	3		3	3	3		2	2
4级5级合计年数	4	4	4	4	4	2	1	1	1	1	3	1	2	1	2	2	2	2	1

年份	上海	江苏			安徽				浙江				江西					福建			台湾	
		徐州	扬州	苏州	合肥	蚌埠	阜阳	安庆	杭州	宁波	金华	温州	九江	南昌	上饶	吉安	赣州	建阳	永安	福州	台北	台南
1875	1	4	4	2		3	3	2		2	4	3	3		3	3	3		4	4		3
1876	5	4	4	4	4	4	4	3	1		3	3	1	1	1	1	3	2	1	2	2	2
1877	4	4	4	4	3	4	4	2		2	3	3	3	3	3	1	3	2	2	2	2	3
1878	4	4		4	2	1	2			1	3	1	2	2	1	1		1	2	2		3
4级5级合计年数	3	3	4	2	1	2	2					1							1	1		

年份	湖北			湖南					广东			广西				四川			贵州				云南		总计受旱地区			
	汉口	江陵	郧阳	岳阳	沅陵	长沙	邵阳	郴州	韶关	广州	湛江	百色	桂林	梧州	南宁	广元	成都	万县	贵阳	铜仁	毕节	兴仁	昆明	大理	4级(偏旱)	5级(旱)	4级5级合计地区数	占全国统计地区(%)
1875	3	3	3		2	3	3		4	2			4		5	2	3	3	4	3	3	3	3	3	33	7	40	45.5
1876	3	4	3	2	2	2	2	2	1		2		2	2	2	4	3	3	3	3	3	4		4	28	16	44	50.0
1877	3	4	4	3		3	2	2	2	2	2	4	1	2	3	5	5	3	3	3	5	4	1		16	30	46	52.3
1878	1	2	4	1		2	3	3	5	4	4	2	3	2	4	3	2	3	3	2	3		1		14	17	31	35.2
4级、5级合计年数		2	2						2	1	1	1	1			1	3	1	1			1	1	1	91	70	161	45.7

五、迫切需要加强研究

上述初步预报分析,和作者1980年初提出大水预报意见工作深度不同。对于太阳活动增强期6次第一峰和三次行星会合前后,我国许多河流都会发生大水,当时已经一一查明。因此,对于1980~1982年第10次日地异常时期,一些大江大河可能出现大洪水和特大洪水,论证比较充分。现在迫切需要进行历次二重衰减期干旱问题的研究。对光绪初年大旱的分析,仅仅是一个开始。

并不是每一个二重衰减期都有同样的水旱变化。即使出现干旱,其轻重程度也可能有所差别,这些问题应该加以考证分析。近300年来,另外有一次二重衰减期,峰年相对数为132.0,峰后一年为130.9,相差极少,很类似现在。在峰后一年的1788的(清乾隆五十三年),长江也发生了特大洪水,暴雨落区也主要在四川。荆江河段枝城洪峰流量估计约为86 000 m^3/s。在这以后,1792~1796年间有些省份出现干旱,但没有光绪初年严重,可见问题复杂。

日地气象水文学是一门新的边缘学科。但是远在2 000年前的汉代,当我国最早开始有太阳黑子记录以后不久,就有人注意黑子活动和我国异常水旱变化的关系。并且发现了"日黑则水淫溢"。即峰期多出现大水的规律(见《后汉书·五行志第十八,五行六》)。所以,这门学科的渊源和它的准备阶段已经很久。为什么花这样长的时间还不能解决这一问题呢? 主要有以下三方面的原因:

(1)古代天文、气象、水文观测仪器不够精密,许多现象观测不到,观测到的难以准确定量,所以认识很难全面。17世纪望远镜发明以前,黑子目测主要在峰期进行,对于谷期很不了解。我国降雨量和流量的观测,大部分地区和河流还不足百年。因此,时间虽长,问题不清。

(2)异常水旱出现间隔时间较长,事例太少很难研究规律。所以必须在全国普遍有较详实的记录以后,再持续千百年的时间,才能逐渐积累较多的大水大旱资料,满足分析的要求。我国从明代开始具备这一条件,至今仅有500年时间,再早很难进行全国范围分析。

这两个原因现在已经大体解决。只要今后继续改进观测手段,及时对史料进行系统整理,就不会构成工作的障碍。

(3)要在物理成因的基础上,认识历史规律,还必须组织各有关学科、有关部门的联合研究。这就要求各个学科本身能达到一定的水平,要求有一个能够得到事实验证的新的边缘学科出现;要求在国家的支持和统一计划安排下,各有关学科和部门能不分领域地、协调一致地工作,这些条件现在也基本具备。

由于现代社会分工愈来愈细,科学发展越来越深入,每一学科、每一部门都有它的特殊领域。因此,跨学科、跨部门的工作常常极为薄弱。今后要加强大旱问题的研究,要取得大家共同认识,还不是一件很容易的事。

第三节　太阳活动和东亚大洪水

亚洲东部是全球大洪水河流最密集的地区,也是人类社会有史以来防洪减灾的焦点。南至印度尼西亚爪哇岛,北达俄罗斯东西伯利亚和中西伯利亚地区,西自中国青藏高原,东至日本。在 8°S～75°N 及 90°E～145°E 范围内,印度尼西亚、马来西亚、菲律宾、越南、柬埔寨、老挝、泰国、中国、日本、韩国、朝鲜、蒙古、俄罗斯各国主要河流,近两三百年间,特别是一百年间出现的前三位最大洪水,绝大多数都出现在太阳活动谷期和峰期,并且具有时空变化特性。本节对这一重要问题首次进行探讨。

一、东亚主要河流

按照首位最大洪水达到和超过 10 000 m³/s 的标准,选出东亚主要河流。极少数河流因为位置重要,虽然洪水流量稍小,或者仅有洪灾记录但缺少还原后的流量也予以适当选入。此次研究共选入 62 条河流,其中印度尼西亚 1 条、马来西亚 4 条、菲律宾 5 条、柬埔寨(包括越南、老挝、泰国)1 条、中国 35 条(其中 4 条为国际河流)、日本 7 条、韩国 3 条、朝鲜 2 条、俄罗斯 4 条。中国、日本、韩国、朝鲜合计 47 条,占 75.8%,中国占 56.5%。所有入选河流详见表 7-14。

表 7-14　太阳活动和东亚大洪水（自南向北排列）

编号	国别	河流	测站	前3位大洪水出现年份及太阳活动位相					
				1		2		3	
1	印度尼西亚	芝坦杜河	Tunggilis	1972	$M+2^{\triangle}$	1968	M	1950	$M+1^{\triangle}$
2	马来西亚	彭亨河	甘榜丹戎	1926	$M-2$	1970	$M^{\triangle}$	1971	$M+1^{\triangle}$
3		霹雳河	安顺	1967	$M-1$	1926	$M-2$	1947	M
4		吉兰丹河	歌打巴鲁	1886	$M+2^{\triangle}$	1926	$M-2$	1967	$M-1$
5		丁加奴河	瓜拉丁加奴	1926	$M-2$	1967	$M-1$	1965	$m+1$
6	菲律宾	阿古桑河	Talacogon	1926	$M-2$	1962	$m-2$		
7		邦坂牙河	Cabonatuan	1935	$m+2$	1936	$M-1$	1937	M
8		阿格诺河	Lingayer	1935	$m+2$	1936	$M-1$	1937	M
9		帕西格河	Manila	1943	$m-1$	1948	$M^{\triangle}$	1947	M
10		卡加延河	Aporri	1959	$M+1$	1906	$M+1$	1948	$M^{\triangle}$
11	柬埔寨	湄公河	Kratie	1939	$M+1^{\triangle}$	1978	$M-1$	1966	$M-2$
12	中国	昌化江	宾桥	1887	$m-2$	1948	$M^{\triangle}$	1937	M
13		万泉河	琼海	1948	$M^{\triangle}$	1970	$M^{\triangle}$	1950	$M+1^{\triangle}$
14		南渡江	松涛	1977	$m+1$	1948	$M^{\triangle}$	1954	m
15		西江	梧州	1915	$M-2$	1949	$M^{\triangle}$	1994	$m-2$
16		澜沧江	景洪	1750	M	1905	M	1924	$m+1$
17		北江	横石	1915	$M-2$	1931	$m-2$	1982	$M+2^{\triangle}$
18		高屏溪	高屏桥	1989	M	1959	$M+1^{\triangle}$	1994	$m-2$
19		浊水溪	集集	1996	m	1960	$M+2^{\triangle}$	1976	m
20		淡水河	台北桥	1963	$m-1$	1985	$m-1$	1972	$M+2^{\triangle}$
21		闽江	竹岐	1992	$M+1^{\triangle}$	1968	M	1900	$m-1$
22		赣江	外洲	1924	$m+1$	1962	$m-2$	1901	m
23		富春江	芦茨埠	1955	$m+1$	1901	m	1942	$m-2$
24		湘江	湘潭	1926	$M-2$	1906	$M+1$	1968	M
25		澧水	三江口	1935	$m+2$	1862	$M+2$	1908	$M+1^{\triangle}$
26		金沙江	屏山	1924	$m+1$	1860	M	1892	$M-1$
27		雅砻江	小得石	1967	$M-1$	1863	$M+3$	1924	$m+1$
28		岷江	高场	1917	M	1931	$m-2$	1936	$M-1$
29		嘉陵江	北碚	1870	M	1903	$m+2$	1840	$m-3$

编号	国别	河流	测站	前3位大洪水出现年份及太阳活动位相					
				1		2		3	
30		汉江	碾盘山	1935	m + 2	1964	m	1921	m − 2
31	中国	长江	宜昌	1870	M	1860	M	1788	M + 1
32		淮河	蚌埠	1931	m − 2	1954	m	1968	M
33		伊洛河	潼关	1935	m + 2	1958	M△	1973	m − 3
34		黄河	陕县	1662	m	1843	m	1933	m
35		渭河	咸阳	1898	m − 3	1954	m	1933	m
36	日本	吉野川	Iwazu	1974	m − 2	1975	m − 1	1970	M△
37		淀川	Hirakata	1885	M + 1△	1917	M	1953	m − 1
38		木曽川	Inuyama	1961	m − 3	1972	M + 2△	1967	M − 1
39		利根川	Yattajima	1947	M	1958	M△	1949	M△
40		仁淀川	Ino	1963	m − 1	1975	m − 1	1971	M + 1△
41		新宫川	Oga	1959	M + 1	1958	M	1962	m − 2
42		北上川	Kozenji	1897	m − 3	1947	M	1948	M△
43	韩国	Han	Indogyo B.	1925	m + 2	1972	M + 2△	1965	m + 1
44		Nakdong	Jindong	1936	M − 1	1934	m + 1	1920	m − 3
45		Geum	Gyuam	1969	M△	1958	M△	1971	M + 1△
46	朝鲜	Taedonggang	Mirim	1967	M − 1	1963	m − 1	1962	m − 2
47		Daeryonggang	Pakchon	1975	m − 1	1965	m + 1	1978	M − 1
48	中国	无定河	绥德	1919	M + 2	1932	m − 1	1933	m
49		窟野河	温家川	1946	M − 1	1976	m	1933	m
50		滹沱河	黄壁庄	1794	m − 3△	1853	m − 3	1872	M + 2
51		海河	天津	1963	m − 1	1939	M + 1△	1956	M − 1
52		滦河	滦县	1886	m − 3	1962	m − 2	1883	M
53		辽河	铁岭	1951	m − 3	1953	m − 1	1886	m − 3
54		松花江	哈尔滨	1932	m − 1	1957	M	1956	M − 1
55		嫩江	江桥	1932	m − 1	1969	M + 1	1956	M − 1
56		鸭绿江	荒沟	1888	m − 1	1960	M + 2△	1935	m + 2
57		乌苏里江	Kirovsky	1950	M + 1△	1927△	M − 1	1938	M△
58		黑龙江	Komsomolsk	1959	M + 1△	1951	M + 2△	1957	M

编号	国别	河流	测站	前3位大洪水出现年份及太阳活动位相					
				1		2		3	
59	俄罗斯	科雷马河	Ust – Srednekan	1939	$M+1^{\triangle}$	1956	$M-1$	1951	$M+2^{\triangle}$
60		因迪吉尔卡河	Vorontsovo	1967	$M-1$	1941	$m-3$	1968	M
61		勒拿河	Kusur	1967	$M-1$	1962	$m-2$	1948	$M+1$
62		叶尼塞河	Yeniseisk	1937	M	1923	m	1941	$m-3$

有一些国家还应多选几条河流,但因在世界大洪水整编的记录和各国防洪资料汇编中,缺乏更多的记载,只能留待以后补充。缅甸的伊洛瓦底江洪水资料也不多,由于它和南亚的河流一起分析更合适些,所以这次也未列入。

二、前三位最大洪水及太阳活动峰年确认

根据实测最大洪水和历史最大洪水经分析比较排列序位,取其前三位洪水。然后查考当年的太阳活动观测记录,确认其位相,分组逐一填入表 7-14。

在表列 185 次洪水中,有 40 次(占 21.6%)洪水相应太阳活动位相注有"△"符号。这表示太阳活动峰期较长,不仅是 1 年。变化平缓的峰期常有 2~5 个峰年,计算位相时从相近的一个峰年算起,例如:

第 10 周:1859 年、1860 年;　　　　　第 12 周:1882 年、1883 年、1884 年;

第 13 周:1893 年、1894 年;　　　　　第 14 周:1905 年、1906 年、1907 年;

第 16 周:1927 年、1928 年;　　　　　第 17 周:1937 年、1938 年;

第 18 周:1947 年、1948 年、1949 年;　　第 19 周:1957 年、1958 年;

第 20 周:1968 年、1969 年、1970 年;　　第 21 周:1979 年、1980 年、1981 年;

第 22 周:1989 年、1990 年、1991 年。

这些年份太阳活动位相均为 M 年。

印度尼西亚、马来西亚、菲律宾等国一些河流有洪灾记录,但缺乏洪峰流量。序位排定尚未严格,今后有条件时再作修订。以后 m 表示谷年,"－"、"＋"指峰谷前、后。

三、东亚大洪水日地水文基本规律

综合研究 185 次洪水出现年份的太阳活动特点,发现 M、M＋1、M－1 三种位相年份出现频次最高,共计 85 次,占 45.95%;其次为 m、m－1、m－2 三种位相年份,共计 47 次,占 25.41%。两者合计 132 次,共占 71.35%。

太阳活动周期平均为 11.03 年,6 年出现大洪水 71.35%,其余 5 年仅出现 28.65%。说明东亚河流大洪水主要出现在太阳活动的峰期和谷期,即"峰谷大水"。这一基本规律和作者以前研究全球大洪水时的发现一致。

还应注意到这一事实:在 M 年出现的大洪水最多。据实际情况分析,M 年出现的大洪水约为 M＋1 年、M－1 年的 2 倍,为 m 年、m－1 年、m－2 年的 2.6~2.8 倍。太阳活动

最强烈的峰年,日面上黑子最多,大黑子和黑子群最易被观测到。中国人古代即有"日黑则水淫溢"的发现,用现代记录检查,在全东亚地区都符合实际。这一特点可以简称为"峰年最多"。

任何物理规律都具有一致性和统一性,即在接近的条件下应出现类似的结果,而在数量上要有一定差别。M+1年、M−1年和M年条件接近,太阳活动前者略有减弱。东亚大洪水仍较多出现,而频次低于M年。再向外延伸,M+2年和M−2年太阳活动继续减弱,东亚大洪水出现次数有所减少,一致性非常明显。

同样,m−1年、m−2年和m年都处于太阳活动谷期,本身差别很小。所以这三年东亚出现大洪水的次数均甚接近。而在m−3年、m+1年和m+2年因均已脱离谷期,太阳活动转而较强,所以和谷期相比,出现洪水次数又有所减少。峰谷期各三年,可以称为"三年连涝"。

太阳辐射能量在活动周期中也相应强弱变化。峰期辐射能量较大,谷期较小。上述事实显示,大洪水在平均情况下出现较少,在辐射能量偏离平均情况时出现较多。辐射能量偏大时比偏小时更多。日地物理关系实处于不稳定的准平衡状态,水文现象不能不受此影响。由此也可得一证明。

四、大洪水日地水文关系分区

东亚地域辽阔,河流大洪水的形成条件除太阳活动天文因素外,还有地球方面大气、海洋、地形和水系等因素的影响,从日地水文关系分析,势必出现某种区域性和地带性。运用前述的基本规律,再仔细研究不同地区、不同河流、不同河段的变化,就可以在深化物理认识的基础上,探求预测预防的新途径。

(1)东南亚印度尼西亚、马来西亚、菲律宾、柬埔寨的11条河流,在太阳活动峰期及其前后,大洪水出现的记录远比在谷期及其前后为多,为27∶5,即前者为后者的5.4倍。令此比值为K,从其变化可以得知河流防洪时机的重点所在。

(2)中国华南和西南地区第12~17号6条河流(海南3条河流包括在内),比例为12∶6,$K=2$。大洪水仍以峰期及其前后出现最多,但K值与东南亚相比已明显减少,在谷期及其前后出现者已占1/3。

(3)中国东南地区包括闽、浙、赣、台四省第18~23号6条河流,比例为6∶12,$K=0.5$。台湾海峡两侧河流大洪水的出现时机,由更低纬度地带以峰期及其前后为主,已转变为以谷期及其前后为主。但峰期及前后出现者仍占1/3,也不可忽视。

(4)长江、淮河流域包括第24~32号9条河流,比例为16∶11,$K=1.455$。大洪水在峰期及其前后出现为多,但在谷期及其前后出现的比例已大于华南、西南地区。这一地区河流纬度尚非很高,但是流域较大,可以是K值尚未小于1的原因。谷期及前后出现者占40.74%。

(5)黄河流域包括第33~35号及第48号、49号5条河流,比例为3∶12,$K=0.25$。这些河流大洪水的出现时机和长江、淮河流域有明显不同,已变为以谷期及其前后为主。峰期及其前后出现仅占1/5。

(6)日本包括自第36~42号7条河流,比例为13∶8,$K=1.625$。大洪水在峰期及前后出现者为多,在谷期及前后出现者占 38.10% 。日本河流和中国长江、淮河流域较为接近。

(7)中国华北地区包括第 50 ~ 53 号 4 条河流,辽河包括在内。比例为 4∶8,$K = 0.5$。大洪水以在谷期及其前后出现为主。峰期及前后仍有 1/3。这个地区与黄河流域较为接近。

(8)韩国和朝鲜包括第 43 ~ 47 号 5 条河流,比例为 7∶8,$K = 0.875$。谷期峰期及其前后大洪水出现频次已甚接近。

(9)中国东北和俄罗斯东部地区包括第 54 ~ 62 号 9 条河流,比例为 19∶8,$K = 2.375$。这里又出现和中国华南及西南地区类似的情况,大洪水以在峰期及其前后出现为主,谷期及前后仅占 1/3。第 56 号鸭绿江为中朝界河,它的前三位大洪水两次在谷期出现,一次在峰期出现。如列入前一地区,也不影响第 8、第 9 两区基本特点。

自赤道附近的印度尼西亚开始,直到高纬度地区的俄罗斯西伯利亚北部,K 值有南北高中间低的特点。

五、大洪水迁徙

大洪水先在一些河流出现后,又在另一些河流出现。显示暴雨落区(东亚河流大部分大洪水由暴雨形成)和高温地区(俄罗斯西伯利亚部分河流大洪水由融雪形成)的年际和多年迁徙。经分析发现具有一定的规律性。适当运用这一规律,从上游获得预警征兆,对及时作出预测预防非常有益。

从 19 世纪 80 年代至 20 世纪 90 年代是大洪水记录最多的时期。以集中出现的几条大河流洪水为主,分散和个别出现的作为参考。在普查的基础上,归纳总结为三种不同类型。先说明主要大洪水迁移方向和有关过程,然后联系太阳活动加以讨论。

(一)南北振荡型

20 世纪 20 年代、30 年代、50 年代、70 年代多次发生大洪水南北振荡迁徙。东亚南北方向跨度大,经向型大气环流南北交换,这种类型是大洪水迁徙的主要类型。

20 年代,1924 年先在金沙江、雅砻江、澜沧江出现大洪水,然后 1926 年又在马来西亚的彭亨河、丁加奴河、霹雳河、吉兰丹河及菲律宾的阿古桑河出现大洪水。1924 年在赣江出现大洪水,1926 年在湘江出现大洪水。

30 年代,1931 年长江(这一年中下游大洪水未列入表中)、淮河、北江、岷江出现大洪水,1932 年嫩江、松花江、无定河出现大洪水,1933 年黄河、渭河、无定河、窟野河发生大洪水,1935 ~ 1937 年菲律宾邦板牙河、阿格诺河、帕西格河连三年大洪水,1935 年澧水、汉江、伊洛河、鸭绿江大洪水,1936 年岷江和韩国 Nakdong 江大洪水,1937 年昌化江和俄罗斯叶尼塞河大洪水。1938 年乌苏里江大洪水,1939 年湄公河、海河和俄罗斯的科雷马河大洪水。这 9 年中除 1934 年 Nakdong 江大洪水,其他河流缺少记录外,出现大洪水河流南北变化的频繁对振荡特性表现得甚为充分。

50 年代,1953 年日本淀川和我国辽河大洪水,1954 年长江(宜昌未到第三位未列入,但为中下游第一位)、淮河、渭河、南渡江大洪水,1955 年富春江大洪水,1956 年海河、松花江、嫩江和俄罗斯科雷马河大洪水,1957 年松花江、黑龙江大洪水,1958 年黄河(陕县未到第三位未列入,但在下游排第二位)、伊洛河和日本利根川、新宫川,韩国 Geum 江大洪水,1959 年菲律宾卡加延河、中国高屏溪、日本新宫川和中俄界河黑龙江大洪水。以上 7 年大洪水南北振荡迁徙也极为明显。

70 年代,1970 年马来西亚彭亨河、日本吉野川和中国万泉河出现大洪水,1971 年彭亨河连续大洪水、日本仁淀川、韩国 Geum 江大洪水,1972 年印度尼西亚芝坦杜河、日本木曾川、韩国汉江和中国淡水河大洪水,1973 年伊洛河大洪水,1974 年日本吉野川大洪水,1975 年吉野川大洪水,仁淀川、朝鲜 Daeryonggang 大洪水,1976 年浊水溪、窟野河大洪水。

以上四次南北振荡型迁徙,20 年代偏于低纬度地区,影响范围较小。70 年代主要在西太平洋岛链,大陆很少波及。30 年代、50 年代大洪水在海岛和大陆均多次出现,基本上包括全东亚地区,究其原因实为 20 世纪太阳活动强弱波动的最大变化正在这一时期。

作者 1961 年曾经在研究太阳活动长期变化中发现,以 11 年周期为基础组成的第二级周期性波动,比 11 年的一级波动振幅更大,历时更长,周期更复杂。20 世纪 30 年代初中期为 20 世纪二级波动谷期,50 年代中后期为这次二级波动峰期。上述两次大洪水的南北振荡正与这次二级波动谷峰变化相应,其峰谷大水的基本规律和第三部分所述完全一致,并且更为鲜明突出,深具统一性。

1931 ~ 1933 年为 m − 2、m − 1 和 m 年,这时大洪水集中在中国大陆长江与松花江之间出现。1935 ~ 1939 年随着太阳活动逐渐增强,大洪水向南向北迅速扩展,南达菲律宾,北及俄罗斯。1957 年、1958 年均为 M 年(黑子相对数 1957 年最大,为 190.2,1958 年为 184.8。2 800 MHz 太阳射电流量 1957 年为 232.7,1958 年为 231.7。1957 年最强活动在 9 月 20 日以后,1958 年最强时段为 3 月末至 4 月初和 7 月末、8 月初、9 月中及 10 月中)。1956 年、1959 年为 M − 1 年、M + 1 年。1953 ~ 1955 年大洪水先在中国大陆和日本中低纬度河流出现,1956 年、1957 年大洪水北移至中国东北及俄罗斯远东地区,1958 年、1959 年则又南移至中低纬度,最南到菲律宾,同时中俄边境也出现大洪水。太阳活动出现高峰前趋北,高峰到后转而趋南。同时北方仍有大洪水。在此南北振荡型中,谷峰恰是大洪水出现地区转折之时,应予以特别注意。

20 年代太阳活动较弱,70 年代稍强一些。但和太阳活动世纪变化的平均情况均尚接近。弱时影响偏南,稍强影响偏东,都靠近海洋。是否强弱大变化时,全东亚都可能受到影响。而变化小时,影响主要在近海洋地区,这正是一个值得进一步研究的问题。

(二)东西往复型

北半球西风带的存在和高低空东西风的变化,在不同的环流和天气系统影响下,东亚大暴雨常有自西向东和自东向西(或略有倾斜)的移动。因而大洪水也相应出现东西往复型迁徙。在这种类型下,影响河流一般较少,规律不像南北振荡型那样大范围变化和持久。

作者在研究闽、浙、赣、台四省近 50 年内 6 次大暴雨洪水时曾发现,1955 年浙、赣大暴雨洪水和 1959 年台湾大暴雨洪水,从太阳活动第 19 周谷期到峰期,大洪水先在台湾海峡西侧出现,后在东侧出现。1963 年台湾先出现大暴雨洪水,1968 年闽、赣后出现大暴雨洪水。太阳活动又从第 20 周谷期到峰期,这次大洪水变为先在海峡东侧后在西侧出现。

1992 年闽、浙、赣先出现大暴雨洪水,1996 年台湾再出现大暴雨洪水。这一次则当太阳活动第 22 周从峰期到谷期,大洪水再次变为自西向东迁徙。再加上 1994 年西江大洪水和台湾南部大洪水,都说明东西往复型大洪水迁徙模式的存在。

19 世纪 80 年代又曾出现这一类型在中纬度地带的实例。1883 年先在华北滦河出现大洪水,1885 年在日本淀川出现大洪水。大洪水出现地区自西向东迁徙。1886 年再次在滦河出现更大洪水,同时辽河也出现大洪水。这样就变为由东向西迁徙。1888 年鸭绿江出现大洪水,再次显示自西向东移动趋势。这 6 年正当第 12 周峰到谷变化。

(三)近地徘徊型

在降水条件基本稳定的情况下,随着天气系统的变化,主要大暴雨落区仍有较小范围的移动,这就是近地徘徊型。

20 世纪 40 年代出现过一次在东南部海岛地区的大洪水徘徊,1947 年马来西亚霹雳河和菲律宾帕西格河大洪水,同年日本利根川和北上川也出现大洪水。1948 年菲律宾帕西格河、卡加延河大洪水,中国海南省昌化江、万泉河、南渡江都发生大洪水;日本北上川也出现大洪水。1949 年中国西江和日本利根川出现大洪水。

60 年代再次出现这种类型的大洪水迁徙,但地区变化以北部为主,而且历时更长。1962 年先在菲律宾阿古桑河、中国赣江、日本新宫川、朝鲜 Taedonggang 以及中国滦河和俄罗斯勒拿河出现大洪水,跨度遍及东亚南北。1963 年中国淡水河、海河、日本仁淀川、朝鲜 Taedonggang 出现大洪水。1964 年汉江、长江、黄河出现大洪水(长江、黄河排位未及第 3 位,未入表)。1965 年马来西亚丁加奴河、韩国汉江、朝鲜 Daeryonggang 大洪水。1966 年柬埔寨湄公河大洪水。1967 年马来西亚霹雳河、吉兰丹河、丁加奴河大洪水,中国雅砻江,日本木曾川,朝鲜 Taedonggang,俄罗斯因迪吉尔卡河、勒拿河均大洪水。1968 年印度尼西亚芝坦杜河,中国闽江、湘江、淮河,俄罗斯因迪吉尔卡河大洪水。1969 年韩国 Geum 江和中国嫩江大洪水。这 8 年特别以 1962~1963 年和 1967~1968 年两段出现大洪水最多,是徘徊型的代表。

从太阳活动分析,40 年代和 60 年代正处于 50 年代世纪高峰的近侧,本身均为强周(1947 年、1948 年、1949 年三年和 1968 年、1969 年、1970 年三年黑子相对数分别为151.6、136.3、134.7 及 105.9、105.5、104.5,均不弱)。1947~1949 年峰年近海出现大洪水,1962~1963 年和 1967~1968 年谷期峰期出现大洪水,前后持续徘徊,仍与峰谷大水、峰年最多基本规律一致。在世纪高峰出现前后,大调整尚待酝酿或渐趋平稳,而形成大暴雨的条件已充分具备,所以出现徘徊的局面。

六、结论与期望

东亚主要河流大洪水的出现及变化,均有日地水文物理背景与相应关系及规律,应予重视并继续研究。

东亚各国历来洪灾深重,虽然关系密切,但尚未进行联合研究。期望早日实现组织起来共同探索、为科学进步和社会保障而努力,从而减轻灾害损失,造福人民。

第四节　太阳活动和南亚大洪水

亚洲南部是全球降水量最多、洪水最大的主要地区之一，同时和中国的暴雨洪水又有密切关系。本书先以巴基斯坦、印度、孟加拉国和缅甸各国主要河流近200年间出现的大洪水为研究对象，探索与太阳活动的关系。由于印度季风和西南气流对中国的水汽输送及暴雨洪水有重要影响，又对索马里越赤道急流形成前后，东南部非洲、南亚和中国近200年一些特大洪水、大洪水进行了日地水文学分析。根据所发现的规律和1997年秋季以来已经出现的异常降水情况，最后对20世纪末21世纪初南亚和中国可能出现的大洪水作了预测研究。

一、南亚主要河流

按照首位最大洪水达到和超过10 000 m³/s的标准，选定南亚主要河流，此次共选30条河流，其中印度21条，巴基斯坦5条，孟加拉3条，缅甸1条。印度河流第1～10号按先西侧后东侧和自南向北排列。第11～14号河流洪水较大，第15～21号第1位洪水均小于20 000 m³/s。在这30条河流中，恒河和布拉马普特拉河在印度和孟加拉国各列入一次，参见表7-15。

表7-15　太阳活动和南亚大洪水

编号	国别	河流	测站	前三位大洪水出现年份及太阳活动位相					
				1		2		3	
1	印度	Tapi	Kathore	1970	M	1959	$M+1^\triangle$	1944	m
2		Narmada	Garudeshwar	1970	M	1968	M	1973	$M+3^\triangle$
3		Krishna	Vijayawada	1903	$M-2$	1914	$m+1$	1916	$M-1$
4		Godavari	Dowlaishwaram	1907	$M^\triangle$	1959	$M+1^\triangle$	1953	$m-1$
5		Mahanadi	Baramul	1946	$M-1$	1947	M	1960	$M+2$
6		Sone	Koelwer	1971	$M+1^\triangle$	1934	$m+1$		
7		Yamuna	Pratappur	1964	m	1861	$M+1$		
8		Ganga	Farrakka	1954	m	1980	$M^\triangle$	1971	$M+1^\triangle$
9		Kosi	Sunakhambhi Khola	1954	m	1948	$M^\triangle$	1949	$M+1^\triangle$
10		Brahmaputra	Pandu	1962	$m-2$	1958	$M^\triangle$	1957	M
11		Betwa	Sahijna	1971	$M+1^\triangle$				
12		Gogra	Turtipar	1972	$M+2^\triangle$				
13		Indravati	Bartha Gudem	1976	m				
14		Chambal	Uoli	1976	m				
15		Damodar	Rhondia	1935	$m+1^\triangle$	1941	$M+2^\triangle$	1938	$M+1$

编号	国别	河流	测站	前三位大洪水出现年份及太阳活动位相					
				1		2		3	
16		Machhu	Machhu Dam 11	1979	M				
17		Brahmani	Bolani	1974	m−1$^{\triangle}$				
18		Ravi	Mukesar	1966	M−2				
19		Tons	Meja Road	1971	M+1$^{\triangle}$				
20		Baitarni	Anandapur	1975	m−1				
21		Bhima	Yadgir	1969	M+1				
22	巴基斯坦	Indus	Sukker	1958	M$^{\triangle}$				
			Attock	1929	M+1$^{\triangle}$	1882	M−1	1924	m+1
23		Chenab	Marala	1959	m+1$^{\triangle}$	1957	M	1954	m
24		Jhelum	Mangla	1929	M+1	1959	M+1$^{\triangle}$	1958	M$^{\triangle}$
25		Ravi	Jassar	1955	m+1	1957	M	1966	M−2
26		Sutlej	Suleimanki	1955	m+1	1947	M	1950	M+2$^{\triangle}$
27	孟加拉国	Ganges	Hardings Bridge	1973	M+3$^{\triangle}$	1961	M+3$^{\triangle}$	1969	M$^{\triangle}$
28		Meghna	Bhairab Bazer	1966	m+1$^{\triangle}$				
29		Brahmaputra	Bahadurbad	1974	m−1$^{\triangle}$	1970	M$^{\triangle}$	1966	m+1$^{\triangle}$
30	缅甸	Irrawaddy	Katha	1877	m−1				

南亚河流洪水流量很大,按第 1 位洪水超过 60 000 m³/s,从其密集程度而论,实居世界和亚洲的前列。印度的 Godavari 河、Ganga 河、Brahmaputra 河、Narmada 河,孟加拉国的 Brahmaputra 河、Ganges 河和缅甸的 Irrawaddy 江有关记录参见表 7-16。其中以 Narmada 河单位集水面积产流率最大。另一高产流率的河流是 Tapi 河,紧临 Narmada 河南侧。这一区域是南亚主要大暴雨中心之一,也附入表 7-16。

表 7-16　南亚最大洪水及产流率($Q_m > 60\ 000$ m³/s)

编号	国别	河流	测站	Q_m (m³/s)	出现时间 (年-月-日)	集水面积 (km²)	产流率 ((m³/s)/km²)
4	印度	Godavari	Dowlaishwaram	>80 000	1907-07	307 800	0.260
8		Ganga	Farrakka	72 900	1954-08-22	935 340	0.078
10		Brahmaputra	Pandu	72 700	1962-08-24	404 000	0.180
2		Narmada	Garudeshwar	69 400	1970-09-06	87 900	0.790
29	孟加拉国	Brahmaputra	Bahadurbad	81 000	1974-08-06	408 930	0.198
27		Ganges	Hardings Bridge	74 060	1973-08-21	940 110	0.078 8
30	缅甸	Irrawaddy	Katha	63 700	1877	360 000	0.177
1	印度	Tapi	Kathore	36 500	1970-08-06	64 400	0.567

二、前三位大洪水出现时间和太阳活动的关系

由于资料缺乏和第2、第3位洪水较小,表7-15中30条河流除第1位洪水全列入外,第2位洪水共列入18次,第3位洪水列入16次,合计全表列入65次洪水。这都是近100多年来有记录的特大洪水和大洪水。

综合分析这些大洪水出现年份的太阳活动特点发现:

第一,太阳活动峰年和峰后一年出现洪水频次最多,最集中。M年17次,M+1年14次,共计31次,占全数的47.7%。太阳活动谷年及前后一年出现大洪水频次居第二位,m年7次,m+1年8次,m-1年5次,共计20次,占全数的30.8%,合计占78.5%。这就是作者以前研究黄河和全球许多河流时认识到的"谷峰大水"。从南亚河流看应称为"峰谷大水"。如果单独以居第1位的特大洪水作比较,则峰期占12次,谷期占13次,称"谷峰大水"也仍然可以。

第二,有"△"符号代表峰谷年份不是一年。邻近峰年谷年的年份,太阳活动相差不大(±5%左右或相对数相差≤10),仍视同准峰年和准谷年。分析表7-15全部65次洪水所处的太阳活动位相可知,除上述峰谷期的5年外,另外6年又可以分为两类:第1类为峰期前后4年,即M-2年、M-1年、M+2年、M+3年,这4年共出现大洪水13次,均匀分布每年3~4次。第2类为谷期前后,即m-2年、m+2年,这2年仅出现大洪水1次。这一事实一方面说明峰谷以外年份出现大洪水很少,另一方面则说明在这样的年份,如果出现大洪水绝大部分在峰期附近,"峰主谷次"特点明显。

三、大洪水地区转移的日地水文规律

以印度第1~10号河流和孟加拉国、缅甸第27~30号河流居第1位的最大洪水,分析洪水地区转移的日地水文规律,可以获得以下认识:

第一,位于印度中南部(25°N以南)的河流,最大洪水多出现在太阳活动峰期。位置最南的Krishna河(16°N附近)最大洪水出现在M-2年。濒临孟加拉湾位置偏东南的Mahanadi河(22°N附近)最大洪水出现在M-1年。面对阿拉伯海的Tapi河、Narmada河(22°N附近)和位于印度中部高原的Godavari河(19°N附近)最大洪水出现在M年。最北面的Sone河(24°N附近)最大洪水出现在M+1年。这一事实显示,大洪水在太阳活动峰期具有自南向北、自沿海向内陆转移的规律,说明大暴雨落区的定向迁徙。

第二,位于印度北部和孟加拉国、缅甸的河流,最大洪水多出现在太阳活动谷期。Brahmaputra河最大洪水出现在m-2年和m-1年。Irrawaddy江最大洪水出现在m-1年。Yamuna河、Ganga河、Kosi河最大洪水出现在m年。孟加拉国Ganges河最大洪水在M+3年出现。事实显示,沿喜马拉雅山脉南麓,从印度北部到孟加拉国和缅甸,最大洪水总的来说多在谷期出现,和前述规律不同。再进一步分析则知,其中最偏北的两条发源于中国的河流(29°N附近和28.3°N附近),其最大洪水的出现时间最早,孟加拉国Ganges河也偏早,对恒河全流域以后应作更细致研究。

四、从东南非经南亚到中国的西南气流异常降水

从南部非洲沿海,穿过莫桑比克海峡,旁依东部非洲,强大的跨赤道洋流和与之相伴的世界上最强的越赤道气流——索马里低空急流,夏秋季向南亚和中国输送了大量水汽,这是研究大洪水必须考虑的。南亚是这一水汽输送过程的主要中继地区。东南非包括马达加斯加岛和南亚异常暴雨洪水的出现,常是中国大洪水的先兆。它们之间的关系十分重要,对于跨半球跨洲际这一日地水文问题的研究,应引起大家的注意和重视。

20 世纪 50 年代是太阳活动十分强烈的第 19 号周期,谷年为 1954 年,峰年为 1957 年和 1958 年。中国和印度、巴基斯坦在谷峰年份都出现了特大洪水。1954 年中国长江、淮河、渭河都出现特大洪水,其中长江汉口和大通两站最大洪峰流量达 76 100 m^3/s 和 92 600 m^3/s,均居当地首位。同年,印度恒河 Farrakka 站也出现居第 1 位的特大洪水,洪峰流量达 72 900 m^3/s。1958 年中国黄河出现特大洪水,花园口站(在郑州市北郊)最大洪峰流量为 22 300 m^3/s,为本世纪第 1 位。同年巴基斯坦印度河 Sukker 站也出现居第 1 位的特大洪水,洪峰流量达 31 200 m^3/s。印度哥达瓦里河 Dowlaishwaram 站更出现了居第 4 位的 64 000 m^3/s 特大洪水,相互关系都十分密切。

黄河上、中、下游分别于 20 世纪 1904 年、1933 年和 1958 年出现过三次在各自河段居第 1 位的特大洪水。除上述南亚地区 1958 年出现相应特大洪水外,经按水汽来源追踪查寻,作者发现在南部非洲同年约提前半年(南半球夏季)也都曾出现特大洪水。1904 年马达加斯加 Mangoky 河 Banian 站出现 37 000 m^3/s 特大洪水。1933 年同一条河流同一测站又出现 38 000 m^3/s 特大洪水。这两次洪水在该河水文记录中分别居第 2 位和第 1 位。1958 年南非赞比亚 Zambezi 河 Kariba 站出现居第 1 位的 16 990 m^3/s 特大洪水(Kariba 水库入库最大流量为 16 256 m^3/s),相互关系同样密切。1933 年为 m 年,1904 年为 M − 1 年。

印度东北部与中国相邻的阿萨姆邦是南亚,也是世界最多雨的地区,19 世纪 60 ~ 70 年代曾出现创世界记录的雨量。1860 年 8 月至 1861 年 7 月乞拉朋齐站降雨 26 461.1 mm。1861 年 1 ~ 12 月也达 22 990.1 mm。1860 年和 1870 年长江宜昌附近河段都曾出现 100 000 ~ 105 000 m^3/s 的历史最大洪水。东南非相应时段尚在研究。

五、20 世纪末南亚和中国大洪水预测

1997 ~ 1998 年,太平洋出现 20 世纪最强的 ElN 现象。同时世界许多地方出现异常降水,其中与南亚和中国关系最大的是东南非多雨,印度尼西亚大旱和俄罗斯强冷气流南下频繁。自 1997 年 9 月起,截至 1998 年 4 月底,已经出现以下引起作者注意的变化:

(1)中国青藏高原自 1997 年 9 ~ 12 月,4 个月连续异常多变,几乎遍及西藏大部分地区和青、川、滇相邻地区。

(2)1997 年 11 月,中国长江下游南部的闽、浙、赣相邻地区冬季出现暴雨洪水,比历史上 1953 年冬季出现的情况严重得多。1998 年春,同一地区又提前出现异常暴雨洪水。

(3)1998 年 1 月 23 日,长江中游武汉关出现超过 1869 年 1 月实测最高水位 0.34 m(水位 18.93 m)的异常高水位,破 133 年记录。3 ~ 4 月中下游水位仍持续偏高。

(4)1997 年 9 月以后,东非索马里、肯尼亚出现连续 3 个多月大雨和暴雨。产生严重

洪水灾害。1998 年 3 月初,坦桑尼亚又出现 20 世纪最大洪水。

(5)1998 年 3 月初,南亚巴基斯坦西部出现两百年未遇大暴雨洪水。3 月下旬,印度东北部和孟加拉国出现强龙卷风和大暴雨大洪水。

从多方面加以分析,对于 1998 年和 1999 年两个夏秋大汛时期,甚至可以到 2000 年夏季,这些变化的异常现象很可能都是有预警意义的大水灾先兆。

虽然在作者以前,还从未有人就这一大范围的水文异常事件和问题进行过系统研究。但作者的探索现在仍在继续进行,尚未最后完成。

六、对有关国家、有关单位和学者的期望

联合国商定 20 世纪最后十年为国际减灾十年,现在看最后一段,东南非、南亚和中国应为防洪减灾进一步加以推动,如果前述不谬,这一问题实为本地区当前经济发展和社会保障首先需要解决的紧急问题之一。

作者建议,除有关国家政府要做好预防工作外,有关国家的水利、气象、海洋单位,特别是从事科学研究和预测工作的专家学者,要加强协作,交流信息。一方面开展基础研究。一方面针对已经出现的异常降雨和洪水,从成因和规律上进行细致分析。同时把已有的成果应用于预测。

作者特别对印度学者寄有深切期望。四十多年前,作者已曾因水利科学研究问题,和 Hyderabad 研究所的学者进行过学术交流。印度是南亚最大的国家,开展洲际、国际联合研究和信息交流具有优越条件。对于海洋和大气、降雨和洪水的跨学科研究,尤其长期变化规律的探索有不可代替的作用,希望加强合作。

第五节　太阳活动和欧洲及非洲大洪水

欧洲濒临北大西洋,大河流较少。非洲以地中海和欧洲相邻,东临印度洋,西临南大西洋,多大河流。在一起讨论,距地球南北有其便利。本节选择北起冰岛的 Skeidara 河,南至莫桑比克的 Zambeze 河以及马达加斯加的 Mangoky 河等共计 18 条河流 21 个测站取前三位的 60 次大洪水,从出现年份相应太阳活动的不同位相进行普查分析。结果发现它们之间确有一定密切关系[*],详见表 7-17。

表 7-17　太阳活动和欧洲及非洲大洪水

编号	河流	测站	出现日期 (年-月-日)	洪峰流量 (m^3/s)	太阳活动	
					位相	R
1	Skeidara	Skeidara	1954-17-18	10 500	m	4.4
2	Rhein	Basel	1876-06-13	5 700	m − 2	11.3
3			1852-09-18	5 650	M + 4	54.2
4	Donau	Wien	1501-08	14 000	m + 3	

---

　　[*]　洪水记录均采自 J. A. Rodier 和 M. Roche, World Catalogue of Maximum Observed Floods, IAHS publication No. 143, LAHS Press, UK, 1984。

编号	河流	测站	出现日期 （年-月-日）	洪峰流量 （m³/s）	太阳活动	
					位相	R
5			1787-11-01	11 800	M	132.0
6			1899-09-18	10 500	m - 2	12.1
7			1862-02-04	9 850	M + 2	59.1
8	Duna	Mohacs	1956-03-13	8 750	M - 1	141.7
9			1965-06-19	8 244	m + 1	15.1
10			1954-07-23	6 858	m	4.4
11	Dunarea	Orsova	1895-04-17	15 900	M + 2	64.0
12			1888-05-17	15 500	m - 1	6.8
13			1897-06-07	15 400	M + 4	26.2
14			1940-04-13	15 100	M + 3	67.8
15	Po	Becca	1951-11-13	11 250	M + 4 *	69.4
16	Po	Pontelagoscuro	1951-11-14	10 300	M + 4 *	69.4
17			1917-06-04	8 900	M	103.9
18			1926	8 850	M - 2	63.9
19			1928	8 770	M	77.8
20	Ouergha	Mjara	1950-12-29	7 950	M + 3 *	83.9
21			1963-12-18	7 030	m - 1	57.9
22	Oued Guir	Djorf Torba	1975-04-20	17 148	m - 1	15.5
23			1967-11-17	6 241	M - 1	93.8
24			1925-03	5 400	m + 2	44.3
25	Nile	Aswan	1878-09-25	13 200	m	3.4
26			1892-09-12	12 640	M - 1	73.0
27			1874-09-03	12 640	M + 4	44.7
28			1964	12 500	m	10.2
29			1887-09-05	12 040	m - 2	13.1
30	Blue Nile	Roseires	1946-08-21	11 300	M - 1	92.6
31	Oubangui	Bangui	1916-10-23	15 800	M - 1	57.1
32			1891-11-19	14 500	M - 2	35.6
33			1961-11-02	14 400	M + 4 *	53.9
34	Volta	Senchi	1963-09-23	14 290	m - 1	27.9
35			1947-09-24	12 400	M	151.6

编号	河流	测站	出现日期 （年-月-日）	洪峰流量 （m³/s）	太阳活动	
					位相	R
36			1931-10-11	12 030	m－2	21.2
37			1952-10-14	10 130	m－2	31.4
38	Benue	Makurdi	1970	14 600	M＋2*	104.5
39			1975	14 200	m－1	15.5
40			1960	14 100	M＋3*	112.3
41			1954	14 000	m	4.4
42			1948	13 900	M＋1	136.2
43	Niger	Lokoja	1969	27 140	M＋1*	105.5
44			1915	27 000	m＋2	47.4
45			1925	26 500	m＋2	44.3
46			1955	26 400	m＋1	38.0
47	Zambeze	Teta	1958	17 000	M＋1*	184.8
48	Rianila	Brickaville	1959-03-27	9 000	M＋2*	159.0
49			1964-03-11	8 800	m	10.2
50	Sambirano	Ambanja	1925-02	8 000	m＋2	44.3
51			1957-02-07	6 400	M	189.9
52			1959-03-27	5 000	M＋2*	159.0
53	Betsiboka	Ambodiroka	1927-03-04	22 000	M－1	69.0
54			1959-03-28	18 000	M＋2*	159.0
55			1972-02-14	13 000	M＋4*	68.9
56			1965-01-15	12 020	m＋1	15.1
57	Mangoky	Banian	1933-02-05	38 000	m	5.7
58			1904-01-28	37 000	M－1	42.0
59			1970-01-18	27 700	M＋2*	104.5
60	Mandrare	Amboasary	1971-02-02	16 000	M＋3*	66.6
61			1970-02-25	6 800	M＋2	104.5
62			1963-02-25	5 300	m－1	27.9

一、欧洲主要河流大洪水出现时的位相

欧洲选用河流为 Skeidara 河、Rhein 河、Donau 河和 Po 河。多瑙河除洪水记录最早的奥地利 Wien 站有 1501 年大洪水流量记录外，又选择匈牙利的 Mohacs 和罗马尼亚的 Orsova 两站记录一并分析。

经检查,各河大洪水出现时太阳黑子活动 11 年周期的位相为:

Skeidara 河:m 年;

Rhein 河:m − 2 年、M + 4 年;

Donau 河:m + 3 年、M 年、m − 2 年、M − 1 年、m + 1 年、m 年、M + 2 年、m − 1 年、M + 1 年、M − 3 年;

Po 河:M + 4* 年、M + 4* 年、M 年、M − 2 年、M 年。

其中,按标准的 11 年周期,m + 2 年、m + 3 年和 M − 2 年均可视为上升段的一年。

因此,集中出现大洪水的位相为峰年 M 年(3 次)和峰后 M + 4 年(3 次)。其次为 m 年、m + 2 年、M + 2 年和 m − 2 年(各 2 次)。Rhein 河 M + 4 年流量很小,未计入。

二、非洲主要河流大洪水出现时的位相

非洲河流选择为 Ouergha 河、Oucd Guir 河、Nile 河、Blue Nile 河、Oubangui 河、Volta 河、Benue 河、Niger 河、Zambeze 河、Rianila 河、Sambirano 河、Betsiboka 河、Mangoky 河及 Mandrare 河。

经检查各河出现大洪水时,太阳活动位相为:

Ouergha 河:M + 3* 年、m − 1 年;

Oued Guir 河:m − 1 年、M − 1 年、m + 2 年;

Nile 河:m 年、M − 1 年、M + 4 年、m 年、m + 2 年;

Blue Nile 河:M − 1 年;

Oubangui 河:M − 1 年、M − 2 年、M + 4* 年;

Volta 河:m − 1 年、M 年、m − 2 年、m − 2 年;

Benue 河:M + 2* 年、m − 1 年、M + 3* 年、m 年、M + 1 年;

Niger 河:M + 1* 年、m + 2 年、m + 2 年、m + 1 年;

Zambeze 河:M + 1* 年;

Rianila 河:M + 2* 年、m 年;

Sambirano 河:m + 2 年、M 年、M + 2* 年;

Betsiboka 河:M − 1 年、M + 2* 年、M + 4* 年、m + 1 年;

Mangoky 河:m 年、M − 1 年、M + 2* 年;

Mandrare 河:M + 3* 年、M + 2 年、m − 1 年。

集中出现大洪水的位相为谷期 m − 1 年、m 年、m + 1 年三年 12 次,如再加上 m + 2 年,共 17 次。

其次为 M + 2 年、M + 3 年、M + 4 年三年下降段 12 次,如再加上 m − 2 年,共 15 次。

再次为峰期 M − 1 年、M 年、M + 1 年三年 11 次。

三、特大洪水出现时位相特点

超过 15 000 m³/s 的特大洪水,欧洲仅 1 条河流,非洲有 7 条河流,相应位相为:

Dunarea 河:M + 2 年、m − 1 年、M + 4 年、M + 3 年;

Oued Guir 河:m − 1 年;

Oubangui 河：M − 1 年;

Niger 河:M + 1[*] 年、m + 2 年、m + 2 年、m + 1 年;

Zambeze 河:M + 1[*] 年;

Betsiboka 河:M − 1 年、M + 2[*] 年;

Mangoky 河:m 年、M − 1 年、M + 2 年;

Mandrare 河:M + 3[*] 年。

集中出现首为峰后下降段,三年共 6 次。次为谷期,四年共 6 次。再次为峰期,三年共 5 次(其中 M 年为 0)。

Mangoky 河洪水最大,两次超过 37 000 m³/s。

四、北南两半球特大洪水出现位相差异

自北向南,欧洲和非洲的特大洪水显示一定的位相转移,认识其规律性对防灾减灾有重要意义,也可以从而探索长期预测方法。

Dunarea 河:特大洪水主要在峰后下降段出现,少数在谷期出现。此河贯穿中欧、东欧。

Oued Guir 河、Oubangui 河、Niger 河:从北非、西非到中非,特大洪水转为谷期、峰期和下降段最后一年出现。

Zambeze 河:南非这条大河特大洪水在峰期出现。

Betsiboka 河、Mangoky 河、Mandrare 河:都在东南部非洲外海的马达加斯加岛上,特大洪水也主要在峰期出现,其次才在邻近峰期的下降段出现。个别则在谷年出现。

Nile 河:非洲的大河,有记录的洪水未超过 15 000 m³/s(1878 年 9 月 25 日为 13 200 m³/s,居首位)。但 12 000 m³/s 大洪水已有 5 次记录。其中,2 次出现在谷年,2 次在下降段,1 次在峰期。

五、结论

欧洲河流大洪水多在峰年和峰后下降段出现,非洲河流大洪水多在谷期和下降段出现,其他位相也有少量出现。

超过 15 000 m³/s 的特大洪水主要在下降段和谷期出现,在峰期也有一定数量出现。中欧、东欧偏重于下降段,北非、西非、中非偏重于谷期、峰期,南非和外岛均偏重于峰期。

第六节　太阳活动和北美大洪水[*]

北美洲四周濒临太平洋、大西洋、北冰洋和墨西哥湾,河流众多,有不少河流洪水流量超过 10 000 m³/s。其中,最大的密西西比河下游 1927 年在 Arkansas City 曾有 70 000 m³/s 的记录。现选择加拿大、美国和墨西哥(中美洲未单独分析,因此列入北美)。三国

---

　　* 本节引用洪水记录取自 J. A. Rodier & M. Roche, World Catalogue of Maximum Observed Floods, IAHS Publication No. 143, IAHS Press, UK, 1984。

主要河流共 38 条 45 个测站,对 1844～1983 年间实测 128 次前三位大洪水,进行洪水出现年份和太阳黑子活动关系的普查分析。结果发现其间确实存在密切关系。密西西比河和密苏里河 1993 年发生特大洪水后,又单独研究另成文。

一、北美洲主要河流大洪水

本节分析的主要河流为:

加拿大:Fraser 河、Mackenzie 河、Peace 河、Saint-Laurent 河、Caniapisau 河共 5 条。其中,Mackenzie 河 1975 年出现的 30 300 m^3/s 洪水最大。其余各河最大洪水约为 15 000 m^3/s。

美国:Yukon 河、Columbia 河、Skagit 河、Clark Fork 河、Willamette 河、Eel 河、Sacramento 河、Kansas 河、Mid Fork 河、Colorado 河、Neosho 河、White 河、Canadian 河、Arkansas 河、Santa Ana 河、Red 河、Little 河、Pedernales 河、West Nueces 河、Pecos 河、Devils 河、Rio Grande 河、Nueces 河、Missouri 河和 Mississippi 河共 25 条。其中,Mississippi 河 1927 年出现的 70 000 m^3/s 洪水,Columbia 河 1894 年出现的 35 100 m^3/s 洪水,Rio Grande 河 1954 年出现的 32 300 m^3/s 的洪水最大。Yukon 河、Pecos 河、Missouri 河和 Eel 河也出现过 20 000 m^3/s 以上的洪水。其余各站最大洪水多为 15 000 m^3/s 上下。也有几条河流洪水流量小于 10 000 m^3/s,因为位置重要一并选入。

墨西哥:Balsas 河、Coahuanaya 河、Cihuatlan 河、Acaponeta 河、Baluarte 河、Humaya 河、Fuerte 河、Yaqui 河共 8 条。其中,Balsas 河 1967 年出现的 25 200 m^3/s 洪水最大。其余各河最大洪水约为 15 000 m^3/s。

北美洲这些河流和亚洲、南美洲相比,除少数几条外,大部分洪水并不大。

二、太阳活动位相和洪水的关系

统计分析 128 次大洪水记录,太阳黑子活动 11 年周期的不同位相,出现洪水次数如下,详见表 7-18。

表 7-18　太阳活动和北美大洪水

编号	河流	测站	出现日期 (年-月-日)	洪峰流量 (m^3/s)	太阳活动	
					位相	R
1	Fraser	Hole	1948-05-31	15 200	M+1	136.2
2			1972-06-16	13 000	M+4*	68.9
3	Mackenzie	Norman Wells	1975-05-24	30 300	m-1	15.5
4			1977-05-17	28 300	m+1	27.4
5	Peace	Tayler	1948-05-30	11 500	M+1	136.2
6			1964-06-13	10 000	m	10.2
7			1954-05-28	9 430	m	4.4
8	Saint-Laurent	La Salle	1943-05-13	14 870	m-1	16.3
9			1976-04-02	14 600	m	12.6

编号	河流	测站	出现日期 (年-月-日)	洪峰流量 (m³/s)	太阳活动	
					位相	R
10			1951-04-17	14 570	M + 4*	69.4
11	Caniapisau	Pris embouchure	1979-05-24	13 500	M	155.4
12			1975-07-09	10 400	m − 1	15.5
13	Yukon	Rampart	1964-06-15	26 900	m	10.2
14			1962-06-07	21 700	m − 2	37.5
15	Columbia	International Boundary	1894-06	19 300	M + 1	78.0
16			1948-06-12	15 600	M + 1	136.2
17			1961-06-10	14 000	M + 4*	53.9
18	Skagit	Concrete	1851	14 200	M + 3	64.5
19			1856	9 910	m	4.3
20			1897-11-19	7 790	M + 4*	26.2
21	Clark Fork	Cabinet Gorge	1894-06	5 520	M + 1	78.0
22			1972-06-10	5 380	M + 4*	68.9
23			1948-05-31	4 330	M + 1	136.2
24	Clumbia	The Dalles	1894-06-06	35 100	M + 1	78.0
25			1948-05-31	28 600	M + 1	136.2
26			1876	27 100	m − 2	11.3
27			1862	26 800	M + 2	59.1
28	Willamette	Salem	1861-12-04	14 200	M + 1	77.2
29			1890-02-05	12 700	m + 1	7.1
30			1881-01-16	12 100	M − 2	54.3
31			1923-01-08	9 860	m	5.8
32	Eel	Scotia	1964-12-23	21 300	m	10.2
33			1955-12-22	15 300	m + 1	38.0
34			1974-01-16	11 000	m − 2	34.5
35	Sacramento	Red Bluff	1940-02-28	8 240	M + 3*	67.8
36			1937-12-11	7 420	M	114.4
37			1909-02-03	7 140	M + 4*	43.9
38	Kansas	Topeka	1951-07-13	13 300	M + 4*	69.4
39			1903-05-30	8 500	m + 2	24.4
40			1908-06-09	5 670	M + 3*	48.5

编号	河流	测站	出现日期 (年-月-日)	洪峰流量 (m³/s)	太阳活动	
					位相	R
41	Mid Fork	Forest Hill	1964-12-23	8 780	m	10.2
42			1963-02-01	3 200	m − 1	27.9
43			1980-01-13	1 870	M + 1*	154.6
44	Colorado	Ciseo	1884-07-04	3 540	M + 1*	63.5
45			1917-06-19	2 180	M	103.9
46			1914-06-03	1 870	m + 1	9.6
47	Neosho	Strawn	1951-07-11	11 300	M + 4*	69.4
48			1948-07-21	2 810	M + 1*	136.2
49			1904-07-07	2 550	M − 1	42.0
50	Colorado	Lees Ferry	1884-07-07	8 500	M + 1*	63.5
51			1921-06-18	6 230	m − 2	26.1
52			1927-07-01	3 600	M − 1	69.0
53			1957-06-12	3 570	M	189.9
54	White	Batesville	1916-02-01	10 800	M − 1	57.1
55			1915-08-22	10 600	m + 2	47.4
56	Canadian	Logan	1904-09-30	7 870	M − 1	42.0
57			1941-09-22	6 200	M + 4*	47.5
58			1914-05-01	5 860	m + 1	9.6
59	Arkansas	Little Rock	1943-05-27	15 200	m − 1	16.3
60			1938-02-21	13 300	M + 1*	109.6
61			1945-04-21	13 200	m + 1	33.2
62	Santa Ana	Arlington	1862-01-22	9 060	M + 2	59.1
63			1938-03-02	2 830	M + 1*	109.6
64			1969-01-25	1 160	M + 1*	105.5
65	Red	Arthar City	1908-05-28	11 300	M + 3*	48.5
66			1938-02-19	6 290	M + 1*	109.6
67			1942-04-26	5 640	m − 2	30.6
68	Little	Cameron	1921-09-10	18 300	m − 2	26.1
69			1929-05-29	3 910	M + 1	65.0
70			1957-04-25	3 290	M	189.9
71	Pedernales	Johnson City	1952-09-11	12 500	m − 2	31.4

编号	河流	测站	出现日期 （年-月-日）	洪峰流量 （m³/s）	太阳活动	
					位相	R
72			1959-10-04	4 020	M + 2*	159.0
73			1978-08-03	3 600	M − 1	92.5
74	Colorado	Austin	1869-07-07	15 600	M − 1	73.9
75			1935-06-15	13 600	m + 2	36.1
76			1938-07-25	7 820	M + 1	109.6
77	West Nueces	Bracketville	1935-06-14	15 600	m + 2	36.1
78			1964-09-02	6 970	m	10.2
79			1955-09-24	4 250	m + 1	38.0
80	Pecos	Comstock	1954-06-28	26 800	m	4.4
81			1932-09-01	3 280	m − 1	11.1
82			1949-07-26	2 780	M + 2*	135.1
83	Devils	Del Rio	1932-09-01	16 900	m − 1	11.1
84			1954-06-28	16 600	m	4.4
85			1948-06-24	13 500	M + 1	136.2
86	Rio Grande	Del Rio	1954-06-28	32 300	m	4.4
87			1932-09-01	17 100	m − 1	11.1
88			1948-06-24	13 500	M + 1	136.2
89	Nueces	Uralde	1935-06-14	17 400	m + 2	36.1
90			1932-09-01	5 860	m − 1	11.1
91			1955-09-24	5 350	m + 1	38.0
92			1964-09-02	5 320	m	10.2
93	Missouri	Bismarck	1952-04-06	14 200	m − 2	31.4
94			1943-04-03	7 990	m − 1	16.3
95			1947-03-29	7 420	M	151.6
96	Mississippi	Keokuk	1851-06-06	10 200	M + 3	64.5
97			1973-04-24	9 740	m − 3	38.1
98			1965-05-01	9 260	m + 1	15.1
99			1888-05-18	8 890	m − 1*	6.8
100	Missouri	Herman	1844-06	25 300	m + 1	15.0
101			1903-06-06	19 100	m + 2	24.4
102			1951-06-03	17 500	M + 4*	69.4

编号	河流	测站	出现日期 （年-月-日）	洪峰流量 （m^3/s）	太阳活动 位相	太阳活动 R
103	Mississippi	St. Louis	1844-06-27	36 800	m + 1	15.0
104			1903-06-10	28 900	m + 2	24.4
105			1892-05-19	26 200	M − 1	73.0
106			1927-04-26	25 200	M − 1	69.0
107	Mississippi	Arkansas City	1927-05	70 000	M − 1	69.0
108			1937-02-16	61 200	M	114.4
109			1912-04-16	56 800	m − 1	3.6
110			1945-04-09	54 400	m + 1	33.2
111	Balsas	Presa el Infiermillo	1967-09-27	25 200	M − 1	93.8
112	Coahuanaya	Callejones	1959-10-27	17 000	M + 2 *	159.0
113			1968-09-13	3 550	M	105.9
114			1964-10-04	3 016	m	10.2
115	Cihuatlan	Paso del Mojo	1959-10-27	13 500	M + 2 *	159.0
116	Acaponeta	Acapneta	1968-09-13	16 000	M	105.9
117			1972-11-24	7 050	M + 4 *	68.9
118			1965-09-27	6 150	m + 1	15.1
119	Baluarte	Baluarte 11	1968-09-13	14 140	M	105.9
120			1972-11-23	10 300	m + 1	15.1
121			1948-09-10	9 000	M + 1 *	136.2
122	Humaya	Presa A. Lopez Mateos	1973-02-22	12 680	m − 3	38.1
123	Fuerte	Huites	1960-01-12	15 000	M + 3 *	112.3
124			1943-12-09	14 375	m − 1	16.3
125			1949-01-15	10 000	M + 2 *	135.1
126			1973-02-22	7 960	m − 3	38.1
127	Fuerte	San Blas	1943-12-10	12 675	m − 1	16.3
128	Yaqui	Los Limones	1914-12	11 330	m + 1	9.6

谷期:包括极小年 m 年及其前后各一年 m − 1 年和 m + 1 年:各出现洪水 14 次、14次、15 次,共 43 次。

峰期:包括极大年 M 年及其前后各一年 M − 1 年和 M + 1 年,各出现 10 次、10 次、22次,共 42 次。

6 年出现 85 次,合计占 66.4%,平均每年 14.17 次。

11 年周期另外 5 年合计出现洪水 43 次,占 33.6%,平均每年 8.6 次。集中出现的谷峰期平均出现次数为其 1.65 倍(区别位相时由于从 M 年算起和从 m 年算起不同,实际上 M+4 年和 m-3 年,M-2 年和 m+2 年有时是同一年份)。进一步分析各年的太阳活动实际情况,峰年常常不是一年,整个峰期可以持续两三年时间。例如:$R_{1975} = 189.9$,$R_{1958} = 184.8$,$R_{1968} = 105.9$,$R_{1969} = 105.5$,$R_{1970} = 104.5$,$R_{1979} = 155.4$,$R_{1980} = 154.6$。这些峰期两三年黑子活动相差很小。甚至以年平均 Wolf 相对数 R 划分峰年,活动最强的时候却出现在峰后一两年,这当然不够合理。例如,1968 年活动最强的为 5 月,其月平均 R 为 127.2。而 1969 年 3 月平均 R 为 135.8,1970 年 2 月、5 月平均 R 为 127.8、127.5,都大于峰年最强月。表 7-18 中的"*"号指这一周峰期持续时间长,这时 M+2 年、M-3 年和 M+4 年从位相物理上看,实际上相似于 M+1 年或者 M 年。如果认同这一点,则峰期出现洪水次数将增加 21 次,即成为 63 次。峰谷两期总计出现洪水 106 次,占 128 次的 83%。其中最集中的为 M+1 年,共计出现洪水 43 次,一年即占全周期 11 年的 1/3。可以说这正是北美预防大洪水的重点年份。应该指出,$R_{1989} = 157.6$,$R_{1990} = 142.6$,$R_{1991} = 145.7$,1993 年按常规看应为 M+4* 年。但实际上前面三年黑子活动并未明显衰减,1993 年应看做 M+2 年或者 M+1 年。正是这一年,密西西比河发生了特大洪水。

三、特大洪水位相特点

在 128 次洪水记录中,大于 50 000 m³/s 的 4 次,出现在太阳黑子活动位相 M-1 年、M 年、m-1 年、m+1 年四年,即都出现在谷峰期。其余 21 300 m³/s 共 19 次,出现的位相分别为 m-1 年 2 次,m 年 3 次,m+1 年 4 次,共 9 次,占 47.4%。M-1 年 4 次,M 年 1 次,M+1 年 2 次,共 7 次,占 36.8%。谷峰两期共 16 次,合占 84.2%。比原来大小洪水混合计算求得的 66.4% 更为集中,占的比重更大。因此,"谷峰大水"原来针对中国河流洪水日地水文关系所认识的规律,在北美同样适用。尤其是特大洪水更为符合。上一节曾经指出一些峰期高峰年份连续两三年,M+3 年、M+4 年也多次出现大洪水。但进一步研究得知,特大洪水和第二位大洪水仍主要在峰年和前后一年出现。在 M+2 年、M+3 年、M+4 年并未出现。所以,1993 年密西西比河和密苏里河特大洪水和大洪水的出现较为罕见。

四、西部河流大洪水出现位相

分析 Yukon 河、Mackenzie 河、Columbia 河、Eel 河、Pecos 河、Rio Grande 河和 Balsas 河首位大洪水出现的太阳活动位相,分别为:

Yukon 河:m 年;

Mackenzie 河:m-1 年;

Columbia 河:M+1 年;

Eel 河:m 年;

Pecos 河:m 年;

Rio Grande 河:m 年;

Balsas 河:M-1 年。

出现在 m 年 4 次,占 57.1%,超过一半。加上出现在 m-1 年的 1 次,占 71.4%。另外,两次出现在 M+1 年和 M−1 年,即西部主要河流大洪水以出现在谷期为主,峰期为次。在谷年出现者超过一年。

五、中部河流大洪水出现位相

除 Mississippi 河、Missouri 河另文详细分析外,选择 Kansas 河、Neosho 河、White 河、Arkansas 河、Red 河、Little 河、Pedernales 河、Colorado 河(Austin 测站,30.15N,97.32W)、Nueces 河首位大洪水,分析出现时的太阳活动位相,分别为:

Kansas 河:M+4* 年;

Neosho 河:M+4* 年;

White 河:M−1 年;

Arkansas 河:m−1 年;

Red 河:M+3* 年;

Little 河:m−2 年;

Pedernales 河:m−2 年;

Colorado 河:M−1 年;

Nueces 河:m+2 年。

合计 m−1 年 1 次,m−2 年 2 次,m+2 年 1 次,谷期出现 4 次,占 44.4%,不到一半。M+4 年 2 次,M+3 年 1 次,M−1 年 2 次,峰期出现 5 次,占 55.6%,稍超过一半。虽然 M+3、M+4 这 3 次都属于峰期较长接连两三年,仍可算做峰期。但毕竟距峰年较远。所以,中部河流大洪水出现的位相可以认为峰谷各半,不像西部河流那样集中于谷期,谷峰差异较大。

六、东部河流大洪水出现位相

阿帕拉契山脉(Appalachian Mountains)以东美国没有大河,因此仅选择 Saint-Laurent 河 3 次大洪水进行初步分析。此河 La Salle 站 3 次大洪水相差极小,分别出现在 m−1 年、m 年和 M+4* 年,即谷期出现较多,峰期次之,这是加拿大东部的主要河流,今后应对美加东部许多小河再加以研究。

七、结论

北美洲加拿大、美国以及墨西哥三国主要河流,近 150 年来的大洪水,大部分出现在太阳黑子活动 11 年周期的谷期和峰期。由于有些峰期长达两三年,峰后出现洪水仍类似峰期。所以,除 m 年、m−1 年、m+1 年和 M 年、M−1 年、M+1 年外,某些 M+2 年、M+3 年、M+4 年也有出现较大洪水的可能。但大于 20 000 m³/s 的特大洪水则主要集中在谷期和峰期的六年内。只有个别情况才在峰后出现。经对西部、中部、东部河流分区研究,发现西部河流大洪水多出现在谷期,特别集中在谷年。中部河流大洪水则谷期峰期出现者各约占一半。东部河流以中小河流为主,由此可知,太阳活动谷期实为北美主要河流防洪的重点时段。当然,峰期防洪也不可忽视。此次仅分析了加拿大圣劳伦斯河,居前三位相差不多的大洪水两次在谷期,一次在峰后。

第七节　太阳活动和南美大洪水[*]

南美洲东西濒临大西洋和太平洋,北临加勒比海。自10°N左右至55°S,东部地形广阔,发育了许多大河。西部多山,地形狭窄,只有一些小河。最大的亚马孙河,河长6 570 km,流域面积6 150 000 km²,最大洪峰流量370 000 m³/s,为全世界第一大河。现将包括中美洲瓜地马拉(Guatemala)在内,一共选择18条河流27个测站,对1905～1983年间实测63次前三位大洪水,进行洪水出现年份和太阳黑子活动关系的普查分析。结果发现其间确实存在密切关系。本节引用洪水规律均自 J. A. Rodier 和 M. Roche,World Catalogue of Maximum observed Floods,IAHS. Press,UK,1984。

一、南美洲主要河流大洪水

本节分析的主要河流为:

瓜地马拉:Usumacinta 河。

哥伦比亚:Magdalena 河。

巴西:Xingu 河,Tocantins 河,Araguaia 河,Sao Francisco 河,Rio Parana 河,Iguacu 河,Uruguai 河,Jacui 河,Antas 河,Taquan 河,Amazonas 河。

玻利维亚:Rio Grande 河,Rio Beni 河。

阿根廷:Iguazu 河,Parana 河,Uruguay 河。

一共18条河流。

南美河流洪水有的很大,如亚马孙河。最大的一次记录是1953年6月370 000 m³/s。由于测验设施和精度限制,估计可能偏大。但一定大于1963年的250 000 m³/s。

其他河流大洪水记录有:Xingu 河,Tocantins 河,Rio Parana 河,Uruguai 河,Parana 河,Uruguai 河(Rio Parana 河和 Parana 河,Uruguai 河和 Uruguay 河为上下游不同河段)都有超过30 000 m³/s 的特大洪水,Parana 河 Posadas 站1905年曾发生45 000 m³/s 的特大洪水。

二、太阳活动位相和洪水的关系

统计分析63次大洪水记录,太阳黑子活动11年周期的不同位相,出现洪水次数如下,详见表7-19。

表7-19　太阳活动和南美大洪水

编号	河流	测站	出现日期 (年-月-日)	洪峰流量 (m³/s)	太阳活动	
					位相	R
1	Usumacinta	El Tigre	1972-08-03	7 325	M + 4[*]	68.9
2			1973	6 755	m − 3	38.1

---

* 本节引用洪水规律均自 J. A. Rodier 和 M. Roche,World Catalogue of Maximum observed Floods,IAHS. Press,UK,1984。

编号	河流	测站	出现日期（年-月-日）	洪峰流量（m³/s）	太阳活动 位相	太阳活动 R
3	Usumacinta	Boca del Cerro	1967-10-23	6 600	M − 1	93.8
4			1969	6 150	M + 1*	105.5
5			1972	6 100	M + 4*	68.9
6	Magdalana	Calamar	1975-11-20	14 700	m − 1	15.5
7			1974-11-28	14 400	m − 2	34.5
8	Xingu	Altamira	1974-04-07	32 670	m − 2	34.5
9	Tocantins	Porto Nacional	1977-02-06	16 300	m + 1	27.4
10			1964-02	15 450	m	10.2
11			1968-03	14 980	M	105.9
12	Tocantins	Itupiranga	1974-04-02	38 780	m − 2	34.5
13	Araguaia	Conceicao do Araguaiu	1957-04-21	18 600	M	189.9
14			1974-04	16 700	m − 2	34.5
15			1977-03	16 670	m + 1	27.4
16	Sao Francisco	Manga	1949-02-13	11 260	M + 2*	135.1
17			1946-01	10 810	M − 1	92.6
18	Sao Francisco	Traipu	1960-04-01	15 890	M + 3*	112.3
19			1949-03	15 860	M + 2*	135.1
20	Rio Parana	Guaira	1983-07-15	40 260	M + 4*	66.6
21			1929-03-03	32 920	M + 1	65.0
22			1905	32 900	M	63.5
23			1931-02	30 960	m − 2	21.2
24	Iguacu	Estreito(6) do Iguacu	1983-07-10	20 200	M + 4*	66.6
25	Uruguai	Ita	1983-07-08	23 200	M + 4*	66.6
26			1965-08-19	20 650	m + 1	15.1
27			1977-08	13 330	m + 1	27.4
28	Uruguai	Irai	1983-07-08	32 800	M + 4*	66.6
29			1965-08-10	30 790	m + 1	15.1
30	Jacui	Cachoeira	1936-10-09	13 000	M − 1	79.7
31			1941-05-06	9 960	m − 3	47.5
32			1942-05	5 290	m − 2	30.5

编号	河流	测站	出现日期 （年-月-日）	洪峰流量 （m³/s）	太阳活动	
					位相	R
33	Antas	Ponto do Rio das Antas	1983-07-06	11 000	M + 4*	66.6
34			1977-08-17	8 920	m + 1	27.4
35	Taquan	Mucum	1941-05-05	12 500	m − 3	47.5
36			1965-08-19	11 500	m + 1	15.1
37			1946-01-26	10 300	M − 1	92.6
38			1983-07-06	10 170	M + 4*	66.6
39	Amazonas	Obidos	1953-06	370 000	m − 1	13.8
40			1963-06	250 000	m − 1	27.9
41			1976-06-19	239 600	m	12.6
42	Rio Grande	Abapo	1949	11 360	M + 2*	135.1
43			1968	9 240	M	105.9
44			1950	9 080	M + 3*	83.9
45	Rio Beni	Angosto Del Bala	1978-02-05	23 370	m	3.4
46			1972-01-22	17 500	M + 4*	68.9
47	Iguazu	Kim 310 Tipo	1936-06-10	24 750	M − 1	79.7
48			1928-10-20	20 540	M	77.8
49			1927-11-10	10 850	M − 1	69.0
50	Parana	Posadas	1905-05-25	45 000	M	63.5
51			1936-06-12	34 500	M − 1	79.7
52	Parana	Corrienteo	1905-06-05	43 070	M	63.5
53			1966-03-01	39 100	m + 2	47.0
54	Parana	Parana	1905-06-15	29 900	M	63.5
55			1966-03-17	27 870	m + 2	47.0
56	Parana	Rosario	1905-06-21	27 490	M	63.5
57			1966-04-01	26 780	m + 2	47.0
58	Uruguay	Santo Tome	1972-09-01	23 040	M + 4*	68.9
59			1923-06-24	22 800	m	5.8
60	Uruguay	Concordia	1959-04-16	36 600	M + 2*	159.0
61			1941-05-13	29 900	m − 3	47.5
62	Uruguay	Paso Hervidero	1959-04-15	39 300	M + 2*	159.0
63			1941-05-13	30 500	m − 3	47.5

谷期:m 年 4 次,m − 1 年 3 次,m + 1 年 6 次,共计 13 次。

峰期:M 年 9 次,M − 1 年 7 次,M + 1 年 2 次,共计 18 次。

下降段:M + 4* 年 10 次,m − 3 年 5 次,m − 2 年 6 次,共计 21 次。

这三段共出现 52 次。其中,M + 4* 年 10 次,M 年 9 次,M − 1 年 7 次,m + 1 年 6 次,m − 2 年 6 次,5 个比较集中年份共出现 38 次。M + 4* 年 10 次都是峰期长的周期。M 年、M − 1 年和 M + 4* 年三年 26 次,显然以峰期和峰后出现频次最高。

三、特大洪水位相特点

30 000 m³/s 以上几次特大洪水出现的位相特点为:

Amazonas 河:m − 1 年,m − 1 年,m 年。

Xingu 河:m − 2 年。

Tocantins 河:m − 2 年。

Rio Parana 河:M + 4* 年,M + 1 年,M 年,m − 2 年。

Uruguai 河:M + 4* 年,m + 1 年。

Parana 河:M 年,M − 1 年,M 年,m + 2 年。

Uruguay 河:M + 2 年,m − 3 年。

这 17 次特大洪水出现在峰期的 5 次,出现在峰后的 4 次,出现在谷期 4 次。另外 4 次出现在 m − 2 年和 m + 2 年距谷峰期较近。

Amazonas 河的特大洪水集中在谷期出现,主要在谷年前一年,其次为谷年。

Parana 河的特大洪水集中在峰期出现,主要在峰年,其次为峰前或峰后一年。

Uruguay 河的特大洪水集中在下降段出现,其次为谷后一年。

这三条河各有自己的特点。

四、南美最东部大洪水出现的位相

Sao Francisco 河、Tocantins 河、Araguaia 河和 Xingu 河位居南美洲的最东部,前一条独自流入大西洋,后三条是亚马孙河下游南侧入汇的支流。这四条河 12 次大洪水出现的位相如下:

Sao Francisco 河:M + 3* 年,M + 2* 年,M + 2* 年,M − 1 年。

Tocantins 河:m − 2 年,m + 1 年,m 年,M 年。

Araguaia 河:M 年,m − 2 年,m + 1 年。

Xingu 河:m − 2 年。

谷期:m 年 1 次,m + 1 年 2 次,共 3 次,如包括 m − 2 年 3 次,则共 6 次。

峰期:M 年 2 次,M − 1 年 1 次,共 3 次,如包括 M + 2* 年 2 次,M + 3* 年 1 次,则共 6 次。

四条河由东向西,大洪水出现位相有后峰期向谷期过渡趋势。

五、结论

南美洲河流大洪水在谷期、峰期和峰后下降段较多出现,以峰后和峰期出现最多。特大洪水北部的亚马孙河集中在谷峰期出现。中南部的巴拉那河主要在峰期出现。东南部的乌拉圭河则集中在下降段出现。最东部的河流大洪水出现的位相,由东向西有从峰期向谷期过渡趋势。由于亚马孙河流域广阔,支流众多,而且洪水流量很大。而南美洲最北部的奥利诺科河(Orinoco)和最南部的一些河流洪水,此次亦尚未及时收集和分析,所以应尽早补充,继续研究。

第八节　太阳活动和大洋洲大洪水

位于南太平洋的大洋洲,澳大利亚、新西兰、新卡里多尼亚等地一些河流大洪水超过10 000 m³/s。这些河流虽然不大,但降雨强度大,仍能产生较大洪水。本节选择澳大利亚8条河流、新西兰2条河流、新卡里多尼亚1条河流共计11条河流12个测站31次大洪水,对1867～1981年历次大洪水进行研究,结果发现它们之间确定存在密切关系。

一、大洋洲主要河流大洪水出现时的位相

澳大利亚选用河流为 Burdekin 河、Fitzroy 河、Clarence 河、Mcleay 河、Hunter 河、Nepean 河、Ord 河和 Victoria 河,新西兰选用河流为 Wairoa 河和 Buller 河,新卡里多尼亚选用河流为 Ouaieme 河。各河前三位大洪水出现年份的太阳活动位相如下:

Burdekin 河:M+1 年、m-2 年。

Fitzroy 河:M+1 年、m 年、m-3 年、M-1 年、M+2*年(m-3 年即 M+4 年)。

Clarence 河:m 年、M-1 年、M+3*年。

Mcleay 河:M+2*年、m-1 年、M-1 年。

Hunter 河:m+1 年、M+3*年、m 年。

Nepean 河:m 年、m-1 年、m+2 年、M+4*年。

Ord 河:M-1 年、M+2*年。

Victoria 河:m-2 年、M-1 年、M 年。

Wairoa 河:M+1 年。

Buller 河:M-2 年、M+3*年。

Ouaieme 河:M+2*年、M+1*年、M+4*年。

上述大洪水出现在峰期10次,在下降段10次,在谷期7次,另有2次在 m-2 年出现,2次在 m+2 年出现。出现大洪水最多的年份为:M-1 年(5次)、m 年(4次)、M+1 年(4次)、M+2 年(4次)。相对集中出现的时段则为峰期和峰后下降段,其次为谷期。

二、特大洪水出现时位相特点

Burdekin 河、Fitzroy 河和 Ord 河都出现过大于 30 000 m³/s 的特大洪水,还有一些河流洪水大于 20 000 m³/s。现将其相应位相列出如下:

Burdekin 河:36 000 m³/s,M+1 年;

　　　　　　26 620 m³/s,m-2 年。

Fitzroy 河:　32 620 m³/s,M+1 年。

22 960 m^3/s,m 年。

Nepean 河：21 000 m^3/s,m 年。

Ord 河：　30 800 m^3/s,M-1 年。

　　　　　30 000 m^3/s,M+2* 年。

Victoria 河：20 000 m^3/s,m-2 年。

8 次特大洪水出现在 m 年、M+1 年、m-2 年的各 2 次,出现在 M-1 年、M+2 年的各 1 次。总的来看,峰期和峰后下降段共出现 6 次最多,谷期 2 次较少。

三、结论

大洋洲主要河流大洪水相对集中在峰期和峰后出现,谷期也有相当次数出现。最大年份为 M-1 年、m 年、M+1 年和 m+2 年。

特大洪水在峰期和峰后出现集中程度更高,谷期出现更少。

此次分析未及时收集 Darling 河、Lachlan 河和 Murray 河大洪水资料,应继续补充加以分析。

第九节　应用日地水文学理论预测中国五次水旱大灾

1958 年,周恩来总理指示水利电力部举办野外大模型试验,进行三门峡水库淤积及回水发展 40 年预报。水利水电科学研究院(现中国水利水电科学研究院)任命作者为负责人。该项目研究为中苏重大科学技术合作项目之一。除我国钱宁、沙玉清参加指导外,苏联罗辛斯基、哈尔杜林也来我国指导。但当时美、苏、德、日及中国均无长期水文预报方法,设计单位无从提供未来水库水沙条件。由黄河水利委员会(简称黄委)主任王化云、副主任兼黄河水利科学研究所(现黄河水利科学研究院)所长李赋都决定采用罗辛斯基提出的一平($P=50\%$)、一丰($P=10\%$)、一平、一枯($P=90\%$)、一平,5 年一组合循环四次另加两次大洪水(黄河 1 000 年一遇,渭河 200 年一遇)假定水文条件先做 20 年试验。作者认为这不是预报,因此从黄河实测水文变化及历史水旱记录入手,探索影响丰枯变化的太阳活动和北半球大气环流型因子。通过近半世纪的工作从而创立一门新的边缘学科——日地水文学。本节回顾近 30 多年来的五次主要应用实例。

日地水文学认为地球河流水量大小长期变化,在地球气圈、水圈、岩石圈整体行为及太阳活动、行星运动影响下,有一定规律。通过历史文献记录和实测资料的整理分析,在特定的物理背景和机制下,通过研究、预测、验证和总结提高可以逐渐认清。本节针对 20 世纪 70 年代末以来,在改革开放及顺畅学术交流条件下已经取得的五次主要预测成果,以总结科学历史经验。水旱大灾预测既是一场艰难的科学行为,又是一场必须关照亿万人民生存安危的国家行为和社会行为,只有两者紧密结合才可能推进到更高的水平。

一、增强期第一峰及行星会合时长江黄河大洪水预测证实

300 年来每次太阳活动增强期第一个峰年和 500 年间每次太阳系行星会合时期,黄河长江等我国主要河流多发生大洪水,关系国计民生甚大。1978～1979 年文化大革命过

后实行改革开放,此时民生艰难,江河失修。为救民于灾害,作者详细研究了这一关键性预测以便利国家和亿万人民做好预防。1980年初提出预测,1980~1983年获得完全证实,预测被国家防汛抗旱总指挥部(简称国家防总)、黄河防汛抗旱总指挥部(简称黄河防总)、长江防汛抗旱总指挥部(简称长江防总)、国家农业委员会(简称国家农委)重视,研究成果1982年在中国、1990年在美国交流。

1967年7月作者提出黄河北干流即将出现特大洪水预测后,中央气象局、中国科学院等专家在北京会商一致赞成,8月上旬即获证实。从此更坚定了研究日地水文学的信心。此后10年,"文化大革命"闭塞了全国学术交流,本单位也无法继续研究。作者十分无奈。及至1978年无锡第一次召开全国气候变化学术研讨会,邀请作者参加。任振球报告了行星会合时我国气候变冷的研究,引起了作者注意。1978年底至1979年初,张元东又向作者通报了下一个太阳峰年活动预报。而从1981年2月14日及4月1日起金星、地球、火星、木星、土星和太阳即将会合,作者甚为着急,立即在春节后闭门三个月,对三五百年来相同天文背景下中国主要江河水情进行一次详细普查。令人惊讶地发现每一次我国都有大洪水发生。尤其是黄河、长江,而且许多是特大洪水,淮河、海河、珠江、辽河也有大水。

一个特定的天文和地球物理背景,地球上某一地区水情发生异常变化,历史上有接连3次以上证实,没有反证,即说明它具有某种规律性,可以用于预测。当然这种预测要更细致,要定量、完全了解其机制,还要进一步研究。这就要求天文、地球物理、行星物理和气象、水文及历史科学工作者继续努力。这项预测作者向上报告以后受到国家高度重视。国家防总发文向下传达,举办座谈会后,水利部部长特别安排在长江预报会中进行专题讨论,《人民日报》、《河南日报》、《湖北科技报》报道,国家主席李先念、国务院副总理兼国家防总总指挥王任重亲自向有关省打招呼,国家防总办公室主任、水利部副部长李伯宁通过电视台向全国广播。在黄河防汛会议上作者还应邀作了详细报告,并在汛前为《人民黄河》撰文细说端详。事后在国家农委的支持下继续开展研究。

1981年长江上游四川发生特大洪水,7月16日重庆寸滩洪峰流量85 000 m^3/s,7月19日宜昌洪峰流量71 000 m^3/s。黄河9月18日龙羊峡最大入库洪峰流量5 570 m^3/s,兰州洪峰流量5 640 m^3/s,为1904年以来最大洪水。广东阳江、辽宁碧流河、黑龙江松花江也出现较大洪水。

1982年8月2日黄河花园口洪峰流量15 300 m^3/s,北汝河紫罗山洪峰流量7 500 m^3/s,伊河龙门镇洪峰流量6 600 m^3/s,为1959年以来最大洪水。

1983年8月1日汉江安康洪峰流量31 000 m^3/s,10月30日丹江口水库入库最大洪峰流量34 700 m^3/s,长江大通洪峰流量也达71 400 m^3/s。

这三年长江、黄河等大洪水充分证实和预测完全相合。从天文、行星物理大视界出发,用物理成因和历史规律分析相结合的历史物理预测方法,可以为科学预测开辟出一条有中国特色的新路。

此项成果1982年在上海历史地理国际学术讨论会大会上首次公开发表,1990年6月在美国召开太阳活动峰年会议,作者受河南省人民政府资助,偕同中国科学院天文处沈海璋处长和云南天文台张柏荣台长前往参加,又在阿斯潘会议上交流。其间国家农委批准设立日地水文组,加强研究,惜未得实现。

二、太阳活动单周谷年印度洋赤道增暖西南季风强盛长江流域性特大洪水预测预报证实

1988 年,按竺可桢方法预测 1998 年长江可能发生特大洪水。根据 1997 年印度洋赤道异常增暖,和南半球夏季东南部非洲各国多暴雨洪水及北半球秋冬季南亚、西南亚多雨洪水,和 1997 年 11 月后我国青藏高原多雪及江南浙、闽、赣邻区异常暴雨,与湘、鄂西部多雨及长江中游出现异常高水位,认为西南季风特别强盛,将形成长江流域性特大洪水。先将预测上报国家,后又发明定量计算方法,求得最大洪峰流量将达 80 000 m^3/s,再将预报上报。到 1998 年 7 ~ 8 月获完全证实。这一预测预报获国家防总办公室的肯定和表扬,并获两岸及亚洲太平洋国际学术会议赞同。

1988 年作者接受《科学报》记者杨永田专访,认为按竺可桢 1931 年发现的长江、淮河特大洪水有太阳活动 22 年周期关系,以前 1887 年、1909 年两年已有先例,以后 1954 年、1975 ~ 1977 年又有证实。因此,1998 年单周谷年很可能再发生特大洪水,此一预测当即在《科学报》发表。

1997 年作者在台湾大学讲学归来前后,承蒙许晃雄教授及海洋单位与新闻单位相助,得知印度洋赤道地区海表水温异常持续增暖,而东南部非洲各国如南非东部各省、莫桑比克、坦桑尼亚、肯尼亚及索马里等国东南部普降大雨暴雨(此时南半球正当夏季)。至南亚、西南亚,印度、巴基斯坦、阿富汗、孟加拉国等国又多雨洪灾。至 1997 年 11 月以后我国入冬,青藏高原异常多暴雪,江南浙、闽、赣邻区冬季出现反常大暴雨。1998 年 1 月,湘、鄂西部又因多雨使长江汉口站出现百年罕见的高水位。因此,一系列海洋、气象、水文先兆显示,一场流域性长江特大洪水势必到来。特此在中国地球物理学会天灾预测专业委员会会前及 4 月预测会上郑重提出预测,上报国家主管气象、水利和防灾部门。接着又进一步研究和发明最大洪峰流量预报方法,确定此次特大洪水在宜昌以下至大通将出现 80 000 m^3/s 洪峰流量并上报(超过三峡工程施工设计洪水)。

1998 年 7 ~ 8 月上述预测预报均获完全证实。实测大通最大洪峰为 82 300 m^3/s。这是中国水文科学史和世界水文科学史上第一次能对这样一条大河流,80 000 m^3/s 级特大洪水,提前这样长时间作出准确定性和定量的成功预报。

1997 年作者开始提出预测后,时任国务院秘书长罗干立即批转水利部和气象局。定性、定量预报上报后,新一届国家领导人江泽民、朱镕基高度注意。这一预测(同时还有赵得秀、黄相宁、陈菊英相近预测)对国家防总部署防汛抗洪工作发挥了重要作用,有的基层因此做好预防,大大减轻灾害损失。

中国地球物理学会在杭州召开年会,中国国家减灾委员会在北京开会,中国科学技术协会在北京召开减轻灾害科学会议,联合国教科文组织在中国南京召开亚洲太平洋地区洪水干旱国际学术会议,均由作者详加汇报。台湾中兴基金会盛情邀请作者再次赴台作专题学术讲演交流,受到国内外专家一致好评。

三、主雨带北移与渭河、淮河大水预报及证实

1998 年、1999 年长江连年特大洪水后,2003 年主雨带北移至秦岭与淮河一带。与中

国气象局预报淮河流域大旱相反,天灾预测专业委员会专家预报渭河、黄河、淮河大水,后即为证实。黄委及黄河防总曾专门邀请天灾预测专业委员会专家到会讲解,受中国地球物理学会委托天灾预测专业委员会专家又曾到西安、宝鸡、天水、蚌埠、南京,对汛情实地了解。开学术组织与行政主管部门密切联系的先河,这是一条新路。

根据1998年、1999年长江连年发生特大洪水的事实,研究1840年以来,长江上游干支流49次先兆大洪水和黄河干支流共38次大洪水的交替关系,异常稳定。而且年代差2~4年居多。从同一水汽来源,纬距相差不到10°,及前期长江大水罕见等因素考虑,判断主雨带即将北移。同时:①2001年昆仑山口西8.1级大地震,2002年北疆至陕北清涧长期地热异常和降水量增大,2003年2月24日新疆伽师—巴楚又发生6.8级强震;②以改进的南京大学五层大气环流混合模式计算日食与地震效应预报淮河流域不但不是主要旱区,而是多雨涝区,汤懋苍、赵得秀的研究成果再得参证。作者预测主雨带将北移至秦岭、淮河一线,《黄皮书》中预报渭河华县站秋季最大洪峰流量5 000 m³/s,2003年6月下旬至7月上旬淮河流域平均降水量487 mm,为常年同期的2.2倍。安徽寿县正阳关及淮南最高水位超过历史最高水位0.25~0.51 m,为仅次于1954年的第二大洪水。河南、安徽遭受洪灾。由于入海水道新建成,江苏得免大患。2003年秋季,渭河一连出现6次洪水,最大一次洪峰华县站5 000 m³/s,果如所报。沿河洪灾,尤以渭南以下、二华地区为重。汛前郭增建、耿庆国、张先恭及作者等曾来黄委及黄河防总,交流预测成果。汛前赵得秀、耿庆国及作者等到国家防办汇报,汛间又到西安及渭南、华阴等地实地了解汛情,作者与侯琴、郭耀华又曾到天水、宝鸡实地了解。汛后作者再到淮河防总及江苏防总调查洪灾情况,这是天灾预测专业委员会成立以来第一次汛前和汛后与行政主管部门联系最紧密的一次。

四、二重衰减期黄河、海河持续枯水预测证实

1956年,苏联学者吉尔斯发现北半球大气环流经向型和纬向型的长期变化和太阳活动相应。1959年,作者发现盛行纬向型环流时如1919~1932年黄河流域雨量减少,河流持续枯水,特别在11年周期衰减下降段又是二级波动衰减下降段时,即二重衰减期时干旱枯水更为显著。同样规律在海河、松花江也存在,显示这一规律在北方河流的普遍适用性。此后再以近500年旱涝历史检验,仍基本正确。1959年、1960年太阳活动明显减弱。1961年在北京召开太阳活动和我国旱涝关系座谈会,作者以《太阳黑子—历史水旱—大河径流与河床演变初步研究摘要》为题,由中国水利水电科学研究院(简称水科院)付印,参加会议并寄各天文台。同时撰写《中国干旱规律》书稿送科学出版社。竺可桢主持会议并对作者工作给予肯定,随后并介绍作者与南京大学天文系程延芳教授相识,着重讨论17世纪崇祯大旱与太阳活动关系问题。

1963年海河发生特大洪水,1964年黄河年径流量达900亿 m³,异常增多。此后,1965年晋陕北部大旱,1972年又大旱,旱区更扩大。1980~1983年南方及三花间发生暴雨洪水的同时,华北又出现旱情。1982年3月中央气象局在郑州召开华北干旱学术会议,作者根据前期变化和20周、21周太阳活动实况,重申1961年在北京会议观点,认为太阳活动22周、23周可能继续衰减,至20世纪末,西北、华北仍可能发生持续干旱。现

在事实证明这一预测完全符合实际。23周二重衰减期延续至2008年仍未结束,2007年1月1日至2009年12月31日间半数以上时间黑子日相对数为0,且所占比重愈来愈大,为历史罕见。显然,辽西、西北、华北2007~2009年持续大旱与此相应,且同期黄河、海河长期枯水也是证明。在太阳活动二级波动衰减期开始阶段旱涝互见,持续衰减和严重衰减后期大旱持续发生。只在个别年份,如1981年、1982年、1996年等年才有较大洪水和涝情出现,但那都另有原因。

五、印尼苏门答腊特大地震西江特大洪水预测证实

当西太平洋副热带高压稳定、高压中心偏南时,强烈西南气流将控制云贵高原,西江流域将为低压及低压槽笼罩。此时,附近大地震增加的大量水汽沿断层向北输送,使孟加拉湾水汽供应更为充沛,势必加大西江流域的暴雨量。作者根据1535年以来红水河及西江10次特大洪水前期川、滇、藏地区及邻国缅甸、印尼均曾有6级以上强烈地震发生及影响的历史事实,预测这次2004年12月26日及2005年3月28日更强的苏门答腊特大地震,其震级分别高达M_w9.3级、8.7级,断层方向正指向中国,因此将影响西江出现类似1915年的特大洪水。至6月梧州果然出现53 900 m^3/s特大洪水,如把水库蓄水量还原计算,可能比1915年洪水还稍大。预测完全被证实,这是中国第一次洪水预报中考虑地震因素,也是震洪灾害链的第一次证实。

50~100年一遇的特大洪水之所以出现,一定有特别丰沛的水汽来源。如何进行科学预测是国内国际科学界的难题。地震学家郭增建提出灾害链创新认识,杜乐天和汪成民从国内外地球物理实测资料证实地球排气现象确实存在。因此,在特定地区出现特大地震,断层方向由北指向中国后即时关注这一事实。从近五百年西江大洪水历史规律基础出发,寻找预测根据,提出预测,静待验证,切实可行。从6级多地震到8级、9级地震释放能量相差甚大,但缺乏排气量及潜热通量变化与降水量关系的系统实测资料条件下,按最接近的1915年特大洪水经验估算。以55 000 m^3/s预测比较合理。因为1912~1914年曾经在邻近地区发生3次7.0~7.7级地震(其中两次发生在中国云南和邻国缅甸,距西江更近)。

作者年届八旬,侯琴早过古稀,不计旅途劳累,万里奔波广西、广东、福建、浙江与上海,历经南宁、北海、柳州、桂林,又到广州、南平等地调查研究收集资料,广西壮族自治区防汛抗旱办公室、珠江水利委员会、南海海洋所及北海站、广东水文局、福建省南平市防汛抗旱办公室等大力支持,平安归来。高建国、强祖基、姚清林、杜乐天、郭增建、徐海亮、王彰贵、陈梅花、康志明、杨冬红等从灾害链、地震、地球排气、潜热通量、雨带异常偏南、热红外、低温等许多方面进一步研究,使这次震洪灾害链认识深入。王彰贵经对2004年12月至2005年12月逐日南海部分地区水汽通量(850 hPa)距平分析,以1984~2003年作背景,从60 d滑动平均变化过程得知,至2005年6月达最高值,正与特大暴雨洪水出现相符。这一新预测方法物理机制研究尚在继续进行。中国首届灾害链学术研讨会召开,并出版了文集。后来新观点新学说学术沙龙也得以召开,并出版文集。我们衷心希望服务于国家和人民的各项灾害科学预测事业得以顺畅进行。

六、结论

(1)综观1954~1966年实际情况、1967~2009年预测和实况验证,可知中国主要江河和流域大水及大旱的发生,确定反映日地水文间客观存在一定的自然规律。通过研究、预测、验证、总结提高,这种规律可以被逐渐认识。恰当应用这一规律,可以大大减轻国家和人民的牺牲与损失。

(2)天文方面首先要考虑的是太阳活动和与地球距离较近的质量较大的行星运动。太阳活动的谷年、峰年、增强期和衰减期,长期变化和短期变化都应区别考虑。金星、地球、火星、木星、土星和太阳的会合应予特别关注。

(3)地球方面至少应注意以下变化:①西太平洋、印度洋中北部及南海海温增减及向大陆和附属岛屿输送水汽的强弱;②北半球经向型和纬向型大气环流的强弱更替;③中国本土及附近国家密集爆发的强烈地震及受其影响一定地区水热平衡的新变化;④强冷空气的入侵路径及寒潮影响。此外,还应注意异常天气在全球范围的分布、移动与强度变化。

(4)大水大旱灾害首先是一个气象学问题,但不仅是气象问题。它牵涉天文、空间、海洋、地震、水热平衡和全球变化及工程,它是一个跨学科、跨地区、跨部门的综合事务。中国幅员广大,北部属于亚非干燥带东翼,东南部面临海洋,夏秋季又多台风,西南邻近全球降水量最多的孟加拉地区,西北至东北又为极地冷气团南侵常经之地,全国又在世界两大地震带交汇区附近,所以自然灾害频发,建议国务院设立行政主管部门及科研机构专责从事为宜。

第八章　大洪水预测及验证

对自然灾害进行预测是千百年来人民的普遍愿望,古往今来许多科学工作者对此进行了研究。大洪水的预测在修建了一些工程的河流上更为突出,因为中小洪水由于工程的控制和调节已不足为害。大洪水的出现常起因于流域中发生大暴雨,由于大暴雨能否预报在国内外气象学界都认识不一致,所以至今大洪水的预测困难重重。理想的做法是先有暴雨预报,然后根据产汇流规律进行洪水预测。因此,要求先报出暴雨起讫时间,雨区分布,暴雨中心,最大中心点雨量,不同量级雨量等值线分布以及不同时间变化,但现在很难办到。

随着人口增加和经济发展,为尽可能减少损失,许多河流特别要求延长大洪水预测的预见期。等暴雨已经发生再做洪水预报,经过发布和组织防御两个过程,洪水已经到临,损失已经造成。在这种情况下,即使准确性及定量要求难以满足需要,事先有预测和没有预测在防洪抗洪和减灾效果上仍然大有区别。这种情况推动了预测科学的进步。大约从20世纪50年代中后期开始,一部分气象和水文科学工作者进行了持续不断的艰苦探索。有的针对暴雨,有的针对洪水。受到一些预测得到证实的鼓舞,预测科学在多种学术途径上取得许多成果,并且继续前进。

从理论上说,凡是掌握基本规律的都可以进行预测。凡是大洪水出现前存在先兆而又被及时察知的都可以使预测提高准确性。凡是在临近大洪水出现前,长期、中期、短期预测可以互相结合、补充、校订和统一,最后临期又可以得到暴雨证实的都更具有可信性和实用价值。偶然现象是有的,但其中常常隐藏着尚待认识的必然规律。不符合已知规律的异常事件更常是探索新的因素和规律的最好时机。预测不可能完全符合实际,错报如果能总结出原因,常常是又前进一步的开始。下面先讨论可预测性,然后就长江和黄河回顾近四十多年来应用日地水文学方法进行大洪水预测的经验,最后再介绍一些珠江、松花江的经验。

第一节　可预测性

地球上气候和水文的变化,归根结底受太阳辐射、大气环流和地理环境因素制约。通常进行大洪水的预测,着重于10~100年一遇的大洪水。预见期一般为半年至一年,即在前一年或当年春季要求作出预测。对于五年以内有可能出现的特大洪水则要求尽可能更早一些作出预测。

地理环境除特殊情况外,在几年至几十年内变化并不显著。尤其是地势地形、山脉河流都是在地质年代内形成,唯一要注意的是地表变化。有的地区在几十年内由于垦殖、开矿、交通和修建水土保持与水利水电工程,同样的降雨产流条件有很大不同。但发生大暴雨大洪水时和中小暴雨洪水时不一样,这时下垫面人为条件影响减小,主要仍是自然因素变化,即主要由雨情决定。

大气环流条件无疑十分重要并且有直接影响,因而进行大洪水预测时必须仔细加以考虑。通常进行天气长期预报,如果是夏秋季的降水,一定要分析前期冬春季的环流变化。前期环流条件常常能够预示夏秋季的演变趋势。但单纯从这一方面进行预测,很难对异常情况作出判断。所以既要注意前期环流的可能影响,又要寻找异常变化的预测方法。

太阳活动能否代表太阳辐射变化,长期以来曾有争议。开始根据在地球表面陆地上观测的太阳常数基本不变,认为太阳活动不能代表太阳辐射,后来根据初步在空间观测的结果又怀疑,太阳活动增强时太阳辐射反而减少难以理解。直到20世纪90年代,当经过两次太阳活动周期的持续观测,不同的观测器一致显示,太阳辐射强弱波动和太阳活动基本一致,这才有了较统一的认识。

太阳活动和大气环流的关系,除第二章中提到的俄罗斯学者的研究外,欧美也还有不少人继续取得成果。Baur F. 在20世纪50年代后期分析过西半球的大气环流和气候,曾指出在太阳活动峰谷年份附近,经向型环流都将加强,而在极值年之间则纬向型环流加强。60年代初,Muller-Annen也有类似的结论。这都说明,大型环流异常变化可以从太阳活动进行预测,而且环流双振动变化可能也源于太阳活动的峰谷波动。

作者认为,在理论上地球上气候和水文的变化视为相应于太阳活动的平均情况是合理的、合乎事实的。因此,当太阳活动出现峰谷波动时,地球上气候和水文状况也有相当调整是必然的。关键的问题是,太阳变化复杂,能量传递到地球影响到各地并不均匀,不同地区、不同时间不一定一致。如何清楚认识其物理过程,并且具体找出其相互关系的变化,则必须进行多方面的研究。但坚实的预测基础仍然是同类情况的历史事实所显示的规律,这无可怀疑。

第二节　长江、淮河大洪水预测

长江和淮河流域1931年出现大暴雨洪水后,竺可桢发现太阳活动单周谷年附近已出现过三次大洪水,因此有22年的周期性规律。这是根据同类情况的历史事实得出的认识。对这种认识是不是反映客观的规律应从两方面进行检验:第一,从以后每次单周谷年江淮是否再出现大暴雨洪水加以检验;第二,从历史上研究已经过去的每次单周谷年,是否也出现过大洪水进行检验。

1931年以后,在太阳活动第19周的谷年1954年,长江和淮河流域果然又出现大暴雨洪水,有关情况第三章中已有介绍。而在这以后,到了第21周谷年1975年,在淮河流域再次出现大暴雨洪水。太阳活动第23周谷年可能是1996～1997年,1996年7月长江中下游和洞庭湖流域已经出现过大暴雨洪水,1997年则尚待观察。从这六十多年来看,以22年周期进行长江、淮河大洪水预测每一次都得到证实。当然长江、淮河仍有一定区别,例如21周谷年附近,1973年长江下游大通先出现70 000 m³/s大洪水。然后是1975年淮河出现特大洪水。再往后,1977年长江中游汉口又出现67 400 m³/s大洪水。

对18世纪初以来的水情,已进一步作了全面检查。结果发现1769年、1733年、1755

年、1776年、1796年、1823年、1844年、1866年长江流域也都曾有大洪水发生。竺可桢原来预测1887年曾有大洪水，经对雨情、水情、灾情有关史料全面比较分析，1889年的暴雨洪水情况更比1887年严重。所以，接着应为1889年、1909年、1931年、1954年、1975年、1997年。以上14次大洪水的平均周期确为22年。由此可知，原来仅有3次同类情况发现的规律，在延伸四倍多更长时期以后，仍然可信。

太阳活动强弱变化的持续性和渐变性，也预示着暴雨洪水的出现不完全是突发事件。人们之所以对一些大暴雨洪水感到突然，原因在于事先缺乏知识不能预见，临期出现先兆又未能察觉。其实以长江大洪水而论，如果放眼观察江淮流域全局，就会发现三百年来每次22年周期性大洪水经常是成组出现的。1708～1716年、1730～1736年、1753～1757年、1773～1781年、1788～1808年、1820～1826年、1839～1850年、1860～1870年、1882～1893年、1906～1912年、1926～1935年、1952～1956年、1973～1977年、1995～2000年，在每一组期间，都有多次大洪水发生。

更仔细研究这些成组出现洪水的太阳活动背景，即可发现单周谷年前后两次峰年间常为该组洪水的主要出现时段。这又一次证明"谷峰大水"的规律。以1866年的一次22年周期性洪水为例，它本来出现在太阳活动第11周谷年前一年。在其前后，1860年、1867年、1868年、1869年、1870年都有大洪水出现。尤其是1860年和1870年在宜昌至枝城河段都出现100 000 m³/s的特大洪水，它们正当太阳活动第10周、第11周两次峰年。这种典型情况对认识长江大洪水规律关系重大。

首先应该承认22年周期性大洪水确实存在，有它的日地水文规律。进一步应了解这种周期性大洪水只是它附近一组洪水的代表，其前后也还会有几次大洪水出现。而在某种条件下，在单周谷年前后的两次峰年还会出现比22年周期性大洪水更大的洪水。作者在20世纪80年代初研究长江、淮河、黄河、海河四大江河大洪水出现的异常太阳活动背景时发现，三百年来6次太阳活动增强期的第一个峰年出现时，常常伴随着在中国这些河流中也出现大洪水或特大洪水，尤其是长江和黄河。1870年是过去两百年中最强的一次增强期第一峰，所以包括它前一个峰年1860年，长江在前后11年中接连出现两次特大洪水。应用这一认识结合其他条件分析，作者1980年作出的大洪水预测，在长江1981年和1983年得到了证实。

第三节　黄河大洪水预测

作者先后两次在黄河水利委员会工作，第一次为1958～1961年，第二次为1965年至今。虽然现在已离休多年，仍持续不断为黄河大洪水预测进行探索研究和预测预报实践。作者早年发现的"强湿弱干、谷峰大水"规律，和以后发展的一套预测理论和方法，使自1964年以来每一次大洪水和较大洪水的预测均得到证实，未曾漏报一次。

1961年冬在北京召开"太阳活动和中国旱涝关系学术讨论会"，作者在《太阳黑子—历史水旱—大河径流及河床演变的初步研究》一文中，首次公布了太阳活动和北半球大气环流长期变化对黄河径流洪水有密切影响的发现，以及太阳活动谷峰年份常出现大洪水的规律。当时尚未正式进行预测预报。但提出第20周谷年1964年，黄河水量将转丰，可能出现较大洪水。这只是一种分析和试报。结果 1964 年龙门果然出现大洪峰流量 17 300 m³/s，兰州、潼关、花园口三站年径流量增至 446.7 亿 m³、699.3 亿 m³、861.1 亿 m³，均为多年未见丰水年。

1966～1967 年，开展工作非常困难，但是根据天文预报，1967 年将为 20 周峰年或峰前一年，而 1967 年 1 月及 3 月太阳黑子平均相对数均超过 110。分析 1966 年黄河中游泾河、北洛河已经出现的大洪水，研究后认为这是黄河干流可能出现大洪水的先兆。因此，正式作出预报提前报告黄河防汛总指挥部和中央防汛总指挥部，并且建议邀请有关专家在北京中央气象局会商。陶诗言、杨鉴初、徐淑英等参加讨论，对中短期天气进行详细分析后同意这一预报。1967 年 8 月龙门虽然出现 21 000 m³/s 洪峰流量，为 1934 年以来实测最大的洪水，获得证实。

1975 年已临近 21 周谷年，黑子年相对数已降为 15.5。当年淮河流域上中游曾出现特大暴雨洪水。1975 年 12 月至 1976 年 2 月日面极为平静，连续三个月相对数均小于 10。预计这一谷年黄河中游将再次出现大暴雨洪水。当时作者从被下放到的农村回来不久，缺乏预测分析研究条件，未能提出预报。但是汛期到来，在黄河北干流上段出现了一次罕见的大暴雨，吴堡洪峰流量为 24 000 m³/s，为有实测以来的最大洪水。1977 年为 21 周谷年后一年，潼关接连又出现洪峰流量为 15 400 m³/s 的大洪水。

1979 年、1980 年太阳活动第 21 周峰年活动异常强烈，活动水平大于 20 周甚多，尤其是 1979 年 9 月以后连续四个月最强。而 1981～1982 年又是行星会合时期。经详细检查和分析，三百年来六次太阳活动的增强期第一个峰期，和五百年中三次类似行星会合时期，黄河几乎每次都有大洪水出现。因此，随即在 1980 年初正式提出预报，引起国家高度重视。中央防汛总指挥部下达文件通知各级防汛部门注意做好防大洪水的准备工作。作者又在《人民黄河》上发表专文，从理论和实践结合上进行论证说明。1981 年长江上游和黄河上游都出现大洪水。长江宜昌洪峰流量为 1896 年以来最大，黄河兰州洪峰流量为 1904 年以来最大。1982 年，黄河下游又出现 1958 年以来最大洪水。

1989～1992 年为太阳活动第 22 周双峰峰年，1991 年长江下游太湖地区和淮河流域出现大洪水，1992 年黄河中游出现较大洪水，1994 年又在中游无定河和北洛河出现大洪水。1996 年太阳活动已趋近谷年，这一年自龙门至花园口又发生较大洪水。1997 年可能是第 23 周谷年，黄河是否还会有大洪水出现尚待观察。1983 年以来除一些支流外，黄河干流未出现达到和超过 1982 年以前那几次大洪水的洪水。和近五十年来太阳活动总水平相比，这十几年接近平均情况。既没有第 19 周那样强烈，也仍然超过第 20 周活动水平。今后有无异常变化，从 1997 年至 2000 年前后一段时间，将进一步检验和研究。

第四节 珠江、松花江大洪水预测

珠江位于华南低纬度地区，其主要洪水来源于西江。松花江位于中国东北中高纬度地区，其主要洪水来自第二松花江和嫩江，嫩江流域最偏北。这两条大河年最大洪水的长期变化和大洪水的出现也都和太阳活动有密切的关系。

西江高要年最大洪水在 20 世纪内的变化，经李国琛分析，其长期波动趋势和太阳活动世纪周期的增强减弱相应,但位相相反。太阳活动增强期西江洪水偏小,太阳活动减弱期西江洪水偏大,是"强干弱湿",而不是"强湿弱干",与黄河不同。当然,大趋势中也都有小的波动起伏变化。

20世纪西江曾几次出现特大洪水和大洪水,例如1914年、1915年、1924年、1949年、1976年和1994年,都恰好位于太阳活动谷年前后和峰年及峰后一两年,以出现在谷年及其前后一两年的较多。"谷峰大水"则和黄河、长江类似。

松花江和辽河三年滑动平均年最大洪水(以佳木斯和铁岭两站为代表)在20世纪内的变化,经范垂仁分析,其长期波动趋势和太阳活动三年滑动曲线相应,位相也相反,而且反相关关系很明显。这又一次说明,中国主要雨带长期变化的稳定性和特殊性,即当中部黄河和长江流域多雨时,华南和东北相应则少雨,中国国土辽阔,南北纬度相差较大,旱涝这样分布是容易理解的。

近两百年来,太阳活动单周的峰年有1848年、1870年、1893年、1917年、1937年、1957年和1980年,峰后一年松辽流域常常出现大洪水,峰年也有一半以上概率出现洪涝,但在太阳活动双周峰年则缺乏这种关系。不过双周峰年过后三年内又常有连年洪涝出现。松花江流域和辽河流域面积很大,当然其中分布也有许多区别。

珠江和松花江利用上述日地水文关系进行预测已取得许多成果,获得证实,其中包括一些大洪水。中国河流洪水的长期丰枯波动不仅限于上面所述一些大河,它具有普遍性。作为台湾海峡两岸互相参考,还可以指出福建省的闽江和九龙江,根据实测记录分析,闽江竹岐年最高洪水位距平标准差时间剖面和经过低通滤波处理的七年滑动平均曲线,鹿世瑾进行研究发现也呈明显的起伏波动。再经方差分析和功率谱分析,证实确有显著的七年周期性振动。同样研究九龙江洪水,也发现高低洪水期的振动现象。所有这些情况都启发大家进一步开展研究和加强各河流之间的交流。

第五节　1980～1982年大洪水的预报与证实

三百年来六次太阳活动增强期第一峰和五百年来三次行星会合,九次中每一次我国都有大水出现,说明日地异常时期我国大水的出现确有一定的规律。大水主要发生在中纬度地带,这里正是我国经济发达、人口密集的地区。因此,这一发现如能正确应用于预报和江河治理,必然获得巨大的经济利益。现正处在第十次日地异常时期,而且两种物理背景又一次接连交叉发生,按照历史规律推断,则将再次出现特大洪水和大洪水。

当前的异常时期为增强期第一峰和行星会合相遭遇。1844年为谷期和行星会合相遭遇。作者以前根据中国历史记载并参照欧洲观测记录分析指出,1665年为第一峰年,但那是一次极度衰弱时期的峰年。现在是两百多年来太阳黑子活动最强时期中的一个峰期,和历史上不完全相同。目前,人类限于观测手段和科学水平,对太阳本身和日地空间了解很不够,对日地气象水文异常变化的物理机制也有许多问题尚待解决。虽然已有的认识是在一定的物理基础上,综合分析几百年间的大量事实而得来。但是,只有当它既能说明过去,又能预见未来,可以经受得住预报和新的事实的一再检验以后,才能真正确立。

长江、黄河等是我国最重要的河流,如果出现大水,自然要在多方面带来影响,况且目前还正在干流上进行葛洲坝和龙羊峡等大型水利水电枢纽工程的紧张施工。科学工作者出于科学预见和对国家、人民的责任心,要实事求是揭出预报分析意见。但是要使这种预报能够真正发挥作用,却必须依靠社会制度的优越性,依靠国家和人民的有力支持与鼓励。

1980年2月14日,作者向国务院主管防汛的副总理和水利、电力两部部长发出1980~1982年长江、黄河、淮河、海河中的某些河流有发生大洪水或特大洪水可能的超长期预报,立即得到重视和支持。3月28日,作者在北京向中央防汛总指挥部办公室作了详细汇报,并明确指出首先可能在长江出现大水。根据部长指示,于4月10~18日,在合肥召开的长江流域和淮河流域长期水文气象预报讨论会上,作者以"太阳活动增强期第一峰和行星会合时中国大水的初步研究"为题,正式公开此项研究结果。4月24日水利部在抓紧做好防汛工作的通知中,采用这一研究结果,专门加以说明,通报全国各级防汛和水利单位。5月8日,新华社以"太阳黑子活动对出现洪水有影响,水利部要求各地抓紧做好防汛工作"为题,从北京发出专电。5月11日,《人民日报》在第一版对此研究结果作了报道。7月15日,中央防汛总指挥部办公室负责人在全国电视联播中就此再次作了说明。长江、黄河、淮河、海河等流域机关和有关省、市都给予重视,对中央防汛指示认真贯彻执行,加强防洪准备,发挥预报作用,减少了各方面的损失。所有这些情况显示了在中国共产党的领导下,社会主义国家对人民的高度负责,对科学的尊重和对科学工作者的依赖与期望。作者很受鼓舞,深感宽慰,并继续加以研究。

1981年汛前,作者进一步研究后提出补充分析。认为川西北、陕南、关中和东北部分地区都将有大暴雨出现。汛期前半部雨区偏南,长江可能再次出现大洪水。以后雨区北移,黄河在当年和1982年都可能接着出现大洪水。

1982年汛前再次重申,主要暴雨地区将逐渐移至黄河流域,位置稍微偏西,包括中游部分地区。黄河上游1981年虽已出现过大洪水,中下游今年仍将可能出现大洪水。同时,华北、东北也可能有较大洪水出现。

这些超长期预报和长期预报,在1980~1982年已经得到充分证实。

自1980年夏季起,一反20世纪70年代后期水量偏枯和持平的情况,连续三年,我国雨量、水量转而显著偏丰,特别是在中低纬度地带。1980年长江中下游和淮河流域,1981年长江和黄河上游,1982年至目前,长江、淮河部分流域和黄河中下游,已先后出现了特大洪水和大洪水。同时,东北和华南的部分河流也出现了大洪水。现将有关情况简述如下:

1980年入夏以后,我国雨带一直在长江、淮河流域徘徊。雨季开始早,结束迟,雨期长,暴雨多,雨量大。长江中下游6月9日入梅,8月31日出梅。梅雨期长达84 d,超过历史上最长的1954年20 d,7~8月降水量普遍达450~700 mm,较常年同期偏多50%~150%。湖北钟祥、沙市,湖南桑植,江西南昌,浙江杭州、金华,上海等地降水量均出现1949年以来最大值。钟祥、沙市、南昌、杭州雨量均大于1954年同期雨量。上海8月降水量为1873年有记录以来最大。汉江流域6~8月降雨。1954年澧水流域5月27日至8月31日降水量累计达1 425 mm,仅次于1935年。这些区域都多次发生大暴雨。

自1980年6月起,长江三峡、清江、嘉陵江、乌江、岷江、澧水、汉江相继发生较大洪水,有的河流出现特大洪水,致使长江中下游干流连续出现6次洪水。澧水津市站出现5次大的洪峰,水位均超过1949年以来最高水位。8月2日洪峰为100年一遇,最高水位达

43. 30 m,相应流量已达 16 000 m³/s,汉江丹江口水库 6 次洪水入库流量达 10 000 m³/s 以上,超过已有记录。6 月 25 日最大洪峰达 24 300 m³/s,8 月 25 日洪峰又达 21 000 m³/s。8 月中旬初开始,监利以下全线超过警戒水位,除安庆持续 29 d 外,其余均持续 33 d 以上。8 月末干流出现大洪水,沙市以下出现 1965 年以来最高水位。9 月 2 日汉口 站最高水位达 27. 76 m,为 1865 年以来第三位,仅次于 1954 年和 1931 年。黄石至螺山段 则仅次于 1954 年。同时淮河水量也增大。蚌埠站 6~9 月总径流量比常年偏多 7 成,也 仅次于 1954 年、1956 年、1963 年三年,为有记录以来的第四位。淮河流域干支流共出现 14 次洪水。王家坝 6 月 27 日最高水位达到 28. 87 m,超过分洪上限水位持续 51 h。7 月 中旬,史河、潢河都出现了 1949 年以来的最大洪水。

1981 年我国中部地区继续多雨,7~9 月雨带一直在巴山秦岭南北徘徊。长江上游和 黄河上游先后出现了罕见的特大暴雨和大暴雨。6 月下旬至 7 月初,长江上游已不断降 雨。7 月 10~15 日,四川盆地出现了特大暴雨。100 mm 以上雨区面积达 104 600 km²,其 中 200 mm 以上面积达 35 440 km²,300 mm 以上面积 8 360 km²。两个主要暴雨中心在嘉 陵江上游的广元和沱江上游的资中,总雨量分别为 486 mm 和 398 mm。雨区已经扩及巴 山秦岭之间。8 月 14 日以后,秦岭南北再次发生大暴雨。陕南和关中同时笼罩在一个雨 区内。汉中地区 7、8 月份降水量最大达 800~1 200 mm,超过以往记录。8 月 11 日至 9 月 14 日,黄河上游也阴雨连绵,并间有暴雨。降水量 100 mm 以上的范围约 120 000 km², 其中 200 mm 以上约 53 000 km²,300 mm 以上约 2 000 km²,也超过已有记录。以上三个 主要雨区,6~9 月总降水量普遍达 500~1 000 mm。其中,最大三处为四川广元 1 628 mm,陕西宁强 1 556 mm,青海久治 768 mm。与此同时,华南、辽南和黑龙江三江平原也有 大暴雨发生。华东部分沿海地区受 14 号强台风影响,还会造成大风高潮灾害。

在特大暴雨袭击下,长江上游许多大支流出现大洪水,干流出现特大洪水。岷江高场 站 7 月 14 日洪峰流量 25 400 m³/s,沱江李家湾站 7 月 16 日洪峰流量 17 100 m³/s,嘉陵 江北碚站 7 月 16 日洪峰流量 46 400 m³/s(超过该站 1939 年有记录以来最大流量 9 300 m³/s)。洪水在长江干流遭遇,重庆寸滩站 7 月 16 日洪峰最高水位 191. 41 m,推算最大 流量达 85 000 m³/s,超过 1949 年以来最高水位 5. 76 m,与 1892 年有记录以来历史最高 洪水位的 1905 年(191. 54 m)相接近。7 月 19 日宜昌洪峰流量 71 000 m³/s,大于 1954 年,与该站 1877 年有记录以来历史最大流量的 1896 年(71 100 m³/s)相接近,这两次特 大洪水间隔 85 年。

黄河上游接着也出现了有记录以来的最大洪水。玛曲站流量持续在 300 m³/s 以上 共 18 d,4 000 m³/s 以上 12 d,5 000 m³/s 以上也达 7 d。青海省共和县境内龙羊峡水电站 在围堰施工前,9 月 18 日出现最高水位 2 494. 78 m,最大入库流量达 5 570 m³/s。甘肃兰 州站最高水位 1 516. 85 m,超过有记录的最高水位,最大流量达 5 640 m³/s。宁夏石嘴山 站最大流量达 5 820 m³/s。内蒙古三盛公以上各站仍为 5 000~5 500 m³/s,分别超过各 站历年实测最大值,这是 1904 年以来上游干流的又一次特大洪水,两次相隔 77 年。

1981 年汉江丹江口水库入库洪峰流量大于 10 000 m³/s 的共有 7 次,超过 1980 年记 录。汉江上游支流褒河 8 月 21 日发生特大洪水,石门水库入库洪峰流量达 5 810 m³/s, 重现期约 300 年一遇。渭河也先后出现 6 次洪水,8 月 22 日咸阳站最大洪峰流量达 5 780

m^3/s,为 1949 年以来仅次于 1954 年居第二位的大洪水,也是三门峡水库修建以来的最大洪水。除上述中部地区接连出现大水外,广东漳阳江出现了 1949 年以来最大洪水。辽宁碧流河、复州河、熊岳河都出现了超过 1949 年以来最高记录的大洪水。黑龙江省松花江下游及牡丹江、拉林河、嫩江等河流也出现了较大洪水。

1982 年入夏以来,我国雨情、水情继续出现异常变化,比前两年更早,5 月中旬就开始出现特大暴雨,以后主要暴雨带自华南向华北逐渐移动。5 月在南岭以南,6 月在长江以南,7 月在长江流域和淮河流域,7 月末已经北上至黄河中下游地区。第一次特大暴雨于 5 月 12~13 日发生于广东韶关和肇庆地区,13 h 最大降水量达 600 多 mm。6 月中下旬,江西、湖南、湖北以及福建北部和浙江南部都连降暴雨。江西吉安地区 10 个县、市降水量普遍达 350~500 mm。湖北武汉市 24 h 最大降水量达 300 mm。福建降水量也很大。7 月 9 日以后,河南、安徽、江苏等省又降大暴雨。河南信阳和驻马店地区,安徽六安和阜阳地区以及江苏长江以北许多县、市降水量都达 300 mm。7 月 29 日至 8 月 2 日,河南西部、北部和中部地区,陕西关中东部和山西南部地区普遍降了大雨和暴雨,豫西、豫北出现特大暴雨和大暴雨,最大降水量达 700 多 mm。

在这些大暴雨和特大暴雨的袭击下,1982 年从南到北,我国许多河流出现了大洪水或特大洪水。5 月 14 日广东清远石角北江出现 33 年来最高水位,大洪水冲毁不少水利设施,并造成京广铁路清远至英德段多处塌方,南北交通一度中断。6 月 18 日以后,闽江、抚河、赣江、湘江接连出现大洪水或特大洪水,闽江下游出现了 1949 年以来的第二次特大洪水,一度冲开福州市郊防洪堤。抚河发生了大洪水,中游临川县华溪堤坝溃决。赣江中游吉安地区遭受百年未遇特大洪灾。湘江洪峰水位已接近历史最高水位。鄱阳湖、洞庭湖水位同时上涨,已超过或接近警戒水位。7 月中旬以后,淮河上游干流以及洪汝河、潢河、白鹭河、史灌河均发生大洪水或较大洪水。下旬中游干流水情紧急,至 27 日淮河洪峰才安全通过寿县正阳关。7 月 30 日至 8 月 3 日,淮河支流北汝河和黄河支流伊河、洛河、沁河普遍出现大洪水。北汝河紫罗山站洪峰流量达 7 500 m^3/s,大大超过 1958 年最大洪水。伊河龙门站洪峰流量达 5 600 m^3/s,洛河宣阳站洪峰流量达 4 300 m^3/s,伊洛河汇流后出现洪峰流量也达 7 000 m^3/s。沁河出现 33 年来最大洪水 4 280 m^3/s。8 月 2 日黄河下游花园口站出现 1958 年以来最大洪水,洪峰流量达 15 300 m^3/s(陆浑水库削减了伊河洪峰流量 3 300 m^3/s,若非如此,伊洛河和黄河洪峰流量都要增加)。10 000 m^3/s 以上流量持续 51 h,总洪量与有记录以来居第一位的 1958 年洪水相接近。同一期间,长江上游一些支流也出现了洪水,宜昌出现了类似 1958 年和 1974 年的较大洪水。

1983 年,长江中下游又出现大洪水。6 月中旬至 7 月中旬梅雨期长达一个月以上,比常年长 10~20 d。长江中下游先后出现五次大暴雨,主雨带稳定在 28°N~32°N。降水量普遍为 300~650 mm,部分地区高达 700~1 050 mm,大别山区南部、巢湖南部、沿江及江南,特别是湘西澧水流域,为大暴雨中心,比常年同期多 50%~150%。长江上游洪峰流量虽不大,但 7 月、8 月洪量仍与 1981 年持平。洞庭湖和鄱阳湖来水汇集后,监利以下至大通洪峰超过警戒水位 1.2~3.7 m。城陵矶洪峰水位 33.96 m,与 1954 年持平。九江、湖口超过 1954 年最高水位 0.03~0.04 m。大通洪峰流量 71 400 m^3/s,超过 1931 年,仅次于 1954 年。1983 年 8 月 1 日汉江安康站出现 31 000 m^3/s 特大洪水,10 月 3 日丹江口水库入库最大洪峰流量达 34 700 m³/s,均甚为罕见,这一年大洪水使预报再次得到证实。

气候和水文在大范围的异常变化可能带有世界性。中国疆土辽阔,历史悠久,可以通过在一定物理基础上的、对大量文献记载和考证材料的详细研究,去寻找我国主要河流大洪水的出现规律。本章是作者 20 世纪 70 年代末至 80 年代初工作的初步总结。

目前,可以获得的初步结论如下:

(1)从 1931～1933 年和 1957～1958 年中国已经出现的长江、淮河、黄河、松花江大水的成因分析可知,日地气象水文的异常变化确有内在的物理联系和一定的规律。再查考历史上几条大河同时出现大水,如 1662 年那样的情况。并以近五十年全国二十七条河流较大洪水相验证。在太阳黑子活动的谷期、峰期确实常常出现大水。

(2)根据三百年来六次太阳活动增强期第一峰时中国出现大水的历史记载和五百年来三次行星会合时期我国出现大水的历史记载分析,在这两种物理背景下,无例外地都有大水出现,有它的规律。当前正在第十次日地异常时期,大水预报已在 1980 年、1981 年、1982 年和 1983 年得到充分证实。这些事实说明,今后在研究和预报中,除太阳活动外,也要适当注意行星运动的影响。

(3)作者采用的研究方法特点是,以物理成因和历史规律的分析相结合,把现代的水旱异常变化看做是历史时期水旱变化的一个发展,重视大量历史文献记载中珍贵的科学材料,尽可能加以利用。凡有结论都要用于预报,在验证中继续研究,以求深入和提高。如果传统学科不足以解决问题,不必停步,应努力探索,以创建新的边缘学科。

第六节　1998 年长江大洪水预测

1998 年夏,长江发生 1954 年以来最大的流域性大洪水,宜昌、汉口、大通三站平均最大洪峰流量为 80 000 m³/s,主汛期 6～8 月径流量按流域内水库拦蓄 5% 计算约为 4 470 亿 m³。作者在 10 年前对此次大洪水曾提出预测,1997 年 12 月至 1998 年 1 月又提出天气成因、洪水类型和最大洪峰流量的准确预测。本节从日地水文学预测理论和方法、应用经验、1998 年大洪水预测分析、实况验证和讨论等几个方面予以论述和总结,对亚洲最大河流罕见特大洪水的科学预测,展现了人类抗击洪水在 21 世纪可望走向一个新阶段的切实前景,更进一步的工作则有待以后继续努力。

大洪水灾害自有史以来一直是人类社会的最大自然灾害,怎样准确预测以便切实防御始终是世世代代谋求的理想。可惜由于问题牵涉内容广泛复杂且世界各国缺乏合作,特别是至今还没有一个涵盖所有制约因素的全球监测网和预测系统,要求做到大洪水的准确预测仍然十分困难。

1993 年夏,密西西比河发生大洪水,1998 年长江又发生大洪水,从已收到的美国研究报告看,密西西比河大洪水事前缺乏长期和超长期预测,更没有定量预报。但对长江大洪水,中国水文、气象和地球物理学家则从不同途径进行了成功的预测预报,预见期最长可达 10 年或更长,至少也有 3～6 个月。

中华人民共和国水利部首任水文局局长谢家泽教授早就指出,要从地球物理方向研究水文,才能阐明水文现象成因的物理本质。水文循环的三个主要环节中,海洋水是循环的源泉,是起点和归宿。大气水是循环的纽带,是大陆水的来源。大陆水是陆地生态的命脉,是循环的重要环节。中国不同学科的专家正是从这里出发,互相结合、长期坚持探索才获得结果的。

一、日地水文学预测理论和方法

从能量观点考查水文循环全过程,太阳辐射、海洋温度、大气环流和地理环境实为形成和制约地球河流水文异常变化的主要物理因素。因此,研究地球水文变化的日地物理成因和规律的日地水文学(Solar-Terrestrial Hydrology)给大洪水预测预报提供了理论基础。

对大洪水进行长期预测,需要认清洪水物理的开放性、因果规律和隐函数。研究河流水要向大气水、海洋水开放。研究地球水要向太阳辐射开放。就洪水研究洪水,把洪水看成一个河流的封闭系统,解决不了长期预测问题,但是开放性的研究必须以因果规律相规范。

隐函数是尚未认识清楚的潜在函数,由于地球水的运动和变化非常复杂,在客观过程尚未充分发展,反映本质的物理因素未能完全显露时,隐函数必然存在。因此,处理预测问题需要重视相似性方法,由此获得的近似解其物理基础越完备,越可能接近实际。

必须重视主导物理因素,特别是超长期预测。提前 10 年、20 年预测大洪水,各种先兆大多未曾出现,不抓住主导物理因素,超长期预测几乎不可能。从能量来源着眼,太阳应是首选对象,中国河流大洪水多发生在太阳活动特定位相年份,经过长期历史论证才能获得结果。

临期更准确预测则要靠一系列先兆出现,主导物理因素选择正确,先兆也必将出现。中国出现大洪水,必需有充沛的水汽来源。因此,从周围相关海洋暖水变化到季风气流,以及沿途暴雨洪水均应有所体现,对国外情况和国内同样重视,南半球夏季恰当中国冬季也决不可忽视。

预见期 3~6 个月的大洪水预测,首先要判断是短历时、局地强暴雨形成的单峰型洪水,还是长历时、大范围多次强暴雨形成的多峰型连续性大洪水。为此,必须准确预测异常降水的主要水汽来源。中国对西太平洋台风形成的暴雨比较注意,但是印度洋西南气流对长江黄河流域性连续性大洪水更有影响也需要注意。

最大洪峰流量的定量预报是大洪水预测中最高最重要的要求。在缺乏暴雨长期定量预报的当前条件下也最为困难,但是在主导物理因素和先兆相似情况下,引入能量差异参变量,分析相似大洪水年实况,并以近期洪水相参照,仍有解决可能,并且可以由此规范其精确度。

二、近 30 年应用经验

应用日地水文学理论和方法,30 多年来对长江、黄河、淮河等大洪水多次进行成功预测,这些预测的预见期都长达数月至数年,属于长期和超长期范围,都是在暴雨天气尚未形成时作出的。首先应注意的主导因素均为太阳活动,前期征兆则为气象和水文变化,进行预测依据的规律则来自近几百年的历史事实。

在 1965 年异常枯水以后,1966 年黄河中游转而出现较大洪水。1966 年年底太阳活动明显增强,预计 1967~1969 年太阳活动将出现第 20 周峰年。此前,苏联远东地区,经度接近黄河中游而略偏西,纬度偏北的克拉斯诺雅尔斯克附近会出现多年未见大洪水。分析研究后预测1967年黄河中游可能出现大洪水,重点在北干流。经报黄河防总及中央防总,在陈东明秘书支持下,由中央气象局邀请中国科学院地球物理研究所和地理研究所陶诗言、杨鉴初、徐淑英等科学家和气象局预测专家进行中短期会商,结果一致认为黄河中游即将出现一次跨晋、陕两省雨区偏北的大暴雨。后即证实,黄河龙门站8月10日出现21 000 m³/s有实测记录以来的最大洪水。

1976年前后为太阳活动第21周谷期,按照长江、淮河流域单周谷年常出现大洪水,1954年以后再一次周期性大洪水即可能在此时出现。而黄河中游也有谷年可能出现大洪水的规律。此预测被一系列大暴雨、大洪水所证实。1973年长江大通站流量70 000 m³/s,1975年,淮河上游发生大洪水,其中汝河板桥入库流量13 100 m³/s(出库78 800 m³/s,垮坝),1976年黄河吴堡站流量24 000 m³/s,1977年长江大通站流量67 400 m³/s,这些大洪水的次第出现和谷期完全对应,从暴雨落区和出现河流比较,先南后北和南北振荡性表现非常明显。

1979年冬太阳活动显著增强,21周峰期即将到来,接着还将出现行星会合。经和太阳黑子学家张元东、天文气象和暴雨预报专家任振球商讨,决意从太阳活动增强期第一个峰期和行星会合双重影响出发,针对500年来历史洪水和当时日地物理背景加以仔细研究。1980年春,作者预测1980～1982年长江、黄河以及淮河、海河中的部分河流,特别是长江、黄河将出现大洪水。1981年7月长江宜昌站洪峰流量70 800 m³/s,9月黄河兰州站5 640 m³/s,1982年黄河花园口站15 300 m³/s,1983年汉江安康站31 000 m³/s,预测又再获证实。

这次预测事先报告国务院和中央防总。除1980年3月在京向中央防办汇报外,4月按钱正英、李伯宁所嘱到合肥在江淮预报会上作报告并参加讨论,6月作者又在黄河防汛会议上作专题报告。水利部(80)水汛字第11号文曾据以发出"关于抓紧做好防汛工作的通知"到全国。预测提出后,水文气象学界受到震动,开始曾有争论并受怀疑,后因大洪水次第出现,又备受赞许。1982年汛后,在上海召开有多国学者参加的"中国历史地理学术讨论会",后来又在庐山召开跨学科的"天文气象学术讨论会",国内外学者对大洪水长期预测科学前景均表示乐观。

1980年,美国国家海洋及大气管理局(NOAA)前副局长R. A. Clark来郑州,他原负责全美水文预报。1990年,作者去美国参加太阳峰年会议,得与美国国家科学基金会(NSF)日地研究负责人R. A. Goldberg相识,期间美国国家大气研究中心(NCAR)J. A. Eddy来华访问。1991年,先得日本原气象厅长官高桥浩一郎赠送科学论文,互相交换研究心得。后又有爱尔兰Armagh天文台日地物理学家C. J. Butler来访,并带来欧洲许多科学家的最新研究成果。由此或先或后得知国际科学界对洪水长期预测希望早日突破的关切与努力。

三、1998年长江大洪水预测分析

(一)基础认识

1990年在美国Colorado州的Boulder市Aspan Lodge太阳峰年会议上,作者和太阳地球物理世界数据中心的 H. E. Coffey 女士对第 22 周峰年和第 23 周太阳活动进行了讨论。后来观测证实 22 周确实具有双峰,1989 年和 1991 年曾两次出现黑子、耀斑和射电流量极大值。1993 年才开始明显衰减,1996 年降至最低,以后,23 周即行开始。分析历史洪水记录发现,1984 年、1903 年密西西比河曾出现大洪水。而 1840 ~ 1844 年先在长江、后在黄河也曾出现大洪水,到 1904 年长江和黄河上游则都出现大洪水。太平洋两岸大河流丰水期有时确有同步变化,并恰值太阳活动谷期。而与此相应,1991 年长江下游出现大洪水,1993 年密西西比河出现大洪水,1996 年长江中游再出现大洪水。北半球太平洋两岸接连发生水文异常事件,似已经进入又一次丰水期,不能不引起警惕。

1931 年 9 月,竺可桢先生研究发现长江流域性大洪水有太阳活动 22 年周期。1954 年再次得到证实。1975 年前后也基本获得证实。作者进一步研究江淮流域历史雨情水情记载,近 300 年中每隔 22 年,总有一次大洪水发生。这就说明,在类似情况下,可以按此规律预测下一次大洪水的出现时间。作者由此预测 1998 年长江将有流域性大洪水出现。

20 世纪 80 年代中期以来,黄河、海河等北方河流一直处于枯水期,虽然也偶有较大洪水出现,但始终没有大洪水,甚至频繁出现断流。而从 1992 年起,长江以南特别是闽江和西江以及台湾浊水溪,却一再出现大洪水。发源于武夷山和仙霞岭的一些河流,首先是闽江、信江、衢江甚至连年出现大洪水,南涝北旱形势已很明显。在 1991 年、1996 年两年长江中下游已经出现大洪水条件下,如果中国南方再次出现大洪水,长江确有出现包括上中下游的流域性大洪水的可能。

但要作出确定性预测必须取得先兆证实,显示先兆不能只是个别孤立事件,它必须是说明主要物理本质的一系列有联系的重要异常事实。长江是亚洲最大河流,长 6 300 km,流域面积 1 808 500 km^2,河流年平均流量 32 400 m^3/s,年入海水量约 9 600 亿 m^3。流域呈东西长南北短的狭长形态。集水面积超过 10 000 km^2 的支流 49 条,其中 80 000 km^2 以上的 8 条,最大的超过 120 000 km^2 的 4 条支流依次是嘉陵江(160 000 km^2)、汉江(159 000 km^2)、岷江(135 868 km^2)、雅砻江(128 444 km^2)。其次,4 条接近 100 000 km^2 的支流依次为湘江、沅江、乌江和赣江。显然可见,这样东西流向的长江和位居中国西南的上中游地区要形成流域性大洪水,只有西南气流的持续性异常降水和相应的东西向大雨带分布才有可能,水汽来源因此主要只能是印度洋,这实际就是预测长江流域性大洪水必须抓住的物理本质。

(二)历史考查

世界上陆地最多降雨的地方是南亚印度东北部原阿萨姆邦的乞拉朋齐,此地正当布拉马普特拉河下游东侧和孟加拉国邻近之处,在现梅加拉亚邦首府西隆市南方不远,在这里印度洋西南气流遇到喜马拉雅山脉阻挡,沿布拉马普特拉—雅鲁藏布江河谷向东北方向输送水汽,受大拐弯和南迦巴瓦峰约束,在山前形成最大降雨中心。位于印度卡西山南麓的乞拉朋齐站平均年降水量达 10 871 mm,1860 年 8 月至 1861 年 7 月 12 个月的雨量高达 26 461.2 mm,1861 年 1 ~ 12 月雨量也达 22 990.1 mm,而 1841 年 8 月 5 d 最大雨量也曾达 3 810 mm,均为世界同期最高记录。

19 世纪中期,1840 ~ 1870 年正是中国长江和黄河两大流域最多降雨,两条大河一再出现特大洪水的时期。新中国成立以来历史洪水的调查研究证实,这两条大河近几百年内发生的可以确切查清并定为首位的最大洪水正在这一时期。1840 年长江上游发生特大洪水,1841 年黄河中游南部发生特大洪水,1842 年黄河中游北部发生特大洪水,1843 年黄河中游发生更大的居第一位的 36 000 m³/s 特大洪水。1860 年长江上中游发生特大洪水,1867 年汉江发生特大洪水,1870 年长江上游发生更大的、居第一位的 105 000 m³/s 的特大洪水。显然西南气流异常降水的影响必须重视。

上述时段说明西南气流的重要性并不是唯一的,在此以前和以后也还有许多例证。1662 年夏秋持续多雨,先在夏季于秦岭南北的汉江和渭河首先出现大洪水。入秋以后雨区扩大,形成东西向大雨带持续降 40 d 大雨。然后在 9 月 20 日至 10 月 6 日发生了一场持续 17 d 的跨黄河、汉江、淮河、漳卫河的大面积、长历时特大暴雨,从而在这些河流同时出现特大洪水和大洪水。经在雅鲁藏布江支流尼洋曲入汇处东距南迦巴瓦峰仅约 50 km 的林芝进行树木年轮研究,证实这一年也正是西南气流极盛时期。

20 世纪初,1914~1917 年正是印度等南亚地区西南气流多雨多大洪水时期(在印度半岛降水气候 31 个分区中,1914 年、1916 年、1917 年三年有洪水记录的分区分别为 8 个、8 个及 12 个,为显著的丰水期),同时也是中国南自珠江北至海河中间包括长江上游多特大洪水和大洪水的时期。1915 年 7 月西江梧州出现 54 500 m³/s 特大洪水,北江横石出现 21 000 m³/s 特大洪水,均为历史洪水最高记录。同时,湘江的潇水双牌出现 11 700 m³/s 洪水,赣江吉安出现 23 000 m³/s,也都是历史首位特大洪峰流量,这次又是东西向大雨带分布。1917 年长江上游大支流岷江五通桥发生 54 000 m³/s 特大洪水,为历史最高记录。这一年海河流域也出现罕见特大洪水,滹沱河、大清河洪水都为历史首位。这次雨带呈西南—东北向分布。

进一步研究影响中国出现特大洪水的西南气流发源地情况,得知不仅南亚印度次大陆,而且沿西印度洋跨越赤道包括东南部非洲和马达加斯加岛,都有我们必须注意的水汽来源和前期征兆,这可以从黄河上中下游 1904 年、1933 年、1958 年 20 世纪三次大洪水的研究发现证实。1904 年不仅黄河上游出现大洪水,长江上游和澜沧江上中游也出现大洪水。这三大洪水无疑都与西南气流充沛的水汽供应有关。作者详细检查世界洪水记录,在南部非洲和马达加斯加岛发现,马达加斯加岛最大河流曼戈基河于 1904 年 1 月 28 日和 1933 年 2 月 5 日均曾出现特大洪水。南部非洲的赞比西河则在 1958 年 3 月 5 日也出现了特大洪水,比中国出现大洪水提前 4~6 个月,参见图 8-1。

(三)先兆分析

发展预测科学的核心是提高预测的确定性,先兆分析是其关键。任何一次造成重大自然灾害的水文异常事件,都有它统一的日地灾害物理场。在根据太阳活动 22 年周期提出长江流域性大洪水的超长期初步预测以后,为求得临期长期准确预测,首要工作更是在统一物理场的框架内,对太平洋、印度洋海温变化和东南非、南亚及中国异常降水的一系列先兆进行追踪和滚动分析。这一工作越完备,结果一致性越高,预测确定性越大,以至可以作出有充分把握的准确预测。

对长江大洪水不能只从长江进行研究,更不能只从暴雨发生后进行研究。长江流域暴雨径流洪水关系只是一次水文异常事件接近终结的一个环节。只有从太阳活动、海洋温度、大气环流、地理环境诸要素的结合,以及南北半球有关地区在水汽输送过程中暴雨

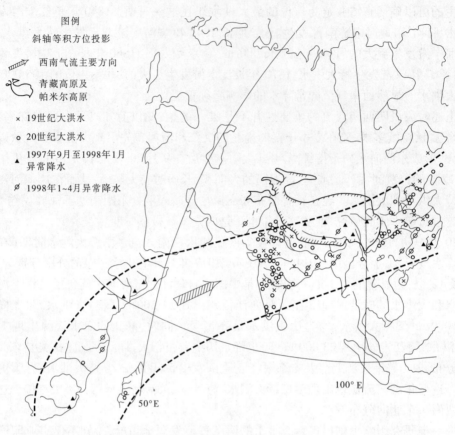

图8-1 近两百年西南气流异常降水

洪水的一系列变化,都作为一个整体物理过程加以研究和认识,才有望真正解决大洪水长期预报问题,所以开放眼界非常重要。

首先要重视海洋,既重视太平洋,又重视印度洋。1997年3月以后赤道太平洋开始增温,1997年7月至1998年2月连续8个月NONO 1+2,3和C区东、中太平洋大范围表层海温正距平一直高于2.5℃。1997年12月NINO 3区最高正距平并且达到3.9℃,这是百年来的最高记录。但最强的厄尔尼诺事件出现时,西太平洋海温却持续下降。NONO 4区(160°E~150°W,5°S~5°N)自1997年底开始降温。而更重要的NINO W区(140°E~180°E,0°~10°N)则从1997年4月即开始一直处于降温过程,至1998年上半年,海温正好最低。赤道中—东太平洋海温增高、哈得来环流增强,赤道西太平洋海温降低,导致西太平洋副热带高压加强,呈东西向分布,位置持续偏南。这里正是台风的生成区,这种状况自然不利于台风形成。

此时赤道印度洋B区(50°E~90°E,0°~10°N)海温恰好处于罕见的持续正距平状态,从1997年1月至1998年12月接连两年高温。1997年5月至1998年7月连续14个月保持最大正距平很少变化,从而形成中国周围的东(指西太平洋)凉西(指印度洋)暖型异常海温分布。在西太平洋海温和环流条件都不利于向中国大陆大量输送水汽的条件下,印度洋海温持续增高,势必促使沿东南部非洲先北行后转而东北行的越赤道索马里急流强烈发展,造成西南气流在中国占据主导优势。印度洋成为中国降雨的主要水汽来源。这样,长江流域及其以南地区将被东西向大雨带笼罩,持续降大雨和暴雨,大洪水就不可避免。

在上述海洋和大气大形势下,一系列先兆随即纷纷出现。1997年8月以前,香港降水量破历史最高记录和孟加拉国东南沿海遭受特大飓风袭击,开始有所显示。9月以后,南非印度洋沿岸夸祖卢、纳塔尔等地区,索马里东部和南部,肯尼亚以及坦桑尼亚先后出现约3个月的大雨和暴雨。此时北半球即将进入冬季,也即9~12月,中国西藏持续近4个月降雪不断。其中,那曲地区至年底已降雨40余次,其中包括5次强降雪,平均约3 d一次,这是非常罕见的。而同期华东浙、赣、闽三省相邻地区冬季也出现暴雨洪水,其中浙江西南部衢州市11月出现了破历史记录的329.6 mm雨量和罕见洪水。浙江和江西后来还多次出现大雪、暴雪。

1998年1月长江因为枯水季多雨,1月10日至20日中游武汉关水位猛涨2 m,1月21日突破133年记录涨至18.85 m,23日又涨至18.93 m。2月下旬初,广东、福建、台湾同遭暴雨袭击,最显著的为闽江,1月、2月、3月3个月每月均因罕见暴雨形成同期实测破记录洪水。在南亚的巴基斯坦西部,3月初竟发生200年来未遇的特大暴雨洪水。同时在东南部非洲的坦桑尼亚则出现20世纪最大洪水。3月下旬,印度东部和孟加拉国同遭龙卷风和暴雨,中国安徽、江苏、云南则同遭大雪、暴雪。4月中旬,湖南、广东再次出现强暴风雨,长江中下游又继续出现异常高水位。这些持续不断的先兆事实充分显示,西南气流异常降水的严峻形势确已形成。长江及其以南河流将出现大洪水已无可置疑,参见图8-2。

(四)确定性预测

大洪水定性预测根据有明确物理意义的先兆,决断其必将出现时,能够回答天气成因、暴雨分布、洪水类型和出现时间,这就是确定性预测。作者在1997年12月29日及1998年1月24日和31日先后提出临期确定性预测和定量预报,当时主要是因为1954年和1870年长江两次特大洪水的重要先兆恰好再次出现,因此分析认为可以作出决断,下面先就确定性预测加以说明。

可以为确定性预测作出决断的先兆,是那些发生在本流域、本河流域或其邻近处的具有物理指标意义的最异常先兆,这种先兆很少,但非常重要。一经出现应该立即抓紧分析,用于临期预测、预报。

1997年12月上旬,作者先后由郑州到福州,后又由福州到北京,参加防洪减灾和预测总结两次会议。11月下旬,浙江衢州地区发生罕见暴雨,月雨量竟达多年同期均值的6~7倍。检查过去记录仅在1953年有类似情况,但强度仍较此为小。经过审慎分析后认为,这实为决断1998年将出现1954年型长江流域性大洪水的重要先兆。为进一步收集国内外相关水文和气象信息,加强汛情预测研究,进行多学科学术讨论,以便尽早对已经出现的征兆作出分析判断,由此作者向国务院各主管部门发出联合报告,提出相关建议。

1954年是20世纪中国的大洪水年份。除长江发生流域性大洪水外,同期淮河和稍后黄河、渭河都发生大洪水。1953年冬季江南确实异常多雨,尤其是赣东北、浙西南弋阳—衢州—金华一带。1954年汛期长江流域雨量主要集中在5~7月,以7月11日前后一段最大,雨带略呈西南—东北向,主要暴雨带呈东西分布。3个月总雨量超过1 400 mm的

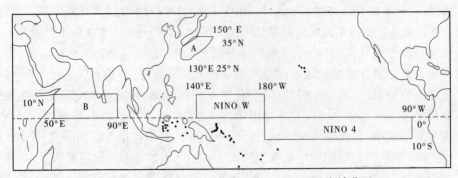

(a)赤道太平洋和印度洋NINOW及B海域分区

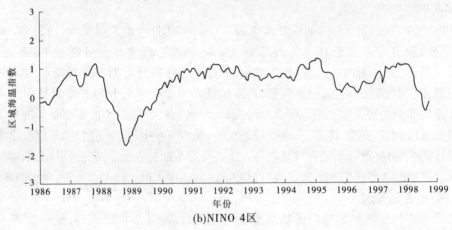

(b)NINO 4区

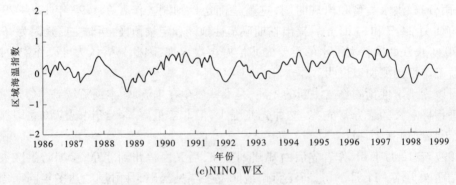

(c)NINO W区

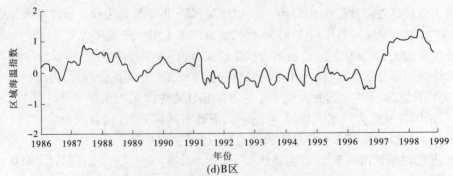

(d)B区

图8-2 赤道太平洋及印度洋海温指数

高值区位于长沙以东的长江中游东部鄱阳湖水系和下游安徽省大江南北。洞庭湖水系雨量稍次,宜昌以上较小。嘉陵江、汉江等北部支流更小。1954 年,宜昌、汉口、大通三站最大洪峰流量分别为 66 800 m³/s、76 100 m³/s、92 600 m³/s,考虑分洪和溃口影响,汉口站还原最大流量约为 93 500 m³/s。

1998 年 1 月正值长江枯水期,由于上中游雨量增加流量变大,汉口附近江段水位陡涨。武汉关自 1865 年设站观测水位以来,多年平均 1 月水位仅为 13.64 m,最高 17.14 m (1912 年)。据实测自 1997 年 12 月起武汉关水位持续上涨,1998 年 1 月 10～20 日竟上涨 2 m,1 月 21 日高达 18.85 m,创 133 年来最高记录。1 月 23 日又续涨至 18.93 m,比 1 月平均水位已高 5.29 m。经向长江水利委员会水文局了解,前期洞庭湖水系持续阴雨,湘、资、沅、澧四水相汇,流量大增。武汉周边地区也阴雨不断,所以有此异常变化。据报道,1869 年 1 月武汉关曾有 18.59 m 水位记录。这次超过 1869 年。

这是又一次有更重要指标意义的在长江干流出现的最异常先兆,是再次紧急示警。而水位超过 1869 年意义更大,因为 1870 年正是近几百年中长江上游出现最大洪水的年份。经作者分析全部枯水期记录,1 月、2 月出现异常高水位后,有 85% 的概率当年或第二年长江都有大洪水出现。1870 年是这样,1954 年也是这样,还有一些其他年份大洪水前期也有类似情况,前后关系十分明显,所以可以说这是临期出现的最重要先兆。1870 年我国雨量站很少,根据洪水调查及记载分析,当年 6 月上旬开始,鄱阳湖水系、洞庭湖水系、汉江及四川西部首先多雨出现较大洪水。7 月雨区迅速扩大,中旬以后曾出现持续七昼夜的大范围特大暴雨。自雅砻江以下,大渡河、岷江、沱江、赤水河、涪江、嘉陵江、渠江、汉江以及湘、鄂两省西部都笼罩在一东西向的大雨带下。暴雨强度大而集中,宜昌最大洪峰流量高达 105 000 m³/s,枝城达 110 000 m³/s,和 1954 年不同,这次特大洪水以上游来水为主,参见图 8-3。

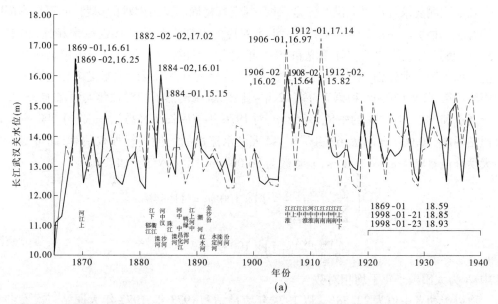

图 8-3　1865 年以来长江枯水季 1～2 月平均水位与长江、黄河、淮河、海河后期大洪水的关系

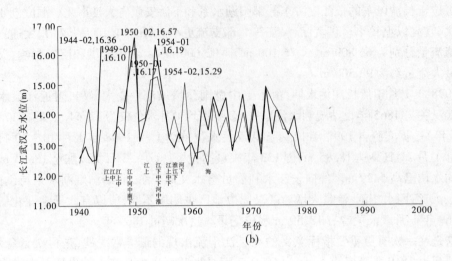

续图 8-3

两个月连续出现两次异常先兆,长江出现大洪水已迫在眉睫。这两次深具物理意义的异常先兆,正巧对应一次以上游来水为主, 一次以中下游来水为主的两次特大洪水,而天气成因都是以西南气流为主的异常降水。暴雨分布都是东西向大雨带和上游四川、中游洞庭湖和鄱阳湖两湖以及下游安徽、江西三大暴雨中心。差别在于有的主要暴雨中心偏上游,有的偏中下游。联合以上分析考虑,应该判断 1998 年长江大洪水当以上中游来水为主。这种条件下持续性降大雨暴雨,自然要出现多峰型洪水。出现时间当以 7 月及其前后一段最为可能。

(五)定量预报

长期预测要求提出最大洪峰流量,并且判定其精确度是最困难的课题,但不是不可以设法解决。根据上一次 22 年周期性大洪水对应的前期太阳活动和这一次相比,再参照 1954 年、1870 年大洪水的实际情况和 1996 年刚发生过的洪水,即可以作出定量估算。按照前一周太阳活动较强,累积辐射能量较大,以后相应出现的暴雨洪水量级也应略大。以太阳活动第 22 周(10 年)和第 20 周(12 年)比较,取两周黑子相对数年均值增加 33.73%和全周总和增加 11.44% 的中值 22.58%,对 1976 年前后长江宜昌站一次(61 600 m^3/s)、大通站两次(70 000 m^3/s 及 67 400 m^3/s)大洪水流量的均值进行加权估算,即可得预报最大洪峰流量约为 81 311 m^3/s,取整数为 80 000 m^3/s,具体计算如下:

$$\left(\frac{\sum R_{1986 \sim 1995}}{\sum R_{1964 \sim 1975}} - 1 \right) \times 100\% = 11.44\%$$

$$\left(\frac{R_{1986 \sim 1995}}{R_{1964 \sim 1975}} - 1 \right) \times 100\% = 33.73\%$$

式中:R 为太阳黑子年平均相对数。

取以上两者中值为 22.58%,以 1974 年宜昌站和 1973 年、1977 年大通站三次大洪水洪峰流量均值相乘得[(61 600 + 70 000 + 67 400) ÷ 3] × 1.225 8 = 81 311 m^3/s,取整数为

80 000 m³/s。

1996 年,长江螺山、汉口、九江、大通最大洪峰流量分别为 68 500 m³/s、70 700 m³/s、75 000 m³/s 和 75 200 m³/s,其均值为 72 300 m³/s,1998 年预报值较此大 10.65%。1954 年,宜昌、汉口、大通最大洪峰流量分别为 66 800 m³/s、93 500 m³/s、92 600 m³/s,均值为 84 300 m³/s,1998 年预报值较此小 5.4%。1870 年,宜昌、汉口最大洪峰流量分别为 105 000 m³/s 和 66 000 m³/s,均值为 85 500 m³/s,1998 年预报值较此小 6.87%。据此确定预报 80 000 m³/s 的精确度为 ±15%,估计精确度应更高。预报认为此最大流量可在宜昌至大通间长江干流出现。面对太阳活动继续增强,应该认为这一定量预报和 1954 年、1870 年及 1996 年大洪水相比均较合理。

这次长江大洪水最大洪峰流量长期预报的方法为作者首创,也是首次使用,并在大洪水出现前 6 个月发布,它的基础是日地水文学的太阳辐射能量理论。使用的主要参照条件是成为定性预测决断的两次历史特大洪水和前两年刚发生过的一次大洪水。三次大洪水提供了相似模型和定量规范。当然,这毕竟仍是一项探索性努力。

综上所述,从 1988 年 9 月提出初步预测,1997 年 12 月和 1998 年 1 月提出了确定性预测,1998 年 1 月再提出最大洪峰流量预报(除作者向国家提出报告外,1998 年 3 月 4 日中国地球物理学会天灾预测专业委员会以 1998 球会测字第 04 号文将这一预测分析结果向国家各主管部门提出报告)。作者一直坚持努力尽可能符合实际地完成这次长江大洪水预测工作。

四、长江大洪水实况验证

1998 年 7 月前后,长江出现大洪水,与预测预报一致,包括太阳活动、海洋温度、天气成因、暴雨分布、洪水类型、最大洪峰流量及定量精度都完全一致。6 月中旬起,长江干支流先后出现较大洪水和超警戒水位。7 月 4 日以后开始出现大洪峰。最大洪峰出现在 7 月 26 日至 8 月 22 日,与预测在 7 月 31 日前出现基本一致而稍有后延。

6 月 12 ~ 26 日降雨集中在鄱阳湖和洞庭湖水系,鄱阳湖湖口站 6 月 26 日洪峰流量 31 900 m³/s,首破实测最大记录(此时全国主要暴雨中心尚在西江和闽江流域)。6 月 27 日至 7 月 15 日降雨集中到长江上游金沙江、嘉陵江、岷江、沱江和汉江上游及清江流域,长江干流宜昌站 7 月 3 日和 18 日出现破 50 000 m³/s 的第一、第二次洪峰。7 月 20 ~ 31 日,长江上中下游不同程度集中降雨,嘉陵江、乌江、澧水、沅江、昌江、乐安河都发生洪水,长江再次出现超过 50 000 m³/s 的第三次洪峰。此时,澧水石门站 19 000 m³/s 洪峰已破实测最大记录,而沅江大洪峰流量则达 26 500 m³/s。8 月 1 ~ 27 日长江上游、清江、澧水、汉江流域多次降雨,长江上游又接连出现超过 50 000 m³/s 的洪峰五次,8 月上中旬的三次洪峰流量均超过 60 000 m³/s。八次洪峰中以第六次洪峰最大。

全国 1998 年 6 ~ 8 月雨量分布见图 8-4,800 mm 以上长江流域大雨带呈东西向分布,以上中游为主。宜昌以下长江各主要站最大流量、最高水位及出现时间分别见表 8-1。其中除螺山站在 7 月 26 日、大通站在 8 月 1 日出现最大流量外,其余各站均在 8 月 16 ~ 22 日间出现。

1998 年,由于流域内已修建大量水利水电工程拦蓄部分洪水,特别是一些控制性水库削减了入库的大部分洪峰,对临近河段最大流量、最高水位影响较大。实测流量和水位均需经还原计算以后,才能将预报的自然洪水与没有这些工程影响的1954年洪水在相同基础上进行比较,可惜这一工作有关单位现在尚未完成。

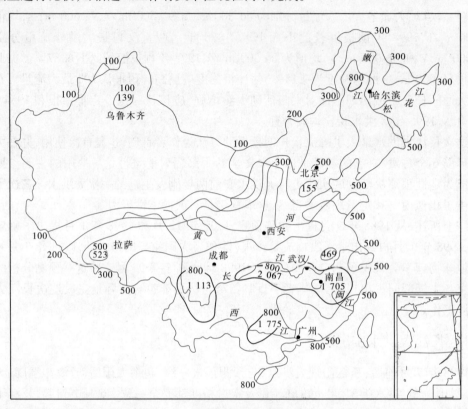

图8-4　1998年6~8月中国大陆降水量等值线　(单位:mm)

表8-1　长江主要站1998年最大流量、最高水位及出现时间

站名	最大流量（m³/s）	出现时间（月-日）	最高水位（m）	出现时间（月-日）	1954年记录	
					最大流量（m³/s）	最高水位（m）
宜昌	63 300	08-16	54.50	08-17	66 800(08-07)	55.73(08-07)
枝城	68 800	08-17	50.62	08-17	71 900(08-07)	50.61(08-07)
沙市	53 700	08-17	45.22	08-17	50 000(08-07)	44.67(08-07)
螺山	67 800	07-26	34.95	08-20	78 800(08-07)	33.17(08-08)
汉口	71 100	08-19	29.43	08-20	76 100(08-14)	29.73(08-18)
九江	73 100	08-22	23.03	08-02		22.08(07-16)
大通	82 300	08-01	16.32	08-02	92 600(08-01)	16.64(08-01)

但据主管部门已经提供的信息和资料现在仍可以作初步估算。8月16日宜昌出现63 300 m³/s洪水后,葛洲坝水库超蓄削减洪峰2 000多 m³/s,清江隔河岩水库也将入库洪峰4 000多 m³/s削减为1 600 m³/s下泄,因此枝城站最大流量还原后比实测值68 800

m^3/s 可能应增加 4 000 m^3/s，为 72 800 m^3/s（当时报汛时曾估报为 71 800 m^3/s）。8 月中旬汉江丹江口水库最大入库流量为 18 300 m^3/s，而出库最大流量仅为 1 280 m^3/s，削减近 94%。还原后再考虑下泄过程中的槽蓄影响，汉口最大流量可能为 8 500 m^3/s，相应大通站最大流量也可能增至 90 000 m^3/s。现将上中下三站最大流量 72 800 m^3/s、85 000 m^3/s、90 000 m^3/s 取平均为 82 600 m^3/s，此值比定量预报 80 000 m^3/s 大 3.25%。如以三站实测值比较，则偏小 9.7%（单以宜昌一站实测值比较，偏小 20.9%）。

1997 年 11 月 3 日以后，太阳发生了短期爆发，至 29 日止已多次出现强烈耀斑并发生质子事件。以后太阳活动进入第 23 周明显上升段，逐步增强。1998 年 4 月 8~10 日又爆发了更强烈活动，逐日黑子相对数已超过 100。6 月下旬、7 月初和 8 月上中旬及下旬后期活动均曾持续加强。相应太平洋和印度洋海温变化，东南非、南亚和中国异常降水及洪水，在滚动分析和预测预报验证中，均进一步证实了日地灾害物理过程的整体发展和各环节间的密切联系。

1998 年 1 月、2 月、3 月闽江受西南气流异常降水影响，接连三次一次比一次更大，出现破同期历史记录的大洪水，3 月的一次已达 16 400 m^3/s。6 月 12~24 日出现了以建阳坳头为中心的破历史记录的 1 636.1 mm 最大暴雨，过程雨量 300 mm 以上暴雨笼罩面积仅 31 170 km^2，在闽江却造成 1609 年以来最大洪水。23 日，十里庵站和水口电站入库洪峰流量竟高达 36 100 m^3/s 和 37 000 m^3/s。竹岐位于水口电站下游，已受水库调节影响，也达 33 800 m^3/s，以约 5 万 km^2 的集水面积出现 37 000 m^3/s 大洪水，西南气流水汽输送的强盛和 1998 年中国大洪水的险恶形势已表露无疑。闽江特大洪水实又为长江、嫩江、松花江特大洪水再次敲响警钟。

关于 1998 年长江大洪水总洪量和 1954 年的比较，由于还原计算受溃口分洪影响十分困难，1954 年洪水尚无最后数字，所以很难进行。总的来看，1998 年 30 d、60 d 最大洪量和 6~8 月总径流量与 1954 年都较接近。宜昌站根据实测值来看还略大一些，汉口以下则略小。

五、总结与讨论

(一)可预测性与测得准

平均周期为 22 年的长江流域性大洪水是一种具有因果规律的日地灾害物理自然事件，是中国和周边地区包括太平洋、印度洋和东南非及南亚一系列水文气象特定变化的一个必然出现的环节。赤道西太平洋变凉和印度洋变暖的"东凉西暖型"海温分布和越赤道索马里急流增强东传后西南气流的异常降水，掌握此成因和先兆可以作出确定性预测。在能量来源框架内选取相似求得规范，也可以准确预报最大洪峰流量，其准确度可以达到 90% 以上，至少也可以达到 80%。所以，认为大洪水不可预测和测不准是缺乏根据的过于悲观的错误观点，不可取。相反，我们应该开阔视野，以多学科联合的优势，努力谋求综合预测科学的发展，以造福于自己。因此，对 2020 年长江将再次出现大洪水的预测研究应予以特别重视。

(二)对两大洋和有关国家应加强联合观测与信息交流

对于大洪水的出现要提前半年以上进行预测，必须加强对太平洋、印度洋及有关各国水文气象的联合观测和信息交流。赤道太平洋现有条件较好,东中部 NINO 1、NINO 2、NINO 3、NINO 4、NINO C 等较密区控制。西太平洋 NINO W 区尚未包括 10°N ~ 30°N 和 125°E ~ 140°E 这一极重要的海域。印度洋 B 区控制较好,但南印度洋 0° ~ 10°S 和西印度洋 40°E ~ 55°E,10°S ~ 30°S 海域也急需控制。美国、法国、澳大利亚刚开始对有限的印度洋监测注意加强,印度、孟加拉国和东南部非洲国家还未见布置。中国过去一直关注太平洋,对印度洋和南海今后都应给予重视。作者 1997 年 12 月向国务院提出建议,要求抓紧收集东南非和南亚各主要河流暴雨、洪水信息,因为它是预测长江大洪水的重要依据,当时未能解决,也需改造。

(三)要重视印度洋海温增高和西南气流异常降水

和中国大洪水预测工作有关的水文、气象和海洋学家,都注意到了太平洋 1997 ~ 1998 年的强 EL NINO 事件,注意西太平洋台风以及副热带高压盛夏北上影响。对于多数年份,这都是必要的,但是对于异常的 1998 年就不够了。在长江将要出现流域性大洪水的时刻,最需要注意的是印度洋海水变暖和西南气流带来的持续性降雨、降雪。东、中太平洋海水增温时,西太平洋海水减温,恰好使副热带高压南退,台风很少生成。今后要深入研究赤道印度洋和西印度洋海温变化的成因和索马里急流与东南非、南亚暴雨洪水以及西南气流对中国的水汽输送(特别要重视沿雅鲁藏布江河谷和越横断山脉的输送)与长江、黄河、珠江以及海河、松花江暴雨洪水的关系。

(四)要重视历史大洪水成因和相似年及先兆的研究

现代水文气象学家很少有人研究几十年、几百年前历史大洪水的物理成因,也不把历史大洪水按成因分类,对相似年作系统比较分析,更不仔细检查每次大洪水的前期征兆。而成因—相似—先兆研究,既可以提供确定性预测判断的依据,又可以获得定量预报方法,正是发展综合预测科学的必由之路。大洪水不可能经常出现,一个世纪只有几次,而且彼此还有差异。中国有长期历史记录,不利用、不研究极为可惜。过去研究洪水成因常常只针对一条河,甚至一条河上的一个河段,以河流流域、河段,以水划分,未考虑在国内完整的降雨过程和全部雨区分布,更不考虑国外有关地区。而且分析成因常常到天气为止很少考虑海洋,或者考虑了西北太平洋,却又忽视在异常年份必须重视的印度洋,这些缺点都需要改正。作者在此特别指出,不仅 1998 年、1996 年、1991 年三年长江大洪水和 1993 年密西西比河大洪水集中出现值得研究。而且 1844 年、1851 年、1903 年等年密西西比河大洪水与黄河、长江历史大洪水的关系也值得研究。全球 1860 年以来海温资料于 1990 年已经出版,我们研究近 100 多年的中国大洪水也应应用于实践。

附 录

附录一 太阳黑子—历史水旱—大河径流及河床演变[❶]

一、任务的提出

黄河、淮河、海河的治理,数百个大水库和千万个中小水库的建成,使我国河流发生了迅速变化。因此,做好大河径流及河床演变预报,成为一个重要而又紧迫的任务。从1958年开始的对黄河下游河床演变、河道整治,三门峡水库淤积及回水发展的大规模的科学研究工作突出地体现了这一点。1959年以后,针对抗旱而提出的水利上的许多措施,在很大程度上都和这个问题的解决有关。

附图1-1、附图1-2(永定河官厅水库坝前水位变化及水库淤积),附图1-3(黄河下游孟津—利津段冲淤变化),附表1-1(永定河芦沟桥—石佛寺段坍失及河道展宽比较)所示实际情况,具体说明北方河流水情沙情变化与水库运用、水库淤积及河床演变的关系。就水库水位的变化来说,官厅水库的经验也有着普遍的意义。

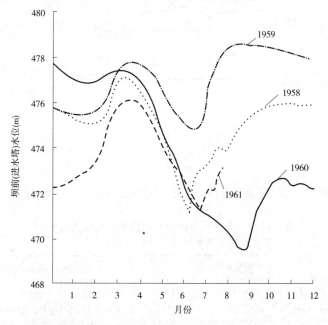

附图1-1 官厅水库坝前水位变化过程比较(1958～1961年)

[❶] 本文原为作者1961年12月在北京召开的"太阳活动与我国旱涝关系"学术讨论会上所作报告的摘要。现稍作订正,由黄河水利委员会水利科学研究所重印。

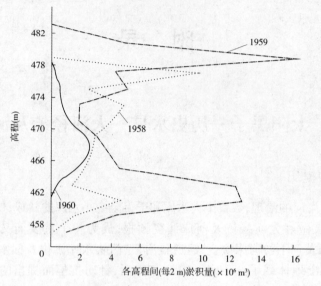

附图1-2 永定河官厅水库坝前水位及水库淤积(1958~1960年)

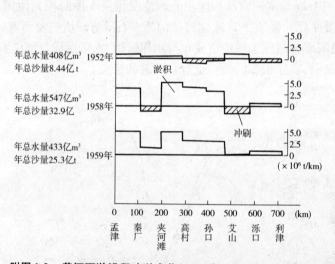

附图1-3 黄河下游沿程冲淤变化(1952年、1958年、1959年)比较

附表1-1(a) 永定河下游老滩坍失及河道展宽比较

（芦沟桥—石佛寺段,1956~1958年）

河段 (1)	老滩坍失(%)*			两岸滩堤展宽(m)		
	1956-04~ 1957-09(2)	1957-09~ 1958-09(3)	(2)/(3) 倍数	1956-04~ 1957-09(4)	1957-09~ 1958-09(5)	(4)/(5) 倍数
芦沟桥—金门闸	13.7%	0.3%	46	150	4	37.5
金门闸—石佛寺	19.4%	1.2%	8	50	5	10

注：* 以1920年及1950年平均面积为基数。

附表 1-1(b)　　1956～1958 年水文特征

年份	年平均流量 （m³/s）	年最大流量 （m³/s）	超过 200 m³/s 天数（d）	超过 300 m³/s 天数（d）	超过 500 m³/s 天数（d）
1956	81.5	2 640	21	13	8
1957	51.8	430	1	1	0
1958	32.7	1 340	2	1	0

　　大河水情的变化与广大流域的降水密切有关,大河水量的利用受其中下游平原旱涝变化的密切影响,而一条大河的整治,又常常需要数十年的时间。因此,关于河流问题的研究,不能不牵连气候变迁问题。

　　气候的变迁,在不太长的历史时期内,主要取决于大气环流的波动。地球上空气流动的能源主要来自太阳辐射,地球上接受太阳的辐射能量,和地球向太空辐射而散失的能量随时随地存在着差异,这种差异就造成了大气环流各种各样的变化。

　　由于太阳黑子活动和我国水旱灾害都有较长时期的记载。因此,从上述认识及所能掌握的材料出发,把太阳黑子—历史水旱—大河径流及河床演变联系起来,加以研究。

　　为了尽可能多地利用比较准确的资料,但是又必须有相当长的时间,因此研究的时段定为 1749～1960 年,共计 212 年。自 1749 年起,全世界有了统一的利用望远镜观测、计算黑子的方法,记录比较翔实。我国从 15 世纪开始(明代),各州府县都普遍编修地方志,积累了三百年的经验,到 1749 年以后,文献记录比以往更为确切,并且便于从各方面加以考证。

　　在这两百多年中,以 20 世纪 60 年代资料更为丰富,可以从各方面反复探讨。例如,北半球的大气环流,我国东部的降水,黄河、长江、珠江、黑龙江的流量等。因此,将这五六十年作为研究的重点。

　　这是一个极其复杂的问题。下面所介绍的只是从统观的角度,针对最主要的方面已经获得的部分成果。为了节省篇幅,许多次要的地方予以简略,许多在图表中已经明白表示了的,不再用文字叙述。

二、前人的研究及作者依据的资料

　　在我国历史上很早就有人注意气候的变化和天象的关系,《唐书·德宗记》中记载:"贞元六年三月……甲子以旱,日色如血,无光……闰四月戊午始雨"。时在公元 790 年。更早也还有记载。

　　近六十年来关于气候变迁问题的争论在世界范围内此起彼伏,连续不断。首先由于世界各处气象和水文记录的积累,推翻了气候一成不变论。以后各国学者从不同的方面、不同的角度论述了气候在地质时期和历史时期的变化。更进一步,不少人接着追寻气候所以会发生变化的原因,研究了太阳黑子活动以及太阳辐射和气候变迁之间的关系。曾经研究过黑子与雨量、温度、洪水、热带气旋、北极海结冰、东非维多利亚湖的水位、贝加尔湖上的暴风、西伯利亚的雷雨、阿拉斯加的反气旋、日本的洪水、台风等方面的关系。由于问题复杂,各方面的材料反映的情况并不一样,所以并没有一致的最终结论,但是关系的存在则是肯定的。

1957 年起,由于太阳活动突破了近两百多年的记录,世界上发生了一系列的气候上的变化,造成了许多灾害,因此这方面的研究又有进一步的推动。

我国气象、地理、水利科学工作者很早以来就注意对水旱问题的研究。由于 1959 年起我国连续三年发生了严重的干旱,因此这一问题更引起各方面的注意;不过,虽然对于近年来的旱涝实际情况与历史水旱记载都进行了大量的分析研究,但是把历史时期的文献记载和近五六十年的气象观测记录联系在一起,从日地相关的角度,结合太阳黑子活动加以综合的考察,十余年来却没有成果发表。

作者认为范围比较小,时段比较短的气象、水文记录,一时和黑子的关系不够明确,主要是受材料本身和分析方法的限制。从大处着眼,北半球的大气环流、大河的水量、较大范围的总降雨情况以及一些有代表意义的测站的长时期的降雨情况,如果把所有这些方面的材料结合在一起,有机地联系起来,加以分析研究,然后以更长时期的历史水旱加以验证,并且和太阳活动加以对比,同时吸收近几年来由气象火箭及人造地球卫星上天对高层大气的性质新获得的材料,是可以求得一定的成果的。

从一个水利科学研究工作者,特别是从一个河流水文和河床演变研究工作者的角度来看,要完成前面提到的任务也只有走这条道路。

大河径流的丰枯变化,以前曾为我国水文研究工作者所注意,并且联系大气环流的变化做过个别河流的分析。这方面的成果很有参考价值。

作者依据的主要资料如下:

(1)20 世纪 60 年代以来北半球大气环流的资料及环流型多年转变规律的分析:这项工作主要是由 A. A 格尔斯领导进行的。H. 缪勒-恩内也发表过成果。依据格尔斯的方法对东亚地区大气环流进行分类研究的有杨鉴初和气象科学研究所的部分科学工作者,从 1949 年到 1961 年已积累了不少材料。西太平洋海洋环流的资料很少,海冰及海水温度的变化主要参考吕炯收集的日本附近海域的资料。

(2)我国的降雨资料及多雨期与少雨期转变过程的统计分析:杨鉴初曾经和气象研究所的部分人员进行过 1901～1950 年东南沿海区、长江区、渤海区的水旱月分析,以后,气象研究所继续在更大范围内(全国 100°E 以东)选用更多的台站(80 以上)进行过计算。水利水电科学研究院水利史研究室曾利用清宫晴雨录推估过北京的雨量,因而对1720～1960 年的雨量变化有了比过去更具体的了解。

(3)我国大河径流资料:有关黑龙江、松花江、永定河、黄河、淮河、长江、珠江(西江)的水文资料,由有关水文单位整编;泥沙方面的资料主要是有关黄河和永定河的。

(4)历史水旱资料:水利史研究室对 16～19 世纪的旱情做了大量的文献整理与分析研究工作,对于涝情的统计分析工作还正在进行。分析旱情的演变主要依据各年各省受旱县数的统计,以及严重旱年的旱情变化记载。没有旱情的年代,降水比较正常或者偏多,气候比较湿润。涝情资料目前尚不完整,只在个别地方有选择地加以使用。为了对比更早时期的水旱演变,同时也为了对比各家对史料的处理方法,还参考了其他人的研究成果。

(5)太阳黑子资料:1749 年以后的黑子活动资料由瑞士苏黎世天文台加以整编发布。

近年来，我国紫金山天文台也每年给出观测报告，北京天文馆曾经提出了1960年1月至1961年9月每一个27天周期的资料。为了对比18世纪以前的水旱演变，还参考了我国古代黑子记录以及国内外学者的研究成果，并且对比了北极光的资料。在太阳黑子与我国水旱及大河径流之间的关系初步明确后，为进行试预报，参考了我国紫金山天文台及国外学者对未来黑子活动的预报材料。

对于所有以上各类资料，作者尽量采取审慎的态度，并在可能条件下加以考证。作者认为这些来源很不相同的资料都有各自的精度。在综合分析中，就统观角度来检查，它们结合在一起，彼此反复验证，各自也进行验证。总体来看，还是比较可信的。不过对于原始资料的加工，以及某些个别的部分，仍然会存在一些问题。

三、太阳活动的波动性

太阳活动通过黑子、极光、地磁的变化，已有两百多年的观测记录。由于近几年来更详细更直接的测量，有进一步的了解。一般认为黑子的增减基本上反映了太阳活动的强弱。

我国黑子记录可考者在2 000年以上，自公元前43年（汉元帝永光元年四月）至公元1638年（明怀宗崇祯十一年十一月）。据程廷芳统计共有记录109次（其中重复三次）。根据这一资料进行分析，在一两千年中黑子的变化有波动的特征，一个时期活动较强，记录较多，一个时期活动较弱，记录较少，或者没有记录，参见附表1-2。

附表1-2　两千年来太阳活动波动（三级波动）

年代	历时（年）	中国古代黑子记录次数	太阳活动性质
公元前57—公元3	60	2	强
3～170	167	0	很弱
170～205	35	2	强
205～271	66	0	弱
271～415	144	24	很强
415～473	58	0	弱
473～602	229	14	强
602～803	201	0	很弱
803～945	142	11	强
945～1060	115	1	弱
1060～1301	241	32	很强
1301～1335	34	0	弱
1335～1408	63	19	很强
1408～1589	181	0	很弱

年代	历时(年)	中国古代黑子记录次数	太阳活动性质
1589～1889	300	1589～1638 年间共有黑子记录 7 次	强
1889～1933	44		弱
1933～1996	63	1957～1958 年为这一时段中最强年， 创 1749 年以来最高记录	很强

注:1. 1640 年以前据中国古代黑子记录,1640～1750 年参考 J. 邵夫的研究,1750 年以后据瑞士苏黎世天文台公布材料。

  2. 这种大的波动可以暂称为三级波动,在其中强或弱的每一阶段,还有二级波动和一级波动。

1749 年以后,全世界对于黑子的观测和计算有了统一的方法,通用佛尔夫相对数加以表示

$$R = K(10g + f) \qquad (\text{附 1-1})$$

利用瑞士苏黎士天文台公布的材料,对于太阳的活动特征,可以有更进一步的认识。请参考附图 1-4,图中绘入 1749～1961 年各年各月的佛尔夫相对数变化过程。由附图 1-4 可知,太阳活动的波动性是十分明显的。

很早以来,太阳活动的 11 年周期就为大家所了解。再长的周期,例如 22 年、33 年、88～90 年,甚至更长都曾经有人提出过,并且做过数学的计算。

作者认为,平均为 11 年的周期性波动是肯定的。但是这种波动并不是每一次都相同。分析实际观测资料可以发现以下几个特点:

(1)11 年周期的历时(包括增强段与减弱段)和强度(以峰年佛尔夫数或整个周期的平均佛尔夫数表示)存在着显著的差异,特别是在强度上差异很大。

(2)几乎所有的 19 个周期,它的增强段都比减弱段为短。在增强时,历时短,佛尔夫数增加急剧;在减弱时,历时长,佛尔夫数减少缓慢。

(3)极其有意思的是,11 年的周期,从更长的时段着眼来考查,它有一个更大规模的增强、减弱又增强的波动过程。在这个波动中,即使在强度和历时上存在着很大的差别,但是就一级波动的峰年变化来看,增强段和减弱段所包括的 11 年周期的个数却完全相同。

作者建议:平均为 11 年的周期性波动可以称为一级波动,以一级波动为基础组成的更大的周期性波动则可以称为二级波动。二级波动的增强段包括一个至几个一级波动,黑子活动在小的起伏中,有时有所减弱,但总趋势在增强。二级波动的减弱段包括一个至几个一级波动,黑子活动在小的起伏中,也有时有所增强,但总趋势在减弱。根据实测资料划分强弱分期如附表 1-3 所示,并见附图 1-4。二级波动的峰年,即其所包括的最强的一个一级波动的峰年;二级波动的谷年,从实质上看,则应为其所包括的最后一个一级波动的谷年,即应由最小的那个峰年向后延长半个周期,因为在这半个周期中太阳活动仍在显著减弱。由这一峰年到这一谷年为二级波动真正的减弱段,这一谷年到一下峰年是为二级波动真正的增强段。由附表 1-3 和附图 1-4 可知,二级波动和一级波动在相同的位相上,有类似的性质,但是在历时、强度、增强段和减弱段的对比上,则有更大的差异。

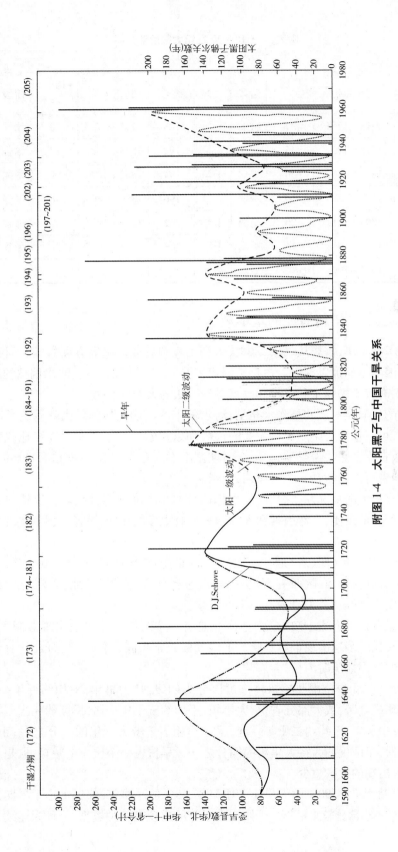

附图1-4 太阳黑子与中国干旱关系

编号	起止年份	历时（年）	阶段	气候	编号	起止年份	历时（年）	阶段	气候
182	1718 ~ 1755	37	减弱	干旱	183	1755 ~ 1778	23	增强	湿润
184 ~ 191	1778 ~ 1823	45	减弱	干旱	192	1823 ~ 1837	14	增强	湿润
193	1837 ~ 1867	30	减弱	干旱	194	1867 ~ 1870	3	增强	湿润
195	1870 ~ 1889	19	减弱	干旱	196	1889 ~ 1893	4	增强	湿润
197 ~ 201	1893 ~ 1913	20	减弱	干旱	202	1913 ~ 1917	4	增强	湿润
203	1917 ~ 1933	16	减弱	干旱	204	1933 ~ 1957	24	增强	湿润
205	1957 ~ 1996	(40⁺)	减弱	干旱					

四、华北、华中旱情演变的基本规律

全面地考查干旱，需要从气象、水文、水利工程和农业措施等方面做综合研究。此处则只从自然因素方面加以探讨。由自然因素来看，干旱是降水不足、河水偏枯的产物。而抗御干旱，则有赖于加强水利建设和改善耕作方法等人为的努力。

与干旱的气候相对应的是降水充足、河水偏丰的湿润性气候。大范围的长时期的干湿气候变化，可以从历史时期旱情演变的记载加以探索。一个时期内连续地或断续地出现旱年，多数省份多数县份受旱；另一个时期基本上没有旱年出现，即使有也历时较短，范围较小，则前者可以看做是一个干旱期，后者是一个湿润期。

涝情带有更大的局部性，它是由于局部地带的集中降雨和排水不良所造成的。再加上河流决口产生的洪涝，自然因素和人为因素就有更多的交错，不像干湿气候的变化比较容易判断。

据 1500 ~ 1900 年（明、清）地方志记载和 20 世纪 60 年代间的记录，我国华北地区，包括河北、山东、河南、山西、陕西五省；华中地区包括江苏、安徽、湖北、浙江、江西、湖南六省。旱情的发生、发展、消失过程有一定的规律性：

（1）近五百年中，华北、华中广大地区总是有一个时期比较多地出现湿润气候，然后有一个时期又比较多地出现干旱气候。干湿气候经常相间交替出现，而且一般干旱期都要比它前面的湿润期历时为长。

（2）旱年以其受旱范围及旱情轻重可以分为四级：特大旱年，平均约百年一遇，旱区遍及华北和华中全区，或大部分省份；大旱年，平均约五十年一遇，旱区约相当于特大旱年的四分之三；中旱年，平均约二十年一遇，旱区约相当于特大旱年的二分之一；小旱年，平均约十年一遇，旱区仅约为特大旱年的四分之一。旱情也一个比一个减轻，愈是严重的旱情，在历史上出现的次数愈少。

（3）全部特大旱年，90% 的大旱年和中旱年，75% 的小旱年，都集中于干旱期出现。在湿润期中仅有一小部分较小旱年。干旱期中旱年的出现有两种类型：一种为连续的系列旱年,两三年、四五年不等;一种为断续的单独旱年,当年受旱,第二年消失,过几年再出现。

（4）旱情出现的具体年代,不能以简单的平均周期估计(例如:平均约十年一遇的小旱年并不是每隔十年出现一次)。在干旱期,它可能接连几年断断续续经常出现,间隔较短;在湿润期,则又可能很长时期没有出现。根据统计分析,愈是小的旱情,出现的实际年代偏离平均周期的可能愈大。

（5）特大旱年旱情的发生、发展、消失,经历一个比较长的演变过程,一般是由轻到重,又由重到轻。根据近五百年间四次特大旱年统计,这一过程为3～5年。旱区普及华北、华中两区或在华北的演变过程较慢;旱区仅在华中的消失较快。通常多是:第一年较轻,第二年最重,第三年开始减弱,第四年趋于消失。

（6）除几次特别严重的旱年,华北华中同时受旱外,大多数旱年,如果华北受旱,华中就不受旱;华中受旱,华北就不受旱。旱区由北而南,有明显的转移和交错发展的性质。

在特别严重的旱年系列中,旱情大多先在北方沿海几省发生,然后向内陆,由东北向西南发展。最后又回过头来,由西南向东北逐渐消失。在华北东西两个副区中,冀、鲁、豫三省旱情出现次数比晋、陕为多;在华中南、北两个副区中,旱情出现机会的差别,则没有华北显著。

（7）在特大旱年的旱情完全消失以后,一般有一个短暂的时期,旱涝都不太显著,约两三年。但局部地区这时也仍有旱涝的可能。在这一时期过后,雨涝机会有所增加,甚至出现连续涝年。然后,则又出现旱年,不过旱情比特大旱年要轻。

在旱区的边缘,首先是南边缘,其次是北边缘,在大旱年的当年,可以出现大量的降雨,产生洪水和局部内涝,在旱情消失过程中局部地带雨涝机会也将增多。

16～19世纪,华北、华中十一个省份历年各县受旱的统计见附表1-4,18～20世纪各类旱年统计见附表1-5,并请参考附图1-4～附图1-6。

五、太阳活动与历史水旱的关系

参阅附图1-4、附图1-5及附表1-4～附表1-7,可知太阳活动与我国华北、华中地区的历史水旱演变有密切的关系。这种关系可以简要地归纳如下:

（1）华北、华中广大地区干湿气候的波动,实际上相应于太阳活动的不同阶段。在太阳活动减弱时,较多出现旱年;在太阳活动增强时,旱年出现较少。

可以把太阳活动减弱的阶段分成五类。在二级波动、一级波动和月平均活动都处于减弱期时,大量地出现旱年,并且常常遍及华北、华中全区(其中有一个移动过程)。在另外四类中,虽然某一级或两级波动开始处于增强期,但是太阳活动实际上仍然较弱,黑子佛尔夫数较小,也仍有旱年出现。

第一类中旱年出现的次数,比后四类出现旱年次数的总和还多。在后面四类中,出现旱情在地区上带有更显著的局部性,遍及华北华中的旱情很少。

（2）特别严重的旱情,如1640年、1785年、1877年、1960年4年,以及1721年、1835年、1856年、1913年、1920年、1928年、1934年、1942年、1959年9年,都在华北、华中广大地区,或者普及两区,或者偏南偏北出现了大范围、长时间的旱情。发生干旱缺雨、无雨的季节,正是农作物生长的季节,后果都很严重。

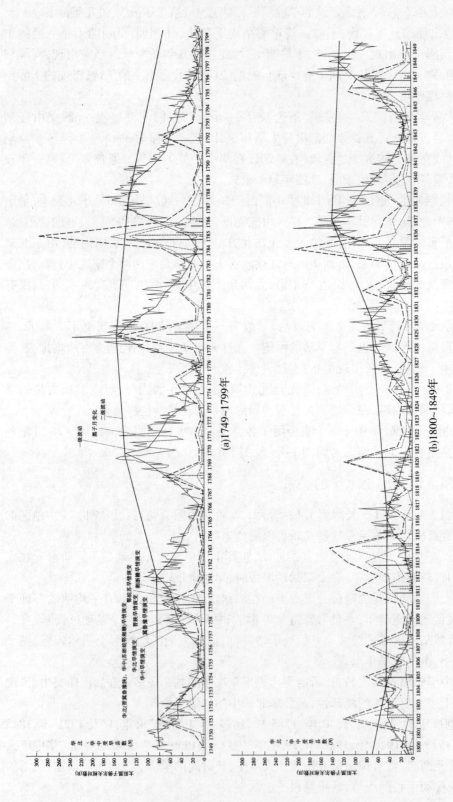

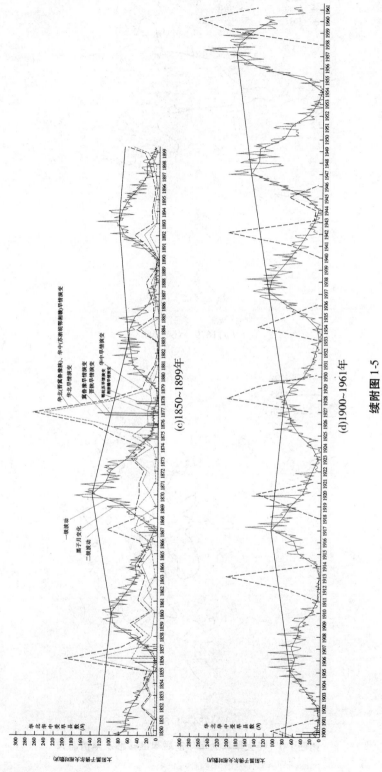

(c)1850~1899年

(d)1900~1961年

续附图 1-5

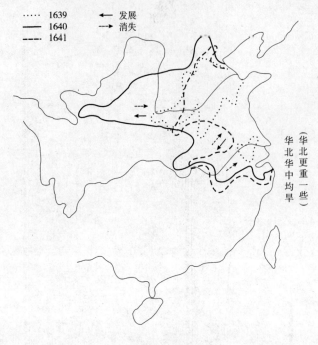

图例:
...... 1639   ← 发展
—— 1640   --→ 消失
- - - 1641

（华北更重一些）
华北华中均旱

(a) 1639～1641 年

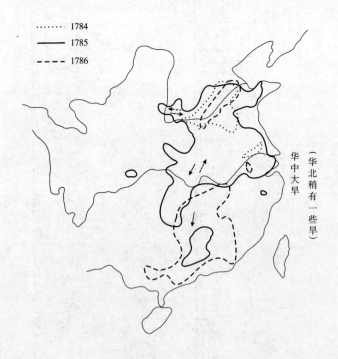

图例:
...... 1784
—— 1785
- - - 1786

（华北稍有一些旱）
华中大旱

(b) 1784～1786 年

附图 1-6　特大旱年大旱年前后旱区转移及旱情消长

华北大旱

(c)1876~1878 年

华中大旱

华北先旱

(d)1813~1814 年

续附图 1-6

附表1-4 16～19世纪各省受旱县数统计

年代	公元	华北 河北	华北 山东	华北 河南	华北 山西	华北 陕西	华北 五省合计	华中 江苏	华中 安徽	华中 湖北	华中 江西	华中 湖南	华中 浙江	华中 六省合计	华南及西南 福建	华南及西南 广东	华南及西南 广西	华南及西南 四川	华南及西南 贵州	华南及西南 云南	华南及西南 六省合计	甘肃	辽宁	十九省合计	说明
明弘治 十四年	1501				1		1	3		1			1	5	1	1	1	2			5		1	12	
十五年	1502						0	3		2				5			1			1	2		1	8	
十六年	1503	1	1	2			3	21	2	2	2		4	31							0			34	
十七年	1504	1	6	3		4	14			3				3	1		1	1			3			20	
十八年	1505			1	6		7	7						7							0			14	
明正德 元年	1506			2			2	8		3	8	1	5	25							0			27	
二年	1507					2	2	2		4	7	5	1	19	4	1			1		6			27	
三年	1508	1	2	12			15	17	14	11	8	1	36	87	2						2			104	
四年	1509	2	3	4			9	4	12	11	8	4	2	41							0			50	
五年	1510	2	2				4			2	4		2	8							0			12	
六年	1511			3			3		5	1		1	7	14				1			1			18	
七年	1512	5		1	4	1	11	9	1	2	4	2	8	26	1	1	1				3		1	41	
八年	1513	3		3	2		8	3		1	14		6	24	2	3					5			37	
九年	1514	4	1	3			5	6	2		2	1		11			1	1			2		1	19	
十年	1515	3	2	3			8	4		1		1		6		2	1				3			17	
十一年	1516	2	4	3	3		12	1		1	1	1	1	5							0			17	
十二年	1517						0					2	1	3	4	1	2				7			10	
十三年	1518	2					2				2	1	1	4	1		3			1	5			11	
十四年	1519	1					1		1	1	2	1	3	8		2					2			11	
十五年	1520				2	2	0	2	2	1	2		1	8			1	1			2	2		12	
十六年	1521	1	3		2	2	8	1					2	3	1						1			12	

· 192 ·

续附表 1-4

年代	公元	华北						华中							华南及西南							甘肃	辽宁	十九省合计	说明
		河北	山东	河南	山西	陕西	五省合计	江苏	安徽	湖北	江西	湖南	浙江	六省合计	福建	广东	广西	四川	贵州	云南	六省合计				
明嘉靖 元年	1522	2		1		4	7	3	1	3	2	1	1	11				2			2		1	21	
二年	1523	4	14	8	1		27	26	25	16	3	10	7	87	1		3	4		1	9		1	124	
三年	1524	7	5	7			19	6				2	8	16	1			2			3			38	
四年	1525		1				1	1				1	1	3		1		2			3			7	
五年	1526		1				1	4	2	2	13	8	31	60	9	3	1				13			74	
六年	1527	4		11	1		16	2	4	1	3		2	12				1		1	2			30	
七年	1528	6	6	27	12	11	62	9	1	18		5	2	35	3	6		9	3	1	22	6		125	
八年	1529	13	3	4	1	1	22	6	3					9		7	1				8	2		41	
九年	1530	3			2		5	7	3				3	13	1	7				1	9			27	
十年	1531	1	1	3	1	4	10	1	3			1	1	6							0	1		17	
十一年	1532	1	3	2	7	3	16	2	7	2	4		1	16							0		1	33	
十二年	1533	3	3		4	2	12		3			1		4							0	1	2	19	
十三年	1534						0	1	4	3	7	4	4	23		1					1		1	25	
十四年	1535	1	1				2	10	5	4	1	1	3	24	1	2					3			29	
十五年	1536	1	2				3	7	2	1	3			13	5	14	2				21			37	
十六年	1537	1				3	4		2	3	2			7	7						7			18	
十七年	1538	2	6	2		1	11	2	1	3	7	7		20	5						5		2	36	
十八年	1539	2	3	5	1		11		1	5	1	6	6	19							0		1	31	

続附表1-4

| 年代 | 公元 | 华北 | | | | | | 华中 | | | | | | | 华南及西南 | | | | | | | 甘肃 | 辽宁 | 十九省合计 | 说明 |
		河北	山东	河南	山西	陕西	五省合计	江苏	安徽	湖北	江西	湖南	浙江	六省合计	福建	广东	广西	四川	贵州	云南	六省合计				
十九年	1540	8					8	7	2		3	1	3	16				2	1		3			27	
二十年	1541	6	2	3			11	6		2	4	1	2	15	3	2		4			7	1		34	
二十一年	1542	1		1			2	1			3		1	4	2	2					4			10	
二十二年	1543	2		1			3	4	2		1		2	9	2	4					6			18	
二十三年	1544	1					2	26	18	16	24	18	22	124	8	5	2				15		1	142	
二十四年	1545	6	2	2	5		15	27	15	7	12	7	22	90	8	2		4			14			119	
二十五年	1546	1	3				4	10	2		1	1		14		1		4			5			23	
二十六年	1547	1	2				3	1	1	1		5	4	12		1			1	1	3			18	
二十七年	1548					1	1				1		3	4				2	1		3			8	
二十八年	1549	4	4	3			11	1	1	2				4	1	1	1	1		1	5			20	
二十九年	1550	8	4	2	1		16					3		7				1			2			25	
三十年	1551	1	1	1	1		4	1						4		1					1			9	
三十一年	1552		2				2	4	2		4	1	2	9		1	1				1			12	
三十二年	1553	8	3	6	1		18	14	2		4		2	11		1	1	1			0			29	
三十三年	1554	2	3	2	1	1	7	14	2	8		2	1	27			2	1			0	4		34	
三十四年	1555	1	1	2	1		5	2	1		4	1		3		2	1	1			3			15	
三十五年	1556	1	1				1			1	4	1	1	5		1		1		1	4			10	
三十六年	1557	2	1	2	1		6						1	2							0			8	

明嘉靖

续附表1-4

年代	公元	华北						华中							华南及西南							甘肃	辽宁	十九省合计	说明
		河北	山东	河南	山西	陕西	五省合计	江苏	安徽	湖北	江西	湖南	浙江	六省合计	福建	广东	广西	四川	贵州	云南	六省合计				
明嘉靖 三十七年	1558	2	3		1		6	1			1			2		2					2			10	
三十八年	1559	7	3	1	3		14	16	4				5	25	1					1	2			41	
三十九年	1560	29	15	3	9		56	1	2	2			2	7		6	3				9	1		73	
四十年	1561	14	2	2	7	1	26		1	1			1	3	1	3	1		1		6			35	
四十一年	1562		2	5		1	8		1	3				4	1						1			13	
四十二年	1563	3	1	2	1		7		2	4			1	7							0			14	
四十三年	1564	1		3		2	6	2	2					4							0	1		11	
四十四年	1565		2	1	1	1	5	2	1	2				5	1		1				2	1		13	
四十五年	1566					1	1			2	2			4	2	2					4			9	
明隆庆 元年	1567	1			1		2		4	1	1			6	1					1	2			10	
二年	1568	1	3		15	4	23	2	1		8	6	9	26	3			5		1	9			58	
三年	1569		3				3		3		2		3	8						2	2			13	
四年	1570	3	1	3			7	3	1	4		5		13		2		1			3			23	
五年	1571	1	2				3		1	1	1			3	1	1					2			8	
六年	1572	2	1			6	9	1						1		7				1	8			18	
明万历 元年	1573		8	1		1	10	1		1	1		2	5	2	1					3		3	21	
二年	1574		1	3			4	1	1	1				3		1					1			8	
三年	1575						0	1	2	1	6	3	11	24		1	1				2			26	

续附表 1-4

年代		公元	华北						华中							华南及西南							甘肃	辽宁	十九省合计	说明
			河北	山东	河南	山西	陕西	五省合计	江苏	安徽	湖北	江西	湖南	浙江	六省合计	福建	广东	广西	四川	贵州	云南	六省合计				
明万历	四年	1576		1		1		2			1		1	1	3							0			5	
	五年	1577		2	2		1	5	1	1	1	2		2	7						1	1			13	
	六年	1578	1	1		1	2	5							0	1	3					4			9	
	七年	1579	1	3				4			1	2	1	3	7	3						3			14	
	八年	1580	1	1	2		1	5		3		3	1	2	9							0			14	
	九年	1581	4	1	2	1		8		2	2			2	6							0	2		16	
	十年	1582	5	1	5	3	11	25			7		2		9				2			2	9		45	
	十一年	1583	4	1	2	4	3	14	3	1	4	2	2	8	20			1	1			2			36	
	十二年	1584	3	1	7		2	13	1		5			2	8					1		1			22	
	十三年	1585	18	3	16	10	3	50	1	4	1	2			8	1	6	3				10			68	
	十四年	1586	26	12	16	30	7	91	3						3	1						1	3		98	
	十五年	1587	17	11	23	17	6	74	3		2	2	6	9	22	1	1			1		3	4		103	
	十六年	1588	6	8	10	2		26	22	19	14	14	6	23	98	4			3	1		8			132	
	十七年	1589	4	3	11			18	35	22	11	27	24	23	142	3	1		3	1	1	9		1	170	
	十八年	1590	12	4	4	1		21	9	6	11	2	12	7	47	3						3			71	
	十九年	1591	4	2	1	1		8						1	1	1						1			8	
	二十年	1592	1	1	1			3		1	1	5	1	1	9						1	1			13	
	二十一年	1593		2	1			3			5	5	1	1	12	2	2				1	5	1		21	

续附表1-4

年代	公元	华北						华中							华南及西南							甘肃	辽宁	十九省合计	说明
		河北	山东	河南	山西	陕西	五省合计	江苏	安徽	湖北	江西	湖南	浙江	六省合计	福建	广东	广西	四川	贵州	云南	六省合计				
明万历 二十二年	1594		1	5			6	6		1	1	2		10	1	4		1			6			22	
二十三年	1595		1	2	1		4		1	2			2	5		15	1				16			25	
二十四年	1596		1	7	1		9	3					6	9		16		1			17			35	
二十五年	1597	3	2				5	3						3		1		1		1	3		2	13	
二十六年	1598	4	1	1	1		7	1	2		5	1	13	22		1		1		1	3			32	
二十七年	1599	5	3	8	10		26	1			2	1	3	7					1		1			34	
二十八年	1600	8	2	1	4	2	17					3		3					1		1			21	
二十九年	1601	6	6	3	7	2	24	2			1	2	1	6		1	3		1	1	6			36	
三十年	1602	1	2	1			4				1	2		3	1						1			8	
三十一年	1603						0				4	1	1	6		1				1	2			8	
三十二年	1604	3				1	4	2				4		6		2				1	3			13	
三十三年	1605	3	2	2			7	7	1	2	2	4	7	23		3					3			33	
三十四年	1606	6	3	3	3		15					1	7	8	6	3					9			32	
三十五年	1607		3	1	2		6	6					5	11			1				1			18	
三十六年	1608	2	3	1			6	6	4		1	1	6	18	4	4					8			32	
三十七年	1609	11	2	8	27	6	54	1		2			6	9		1		6			7			70	
三十八年	1610	7	11	2	22	6	48					2	6	8		1	1	4		4	10			66	
三十九年	1611	4	2	6	6		12		2			2	6	10										22	

· 197 ·

续附表 1-4

年代		公元	华北						华中							华南及西南							甘肃	辽宁	十九省合计	说明
			河北	山东	河南	山西	陕西	五省合计	江苏	安徽	湖北	江西	湖南	浙江	六省合计	福建	广东	广西	四川	贵州	云南	六省合计				
明万历	四十年	1612	2			8		10	4	1			5	1	11			2		1		3			24	
	四十一年	1613		2		1		3	1					1	2	3						3			8	
	四十二年	1614	6	8				14	3	2	4	3		4	16	2						2			32	
	四十三年	1615	23	45	1	2		71	7	3			3	3	13						5	5			89	
	四十四年	1616	6	9	7	3	6	31	2	3	5	1		1	7										38	
	四十五年	1617	8	6	8	14	2	38	9	8					22		2	3		1		6			66	
	四十六年	1618	4	3	2			6	1	1	4	4			10		2	17		3		22			38	
	四十七年	1619	2	3	8			13	3	6				1	10	1		3		1		5			28	
光宗泰昌元年		1620	4	2	6			12	3	1		1		3	7	1			1			2		5	26	
明天启	元年	1621	2	5	1		1	9			1	1	4	4	6				1		6	7			22	
	二年	1622	1	1	5			6		2	2				2						1	1			9	
	三年	1623						0	2	1	1	5	3	2	13										13	
	四年	1624	2	1	3	1		6	5	2	2	4	10	9	23	2	2	5			3	12			41	
	五年	1625	5	5	3	2		10	8	3	2	1	2	1	23					1		1			34	
	六年	1626	2	5	2		2	11	11	3	1	1	1	1	17	2	8			1	1	11			39	
	七年	1627	1		4	1	3	9	5	2		1	1	1	10		1		7			8			27	

· 198 ·

年代	公元	华北						华中							华南及西南							甘肃	辽宁	十九省合计	说明
		河北	山东	河南	山西	陕西	五省合计	江苏	安徽	湖北	江西	湖南	浙江	六省合计	福建	广东	广西	四川	贵州	云南	六省合计				
明崇祯 元年	1628	17		1	8	6	32	5		1	1	2		9	2	9		1			12	4		57	
二年	1629	3	1	1	2	6	13		2	9	1			12		3					3	2		30	
三年	1630	3	1	2	1	5	12	4		1		3		8	1	4					5			25	
四年	1631	2	2	1	2	8	15	3			2			5		2		3	1		6			26	
五年	1632	1	3			1	5	6	2		3	1	9	21	2				1		3			29	
六年	1633	1		2	16	5	24	3		1	6	1	1	12		2					2			38	
七年	1634	2	1	8	8	1	20	4			2			6	1			2	1		4	1	1	31	
八年	1635	1	2	11	7	3	24	7	2					9	1	4					2			35	
九年	1636	2			2	2	6	5	1	1	15	3	15	49	1	2	1			1	5	1		61	
十年	1637	5	10	3	3	1	22	5						8	1	1					3	3		36	
十一年	1638	3	18	15	10	10	56	20	2	8	1	2	3	25		4					2	1		84	
十二年	1639	15	20	25	9	4	73	11	3	10	1	4	3	21		3	1		2	1	4	2		100	
十三年	1640	45	44	54	20	35	198	34	17	10	4	2	14	81		1	1	1	2	1	8	14	1	302	
十四年	1641	36	20	13	7	4	80	56	20	4	3	1	20	90			4	1		1	6			176	
十五年	1642	7	1	3	2		13	6	2	4	1	6	13	32		2			1					45	
十六年	1643	6	2	4	2	1	12	7	3	2	13	2	13	54	3		1	1	1	2	9			75	
清顺治 元年	1644	4	2	4		1	11	9	3	2	1	6	4	25		1					1			37	
二年	1645	2	2	4	2	1	11					2		2		1	1				2			15	

续附表1-4

年代	公元	河北	山东	河南	山西	陕西	五省合计	江苏	安徽	湖北	江西	湖南	浙江	六省合计	福建	广东	广西	四川	贵州	云南	六省合计	甘肃	辽宁	十九省合计	说明
清顺治 三年	1646	2	4	1			7	2	5	3	42	13	26	89	1	1	4	3			9		1	106	
四年	1647	1	4	3	1		9	2	3		10	5	5	25	1			3			4			38	
五年	1648			4		1	5	2	4			3		9	2	6		2			10			24	
六年	1649	1		2			3	2			2		2	6	1	1		2			4	1		14	
七年	1650	3	6	7	5		21	2				3		5			5				5			31	
八年	1651	1	1	4	1		7	2	7	1	3	2	6	21		1					1			29	
九年	1652	2		9	1	1	13	28	21	33	11	27	5	125		1	1	1			2			140	
十年	1653	5		2	1		8	7	9		3	3	3	25		3	1				4			37	
十一年	1654	1	1	9	4		15	5	9		1		5	20	3	3		1			7			42	
十二年	1655	3	4		7	1	15	1	4		3	3	16	24	1	4				1	5	1		45	
十三年	1656	5	3	4	3	2	14	2	1	1	3	3	4	13		1			1		3	3		33	
十四年	1657	4		4	1	3	8	1	1	7	6	6		21	3	1					4	2		35	
十五年	1658	2	1	3	1		9	1				1		2		2					2			13	
十六年	1659	2	1	2	2	1	5	1	1		16	7	1	26		4			6		10			41	
十七年	1660	9	2	6	1	1	18	2		1		1	1	5		3			5		8			31	
十八年	1661	4	2	10	1	1	17	18	10	12	3	4	22	69	2	1			2		5			91	
清康熙 元年	1662	4	3	1	1		6	2	1	5		6	9	54		1				2	3			63	
二年	1663	3	3	5			11	6	6	4	12	3	5	36		2					2		1	50	

· 200 ·

续附表1-4

年代	公元	华北						华中							华南及西南							甘肃	辽宁	十九省合计	说明
		河北	山东	河南	山西	陕西	五省合计	江苏	安徽	湖北	江西	湖南	浙江	六省合计	福建	广东	广西	四川	贵州	云南	六省合计				
三年	1664	6	18	5	3	1	33	2	1		15	2	3	23	5	5					10		1	67	
四年	1665	17	64	8	4	3	96	7	2		24	16	1	50	8	10				8	26			172	
五年	1666		4				4			1	14	1	6	22	1	11			1		13	2		41	
六年	1667	4	10	9			23	4	4	4	1	8	4	25		7					7	5		60	
七年	1668	8	3	1	1		13	1		3	1	1		6	1						1	1		21	
八年	1669	2			2		4				9	4	1	14	1	1					2			20	
九年	1670	21	23	10	2		56	1		6	11	4	2	24		4				2	6			86	
十年	1671	22	9	7	2		40	25	35	19	40	17	42	178		1					1			219	
十一年	1672	9	5	3	3		20	2	7	2	4	7	2	24		4					4		1	49	
十二年	1673	8	4	3	2	1	18		1	4		2	3	10	2	6					8			36	
十三年	1674	5	12	8	1	1	27	4	5	11	3	7	1	31		2					2			60	
十四年	1675	3	1	3			7			2		3		5	1						1			13	
十五年	1676	1		2			3						1	1	1	1					2			6	
十六年	1677	6		1		1	8	5	4		5	6		20							0	1		29	
十七年	1678	5	4	4	7	1	21	18	14	5	13	1	7	58		1	2				3			82	
十八年	1679	23	13	22	4	8	70	34	34	14	16	22	11	131				1	1		2			203	
十九年	1680	15	5	4	4	1	29	2	2	4	3	2	3	16	5	10	1				16			61	
二十年	1681	6	2	2	3		13	3	2	1	4	4	10	24	4	14	2				20			57	

清康熙

续附表 1-4

年代	公元	华北						华中							华南及西南							甘肃	辽宁	十九省合计	说明
		河北	山东	河南	山西	陕西	五省合计	江苏	安徽	湖北	江西	湖南	浙江	六省合计	福建	广东	广西	四川	贵州	云南	六省合计				
清康熙 二十一年	1682	4	7	1			12	1	1		2	1	1	6	3	5	4		1	1	14			32	
二十二年	1683	2	1	7	3		13	1	1		3	3	2	10	1	6		1			8	1		32	
二十三年	1684	7	4	7		5	23	1		1	1	9	3	15		2	1	12	1		16	2		56	
二十四年	1685	2		1			3			1	2	3	1	7	4	11		2			17	3		30	
二十五年	1686	5	2	8	3		18	3	2	6		1	1	13		3	1	3	1	4	12	1		44	
二十六年	1687	2		6			8	3	1		6	1	4	15	1	4	1			1	7			30	
二十七年	1688	1		11		1	13	1			3	1	3	8	1	4	1	2		1	9			30	
二十八年	1689	28	4	19	7	2	60	1	2	9	6	4	4	26	1	1		3			5		2	93	
二十九年	1690	9	2	33	5	4	53	4	4	20	2	3	2	35	1	1		1			3	1		92	
三十年	1691	12	2	2	15	15	46	3	3				2	8	5	11	6	2			24	1		79	
三十一年	1692	2		11	10	7	30	3	5	2	2		3	15		4		2			6	2		53	
三十二年	1693	1		3	2	2	8	20	19	9	7	1	12	68		1					1			77	
三十三年	1694	1		1	1		3		2	2	4		2	10		1					1			14	
三十四年	1695			1	3		4	2	1		1	4		8	2		2			3	7		2	21	
三十五年	1696	1	1	3	8		13	5	2		1	4	9	21	11	8	4			3	26			60	
三十六年	1697	3	2	3	8		16	1	1	2	2		9	15	5	8	4			3	20			51	
三十七年	1698		4	4	6		14		1			2		3		1	2	1			4			21	
三十八年	1699	1	1		1		2	3	4				2	9		1					1			12	

续附表 1-4

年代		公元	华北						华中							华南及西南							甘肃	辽宁	十九省合计	说明
			河北	山东	河南	山西	陕西	五省合计	江苏	安徽	湖北	江西	湖南	浙江	六省合计	福建	广东	广西	四川	贵州	云南	六省合计				
清康熙	三十九年	1700	1					1	2		1			9	12		1		1			2			15	
	四十年	1701		2		2	1	5	4	2			1	1	8	3						3	3		19	
	四十一年	1702						0	3	1		4	8	1	17	7		1	1			9	1		27	
	四十二年	1703	1	7		2		10	2	1		6	16	6	31	6	3		1			10	1		52	
	四十三年	1704	4	7	2			13	4	2	1	4	4	3	18	1		7				8	1		40	
	四十四年	1705	1	2	2	4		9	4	1	1			2	8	1	2	1				4			21	
	四十五年	1706	1	2		4	1	8		2	3	3	9	3	20	2			1			3			31	
	四十六年	1707		2				2	28	12	1	3		16	60		1					1			63	
	四十七年	1708	9	16	19	4		48	3	5	17	2		1	28							0	1		77	
	四十八年	1709	1		3			4	3	4	1		2	3	13							0			17	
	四十九年	1710	5	2			1	8	1	1	1	1		5	9	6	4	1				11			28	
	五十年	1711	8	2	5			15	3	10	1				14		1	1				2			31	
	五十一年	1712	2	1	1	3		7		3	2		2		7		2					2			16	
	五十二年	1713		1	2			3	4	3			1	6	14			2			1	3	3		23	
	五十三年	1714	5	4	13	2		25	20	19	8	3	3	18	71		3					3	3		102	
	五十四年	1715	1	1	2			4		4	1		5	1	11		4					4	2		21	
	五十五年	1716	6	2	1			9	19	26	2	5	8	8	58	1	4					5			72	
	五十六年	1717	1	1	1			2	1	2	1			3	6	1						1			9	

续附表1-4

年代	公元	华北						华中							华南及西南							甘肃	辽宁	十九省合计	说明
		河北	山东	河南	山西	陕西	五省合计	江苏	安徽	湖北	江西	湖南	浙江	六省合计	福建	广东	广西	四川	贵州	云南	六省合计				
清康熙 五十七年	1718		4	2			6	1	3	4	3	2		13			2				2			21	
五十八年	1719		8	1		2	11	1		1	4	2	23	31							0	2		44	
五十九年	1720	8	11	7	27	11	64	2			5	1	3	11	2	1	2				5	3	2	85	
六十年	1721	14	29	22	35	18	118	18	11	2	25	2	33	91	4	7	11				22	4		235	
六十一年	1722	17	25	19	13	4	78	21	4	2	2	1	9	39	1	2					3			120	
清雍正 元年	1723	9	16	11	8		44	16	4	2			28	50	1			4			5			99	
二年	1724	1	1	4	1		7	9	1	2	2	3	6	23	1	2	2				5			35	
三年	1725	11	7	2			20	4	3	1	3			11	2						2			33	
四年	1726	1		2	1		4	2	2	1	1			6	3	4					7			17	
五年	1727	1	2				3			1		1	3	5		3	2				5	2	1	16	
六年	1728	4	1		1	1	7	3		1	12	3	1	20	6	1	2		1		10			37	
七年	1729	4					4	4				3		7		1					1			12	
八年	1730	5	1	2	2		10				1			1		1					1			12	
九年	1731	7	1	1			9						1	1		1				2	3			13	
十年	1732	2	11	1	4	2	20							0		1					1			21	
十一年	1733		6	1			7	7	1				5	13							0			20	
十二年	1734	3		1			4				1	1	2	4							0			8	
十三年	1735	1		1	1		3	4	3	6	1	5		19	1			5	2		8			30	

续附表 1-4

年代	公元	华北						华中							华南及西南							甘肃	辽宁	十九省合计	说明
		河北	山东	河南	山西	陕西	五省合计	江苏	安徽	湖北	江西	湖南	浙江	六省合计	福建	广东	广西	四川	贵州	云南	六省合计	甘肃	辽宁	十九省合计	说明
清乾隆 元年	1736			4			4	2	1		1	1	2	7		2		1	2		5		4	20	
二年	1737	10	7	1	3	4	25				1	1	1	3		1	1				2			30	
三年	1738		4	4			8	27	22	4	3	2	5	63	2	1	1			1	5			76	
四年	1739	1	2	3	1	3	10	3	6	5		2		16	1						1	2		29	
五年	1740			3			3					1		1	4	1	1		1		7	1		12	
六年	1741		7				7	3	2				1	6	1	7		1	1		9	4		26	
七年	1742	6	2	1			9				2	5	1	8	9	16					25			42	
八年	1743	29	19	16	3		67	5	8			1		14	2	3	1		2		8			89	
九年	1744	11	10	3			24	3	2	4	6	4	3	22	1	1	1				3			49	
十年	1745	31		6	8		45	1	1	1	3	9	3	18	1	2	1		1		5			68	
十一年	1746	6	2		2		10	3			1	3		7	1	4					5			22	
十二年	1747	4	5				9	3	2		4	3	5	17	5	1	1				7	2	1	36	
十三年	1748	3	5	1	12	6	27	3	6		7	3	5	24	8	7	2	2	1		20			71	
十四年	1749				1		1				1		1	2							0			3	
十五年	1750		2	4	6		12	2		2	2	1		7		2	1				3			22	
十六年	1751		1	2			3	4	11	2	11	7	47	82	2	5	4				11			96	
十七年	1752	1	1	5	15	10	32	2	6	10	1	1	1	21	2	2	1	2			5			58	
十八年	1753	3			1		4	2	4		7	7	3	23	2	2	2				6			33	

续附表 1-4

年代	公元	河北	山东	河南	山西	陕西	五省合计	江苏	安徽	湖北	江西	湖南	浙江	六省合计	福建	广东	广西	四川	贵州	云南	六省合计	甘肃	辽宁	十九省合计	说明
					华北						华中						华南及西南								
十九年	1754		1				1	1						1	1	2					3			5	
二十年	1755		1				1	3	1	1	1	2	2	10		4	2				6	1		18	
二十一年	1756	2					2	2		1	1	2	2	8	2	1	1	5			9			19	
二十二年	1757	2		2			4	1				3	2	6	3	3	2				8			18	
二十三年	1758	5	4	2			11		1	2		2	1	6	3	6	2				11	3		31	
二十四年	1759	20	1		34	14	69	4		2	1	1		8							0	12	10	99	
二十五年	1760	1					1				6	12		18		3					3	1		23	
二十六年	1761	1	4				5	1					1	2							0			7	
二十七年	1762			1	1	1	3	2					6	8							0			11	
二十八年	1763	1	1		1		3			1				1		1					1			5	
二十九年	1764	4				1	5	1			1	1	1	4	1	3	1			2	7			16	
三十年	1765	1	2	1	2		6	2			2	1	3	8		1		4			5			19	
三十一年	1766	1	2	1			4			1				1		2				1	3		9	17	
三十二年	1767						0					1	1	2	1	1	2				4			6	
三十三年	1768	3	5	5	1		14	18	14	13	1	2	6	54		3			1		4			72	
三十四年	1769	2		1			3	1			2		3	6	1	1			3		5			14	
三十五年	1770					3	3	1		1	2	1	1	6		1					1	2		12	
三十六年	1771	1	1	3			5	1	3	2	4		1	11		4		1			5			21	

清乾隆

· 206 ·

续附表 1-4

年代	公元	华北						华中							华南及西南							甘肃	辽宁	十九省合计	说明
		河北	山东	河南	山西	陕西	五省合计	江苏	安徽	湖北	江西	湖南	浙江	六省合计	福建	广东	广西	四川	贵州	云南	六省合计				说明
三十七年	1772		2		1		3						2	3		2					2			8	
三十八年	1773	5	1	1		1	8						1	1		1	2				3			12	
三十九年	1774	13	2	4		1	20	4	5	7			2	18	2	2		1	1		6			44	
四十年	1775	4	6				10	19	17	3	3		1	43			1				1			54	
四十一年	1776	1			2	2	5			1	1			2		1	3				5			12	
四十二年	1777	2	3	3		2	10		2	3			2	7	1	15	10		1		28			45	
四十三年	1778	7	9	11	2	2	31	11	11	45	9	41	2	119	1	4	6	19	4		34			184	
四十四年	1779			3			3		1	3	3	2	4	13		2			2		4			20	
四十五年	1780	2		3			5	1			3	4		8	1						1	2		16	
四十六年	1781				2		2	6	6	5	12	4	6	39	3	1					4			45	
四十七年	1782	1	6	1		2	10	8	3	3			1	15		1					1			26	
四十八年	1783	2	8	5		2	17		1	1				2							0			19	
四十九年	1784	2	11	40	1	1	55	5	6	3	2			16							0			71	
五十年	1785	3	36	86	3	1	129	39	41	38	7	17	22	164	1	4		4		1	10			303	
五十一年	1786		17	6			23	4	5	5	17	14		45	3	21	5	1	1		31	1	1	101	
五十二年	1787	1	6	6	10		23				3	6		9	1	16			1		18	2	1	53	
五十三年	1788	1	1	6	2	2	12			1			2	3	2	4	2	1			9			24	
五十四年	1789	1					1	2	1		6	5	1	16	2	4		1			7			24	

清乾隆

续附表1-4

年代	公元	华北						华中							华南及西南							甘肃	辽宁	十九省合计	说明
		河北	山东	河南	山西	陕西	五省合计	江苏	安徽	湖北	江西	湖南	浙江	六省合计	福建	广东	广西	四川	贵州	云南	六省合计				
清乾隆 五十五年	1790	2					2	2	1	1		1	1	6	1	1					2			10	
五十六年	1791	8	1	1	1		11							0	1	3					4		1	16	
五十七年	1792	31	19	5	3	7	65		2	2	1			5		1					1			71	
五十八年	1793	5	1	1	6	5	18	1						1			1				1			20	
五十九年	1794	4	7	1		1	13			2				2		4	4				8			23	
六十年	1795	6	8		6	6	26			1	2		2	5		1				5	6		3	40	
清嘉庆 元年	1796				2	2	4			4	1		3	8	1	2		1	4		8	2		22	
二年	1797	1	1		2		4			3			3	6		2		1	3	1	7			17	
三年	1798	1	1	1			3	8		2	1	1	4	16				3			3			22	
四年	1799		1		1		2						1	1	1	5		2			8			11	
五年	1800	4			3	7	14			1	2	4		7	1		1	6	1		9			30	
六年	1801		2	2	1	11	16							0						1	1	3		20	
七年	1802	4	2	1	2		9	4		2			3	13	2	1			1		4	1		27	
八年	1803	4	1	30	2	1	38	1	7	1			3	12		1		1			2	1		53	
九年	1804	4	1	1	15	1	22	2	4		2		1	9				3			3	1		35	
十年	1805	1	6	3	14	45	69	5	6		1		2	14		1		6			6	1		90	
十一年	1806	1	3		3	1	5	3	1	6	5		2	11	1			2	1		4	1		20	
十二年	1807	5	1	2	5	1	14	9	9	6	7	34	3	68	2	1	7	6	1		16	1		99	

年代		公元	华北						华中							华南及西南							甘肃	辽宁	十九省合计	说明
			河北	山东	河南	山西	陕西	五省合计	江苏	安徽	湖北	江西	湖南	浙江	六省合计	福建	广东	广西	四川	贵州	云南	六省合计				
	十三年	1808	1	1	2	2		6	3	3	2	1	3	2	14		5	1	1		3	10	1		31	
	十四年	1809	1	1		2		4	4	2	3	1		1	11		6	3	2			11	1		27	
	十五年	1810	3	6	1	5	3	18	4	2	1	1			8	2	5	1	2			10			36	
	十六年	1811	6	24	4	4	2	40	3	14	7	6	12	20	62		2		10			12		1	115	
	十七年	1812	14	18	7	4		43	8	1	4		2	1	16		1		4	1		6			65	
	十八年	1813	22	16	34	5	7	84	3	5	11	5	6	2	32	1	3		5			8	1		125	
清嘉庆	十九年	1814	7	1	4	5	5	22	36	44	9	3	7	26	125		2	4	4	2		13	1		161	
	二十年	1815	4	1				5	2	7	1	1	2	1	14	2	1					3	1		23	
	二十一年	1816						0		3	1	3	5	3	15		3	2			1	4	1		20	
	二十二年	1817	27	8		7	2	44	6		1		1	2	2		3	2			1	6	1		53	
	二十三年	1818	2				1	3	8	1	1		2	2	12							0	1		16	
	二十四年	1819			2	1		3	8	1	3		9	15	36				1	5	1	7			46	
	二十五年	1820	1			3		4	6	8	7	38	21	35	115	8	8	5		5		26			145	
	元年	1821	1	6				7	7	2		1	5	5	20	2	2	1		1		4			31	
清道光	二年	1822	1	1	2			4	4	3	1		1	4	13		2				2	4			21	
	三年	1823	5	7				12	3	6	1			1	11		2					2	1		25	
	四年	1824	3	5		1		9	4	1	4		1	1	11	1	7	1	3		1	13	1		34	
	五年	1825	8	24	3	1		36	3	1	1		1	1	6	4	1		3			8		1	51	

续附表 1-4

年代	公元	华北						华中							华南及西南							甘肃	辽宁	十九省合计	说明
		河北	山东	河南	山西	陕西	五省合计	江苏	安徽	湖北	江西	湖南	浙江	六省合计	福建	广东	广西	四川	贵州	云南	六省合计				
六年	1826	5	6	7			18			1	9	4	2	16	5	2		3			10			44	
七年	1827	8	1		3		12							0	1	4		1	2		8			20	
八年	1828				1	5	6		1		2	12	8	23			2	3	2		7			36	
九年	1829	1	2	1	1	2	7	4	2	1		3	6	16	3	2		1			6		1	30	
十年	1830	5	1	1			7	1			2	1	3	7		9	4		1		14			28	
十一年	1831	6	1		1	1	9	2	3		1	2	2	10	1	3	2				6			25	
十二年	1832	41	10	1	7		59	1	4	2	4		17	28		4	3	1			8	1	2	98	
十三年	1833	12	1	1	1	2	17	1		3	2		8	14	1	3	1	1			6	2		39	
十四年	1834		6	3	5	2	16	1	1	4	7	4	8	25	1	1		1			3	1		45	
十五年	1835	3	16	2	18	4	43	15	10	29	41	29	37	161	6	8	3		2		19		1	224	
十六年	1836	7	9	2	6	1	25	1	2	5	12	5	5	30	5	3	2	1			11	1	1	68	
十七年	1837	13	10	2	3	5	33	1	8	1		1	4	15		2	1	2		1	6	1		55	
十八年	1838	7	9				16			1	1		1	3		2		5			7			26	
十九年	1839	40	1	3	4	1	49		4	1	1		1	7				6			6			62	
二十年	1840	4	3			1	8	2	12					14			1	1			2	1		25	
二十一年	1841	2	1	1	1		5	1	2	1	1		2	7		1					1			13	
二十二年	1842	3	5	1	2		11	3	2			1	3	9					2		2			22	
二十三年	1843					1	1	2		3			8	13			1	2	2		5			19	

清道光

· 210 ·

续附表1-4

年代		公元	华北						华中							华南及西南							甘肃	辽宁	十九省合计	说明
			河北	山东	河南	山西	陕西	五省合计	江苏	安徽	湖北	江西	湖南	浙江	六省合计	福建	广东	广西	四川	贵州	云南	六省合计				
清道光	二十四年	1844		4		1	1	6		1	4	1	1		7		1		3			4			17	
	二十五年	1845	14	2	1	2		19	1	4	1	1	1	2	10				1			1	1		31	
	二十六年	1846	1	6	9	17	30	63	3	2	1	15	7	16	44				1			1	1	1	110	
	二十七年	1847	16	8	28	9	3	64	2	4	2	6	7	6	27			2				2		1	94	
	二十八年	1848	3	4		1	1	9				1	1		2		2	2			1	5			16	
	二十九年	1849	2	4				6	1			3	2	1	7						1	1			14	
	三十年	1850		1	1		3	5		4		1	2	5	12	1	6	4			1	12	1		30	
清咸丰	元年	1851	1	2		1		4						2	2		8	3	2			13			19	
	二年	1852		2		1		3	5		2	3	7	14	31		1	3	1			5		1	40	
	三年	1853	1	1	1			3			2	4		5	11		2	1	4			7			21	
	四年	1854	2	2				4	5	4	4	2	3	6	24	1		1	1	1		4			32	
	五年	1855	1	5		1		7	2	4	7			1	14	2	1		10	1		14	1		36	
	六年	1856	14	23	9	6	1	53	42	28	32	14	7	21	144		4		5		2	11	1	1	210	
	七年	1857	16	13	3	2	6	40	2	18	7	1	4	2	34		6	1	3			10	1		85	
	八年	1858	8	3	3	3		17	4	1	3	1	2		11				4			4		4	36	
	九年	1859	11	23	4	9		47	2	1	3			2	8		2	1				3		1	59	
	十年	1860	5	3		3		11				2		2	4		3	2				5	1		21	
	十一年	1861	7	1		3		11	22	2		2		3	29				1	1		2	2		44	

续附表1-4

年代	公元	华北						华中							华南及西南							甘肃	辽宁	十九省合计	说明
		河北	山东	河南	山西	陕西	五省合计	江苏	安徽	湖北	江西	湖南	浙江	六省合计	福建	广东	广西	四川	贵州	云南	六省合计				说明
清同治 元年	1862	3	8	1	6	3	21	5	2			4		11	1	1			1	1	4	1		37	
二年	1863	3		1			4	1	3	3	4	5	6	22		2		1	1		4		2	32	
三年	1864	5	1	1			7	8	4	6	6	4	6	34	1	3	3	8	2		17			58	
四年	1865	3	4	2	2		11	1	1	3		8		13		2	8	7		1	18	1		43	
五年	1866	7	6	1	2		16	1	2	3	8	4	4	22		1		3	1	1	6			44	
六年	1867	33	1	5	16	3	58	5	4	11	7	4	18	49		2	1	1		3	7	2	1	117	
七年	1868	1	4		2		7	23	3		4	2	9	41	1	1		1	1		4	1		53	
八年	1869	13	20		8	1	42	2	1	1				4	1	5	1	1			8			54	
九年	1870	8	6	3	3	1	21	3	2	1	10	1	2	19	2	6	1	10		1	20	1		61	
十年	1871	6	1			1	8	5	1		7	4	17	34	1	6		19			26	1		69	
十一年	1872	2		2	2	1	7	6	2	1			15	24		4	3	2			9	1		41	
十二年	1873	1	2		2		5	10	10	1	1	4	26	52	1						1			58	
十三年	1874	1	9	1	2		13	3	2	2		6	1	14	1	3					4	1		32	
清光绪 元年	1875	12	15	4	6	1	38	25	8	2		1	17	53				5	1		6			97	
二年	1876	25	52	17	17	7	118	13	5	4		1	1	24				5	1		6	1	2	151	
三年	1877	44	29	42	68	61	244	13	3	6		2		24		1		19	2	7	29	8		305	
四年	1878	19	8	19	29	20	95	2		2		1	11	16		2		9	1	2	14	4		129	
五年	1879	5	3		8		16	5				1	14	20					1		1	1		28	

续附表14

年代	公元	华北						华中							华南及西南							甘肃	辽宁	十九省合计	说明
		河北	山东	河南	山西	陕西	五省合计	江苏	安徽	湖北	江西	湖南	浙江	六省合计	福建	广东	广西	四川	贵州	云南	六省合计				
清光绪六年	1880	3	11	3	1		18	7	1					8		1		1	1		3			29	
七年	1881	1	1	3		2	7		3					3		1	1	3	1		6			16	
八年	1882		2				2	1		1			1	3		4	3	1			8		1	14	
九年	1883		1				1				2		2	4	4		1	3			8			13	
十年	1884	2	5		1		8	35	5					40				10	2	3	15			63	
十一年	1885	5	6		1		12	1						1		2	1	9		2	14		1	28	
十二年	1886	2	4	1	1		8	1				2	1	4		11	6	2			19		1	32	
十三年	1887	3	3	4			10	8		1		2		11		2		1		2	5	1		27	
十四年	1888	2	13	2			17	8	2			1		11		2		1	2	2	7			35	
十五年	1889	2	3				5	1	3		1			5	1	1			1	1	4		1	15	
十六年	1890		1				1	1	1	1				3		3	1	1		1	6			10	
十七年	1891	1	3			4	8	11	3	1		1	2	18		1		6			7			33	
十八年	1892	4	3	1	5	8	21	17	2			1	12	32	1		2	2		2	7	3		63	
十九年	1893	1	1	1	2	1	6	2	3				2	7							0			13	
二十年	1894	1	1	1		1	4	1	3	1			6	11	1	1	1		3	1	7			22	
二十一年	1895		2				2	1	3	1		1	2	8	1	3	9	7	4	2	26	1		37	
二十二年	1896		3	3			6	1	2					3		2	1	6	2	2	13	1		23	
二十三年	1897	2	1	3		1	7	2	4	1		1	1	9				3	1	2	6			22	
二十四年	1898	3	1	3			7	5	4	1		1	3	14		4	2	1		1	8	1		30	
二十五年	1899	4	12	4	3	3	26	2	1	1		1	1	6	1	2		2	2	2	9			41	
二十六年	1900	21	10	20	14	22	87	3	1	2		6	4	16	2	2	3	4	6	2	19	6		128	

· 213 ·

（旱年分级暂以受旱县数及旱情轻重划分）

旱年分类	年份
特大旱年	（1640）、1785、1877、1960
大旱年	（1721）、1835、1856、1913、1928、1942、1959
中旱年	（1722）、1778、1802、1813、1814、1820、1846、1867、1876、1878、1900、1920、1929、1934
小旱年	（1707）、（1708）、（1714）、（1716）、（1720）、（1723）、（1738）、（1743）、（1745）、1751、1759、1768、1784、1786、1792、1805、1807、1811、1832、1847、1857、1875、1912、1919、1935、1941、1945

注：带（　）者为 1749 年以前的旱年。

附表 1-6　18～20 世纪太阳活动不同阶段出现旱年统计

类别	太阳活动阶段			黑子特点	出现旱年			
	二级波动	一级波动	月变化		特大旱年	大旱年	中旱年	小旱年
Ⅰ	减弱	减弱	减弱	在显著减弱过程中（黑子一般较少，有些年仍很多）	1877、1960	1856、1913、1928、1959	1778、1820、1867、1876、1878、1900、1920、1929	1751、1784、1792、1805、1807、1811、1875、1919
Ⅱ	减弱	增强	增强	很少（个别年稍多）	1785		1802、1813	1857
Ⅲ	增强	增强	减弱	较少		1835	1934	1759、1768、1935、1945
Ⅳ	增强	减弱	减弱	较少			1942	1832、1912、1941
Ⅴ	减弱	增强	减弱	较少			1814、1846	1786、1847
949～1960 年太阳活动减弱中，华北、华中共出现旱年					3	6	13	18

附表 1-7　18～20 世纪严重的干旱出现时机统计

类别	时机分类	旱年	周期
Ⅰ	太阳活动刚由强转弱有较急剧的变化	1960、1928、1959、1778、1820、1920、1929、1802、1813、1814、1846	11
Ⅱ	太阳活动已减至极弱在谷年前后	1785、1877、1856、1913、1867、1876、1878、1900、1835、1942、1934	11

这13年太阳活动的阶段有两类：

第一类：太阳活动刚由一度极强转而减弱，黑子佛尔夫数仍较大。如1640年、1960年、1721年、1920年、1928年、1959年6年（其中，1920年佛尔夫数已较小，1928年本身虽是一级波动的峰年，但佛尔夫数并不大。）

第二类：太阳活动已减至极弱，一般在一级波动的谷年或谷年前后一年。如1785年、1835年、1856年、1877年、1913年、1934年、1942年7年。

在特大旱年的旱情完全消失以后，有一个短暂的时期，旱涝都不太显著。在这一时期过后，相应于太阳活动的继续增强，雨涝机会增多。然后，在太阳活动又趋于减弱时，相应地又出现旱年。

（3）根据太阳黑子活动与历史水旱的演变关系，作者建议按照太阳活动的二级波动，对我国华北、华中地区的气候进行干湿分期。自二级波动的峰年，黑子逐渐减少，中间有几次一级波动的小起伏，到最后一个一级波动的谷年，这一较长的时段定为一个干旱期。从这一谷年开始，黑子又逐渐增加，中间也经过几次一级波动的小起伏，一直到下一个二级波动的峰年，这一时段定为一个湿润期。

依据这一分期，总观这两百多年各个干旱期的旱年出现次数和受旱县数与二级波动减弱段的历时及峰谷黑子佛尔夫数的差值有近似线性的正比关系，并可表示如下

$$NA = K_1\big[(R_1 - R_2) - R_0\big](T - T_0) \qquad\qquad （附1-2）$$

式中：N 为旱年次数；A 为累计受旱范围，以累计受旱县数占特大旱年受旱县数的百分数粗略表示；R_1 为二级波动峰年黑子佛尔夫数；R_2 为二级波动谷年黑子佛尔夫数；R_0 为临界佛尔夫数；T 为二级波动减弱段时段；T_0 为临界减弱段时段。

根据两百多年的资料，初步求得

$$K_1 = 2.2 \qquad T_0 = 11 \qquad R_0 = 78$$

K_1 只是一个经验统计数字，还不够严谨，今后要进一步订正（见附图1-7）。

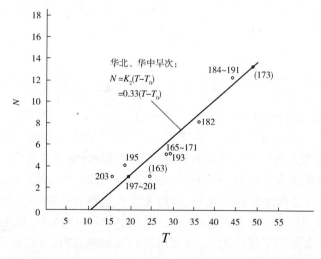

（a）

附图1-7　波强旱强公式计算

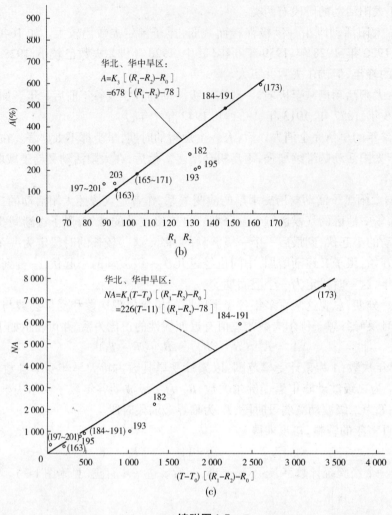

续附图 1-7

六、大气环流、海洋环流、我国雨量及大河径流的多年变化

为什么太阳黑子活动和历史水旱有如上所述的关系？这是一个令人关心的问题。现在利用近五六十年的气象和水文资料，在下面加以探讨（请参考附图 1-8～附图 1-10）。这些资料初步揭露了北半球大气环流与我国降水及大河径流间的关系。

（1）在太阳活动增强期，如 1913～1917 年、1923～1928 年、1933～1937 年、1944～1947 年，北半球太平洋美洲区纬向环流（3 型），无例外地都普遍减弱。在太阳活动减弱期，如 1905～1913 年、1917～1923 年、1928～1933 年、1937～1944 年，也无例外地又都普遍增强。3 型环流和太阳黑子密切相关，在太阳活动减弱期，1917～1918 年、1937～1940年、1947～1951 年，表面上看起来相关不好，3 型环流没有立即增强，而是继续减弱，其实这些年正是太阳活动仍然强盛的时候，一方面距峰年不远，年平均佛尔夫数仍较大；另一方面，如果仔细地对比月平均佛尔夫数的变化则可以看出，这些年中有不少月份的佛尔夫

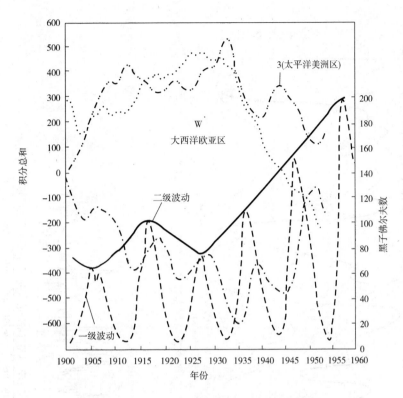

附图 1-8　北半球纬向环流与太阳黑子相关关系

数比年平均值甚至要大一半左右,活动是很强烈的,不仅不是相关不好,而且是相关很好。这三个时段分别为 2、3、4 年,对应于三个峰年的佛尔夫数也是一个比一个高。

除相应于一级波动的变化外,这五十多年还有相应于二级波动的明显变化。1933 年、1913 年是两个二级波动的谷年,3 型环流的强弱转折正在这两年。

北半球大西洋欧亚区的纬向环流(W 型),也大体与太阳活动有类似的关系,特别是与二级波动,强弱的大转折也在 1928~1933 年。

从我国华北、华中地区的降水天气条件看,3 型 W 型环流的发展,趋向使降水减少;3 型 W 型环流的衰退,趋向使降水增加。这五六十年的水旱变化具体说明了这一关系。1913 年、1920 年、1928 年、1934 年、1942 年等年都发生了严重的干旱。

(2)气象科学研究所进行的降水分析,包括了我国东经 100° 以东的广大地区。100° 以东有 82 个台站,以西还有 4 个台站。在东北、华北、华中、华南都有比较均匀的分布。计东北 12 个、华北 18 个、华中 32 个、华南 19 个。各个台站的年代不尽相同,最少 14 年,最多 91 年。各区几个最长的台站是哈尔滨 55 年、北京 91 年、上海 85 年、汕头 71 年。

由附图 1-9 可知我国降水的实际情况也同样反映了前节所述的关系。

影响降水总量的主要是夏半年,在夏半年的涝旱频次比值变化图中,三个大低槽,对应着 1913~1917 年、1925~1928 年、1942~1945 年,有最明显的反映。

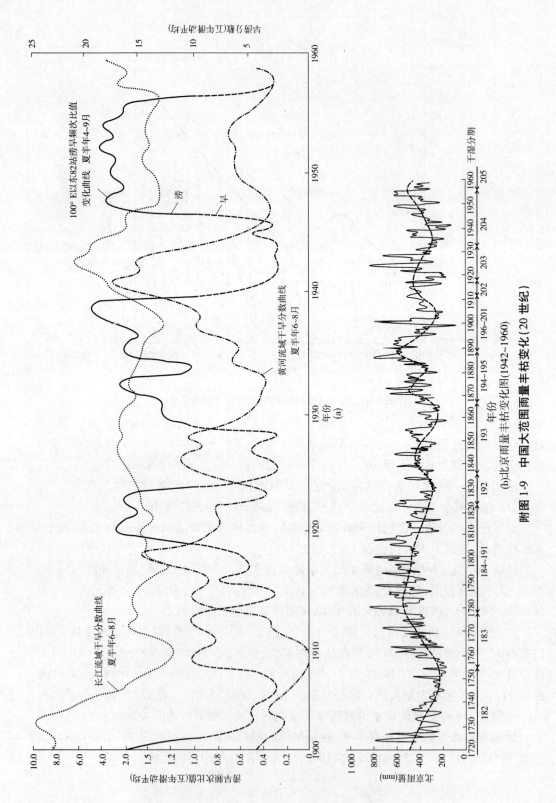

附图 1-9　中国大范围雨量丰枯变化（20 世纪）

· 218 ·

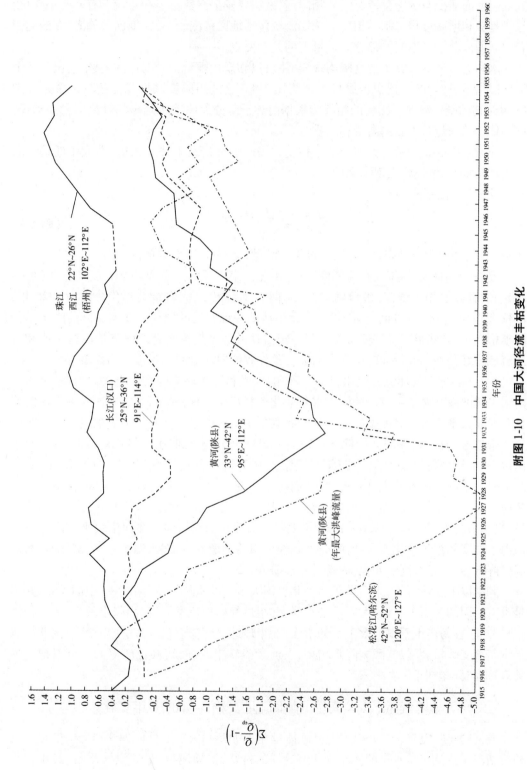

附图 1-10　中国大河径流丰枯变化

华北、华中、华南三大地区基本上对应于黄河、长江、珠江三大流域。黄河流域和长江流域雨情的演变与全国总情况大体相同,差别主要发生在数量上和年代上有一些小变化,起伏趋势和增减过程仍基本相应。珠江流域包括地区范围较小,纬度已很偏南,大的起伏有相同的部分也有不同的部分。数量上的差别要更多一些。

水利史研究室研究了清宫晴雨录,利用可以和现代雨量记录对比的记载,提出了一个估计以往雨量的方法,其初步成果绘入附图1-9。这是当前尝试把我国雨量记录延长到18世纪初的唯一材料。图中的粗线为根据前述干湿分期原则所画出的理论雨量波动线,这和估计的雨量及实测的雨量相当吻合。

(3)附图1-10所示的大河径流丰枯变化和雨量分析结果彼此相应,在太阳活动减弱段出现枯水期,增强段出现丰水期。

计算时,采用下式

$$\sum_{k-1} = \sum_{i=1}^{n} \frac{Q_i - Q_{cp}}{Q_{cp}} \qquad (附 1\text{-}3)$$

式中:$\sum_{k-1}$ 为累积丰枯率;Q_i 为任一年年径流量;Q_{cp} 为 n 年平均年径流量。

但是,丰枯转折的年代有随纬度减低,由北向南而后移的重要趋势。以黑龙江(伯力站)、黄河(陕县站)、长江(汉口站)同一时期的变化相比,大转折的年份分别为1925年、1932年及1942年。中间大约隔了一个太阳活动一级波动的周期。黄河流域的降水和径流丰枯变化,和北半球大气环流及太阳黑子活动的关系最为吻合。作者揣测这可能和黄河流域正好处在33°N~42°N,降水的天气条件和纬向环流的关系也较为简单有关。

(4)北半球大气环流的变化,与太平洋的水温和海洋环流的变化有关。但是,可惜西南太平洋的海水温度和海洋环流的多年变化资料很少。据吕炯研究鄂霍次克海海冰的消长和西北太平洋海水表面温度的变化与我国华中地区的水旱变化有一定关系。因为资料年限较短,有一些问题尚待深入。1933~1941年日本东北海区(35°N~43°N)表面水温以1937年最高,前四年和后四年都较低。1937年正是太阳活动的一个峰年。1928年北太平洋水温有显著的先高后低变化,而这一转变在时间上和太阳活动由强转弱又完全相应。最近三年的海水温度资料未收集全,1959年春季、1960年春季,日本沿海水温均偏高,夏季情况尚不了解。1956~1960年太阳活动曾有剧烈增强。在西南太平洋广大海域内海水温度的多年变化究竟如何,是不是在太阳活动增强时,海水温度增加;减弱时,海水温度降低,或者还有别的变化,尚待进一步研究。

归纳以上所述可见,太阳黑子活动和我国大范围的水旱演变存在着一定的关系,并不是没有原因的。简单地说,太阳活动减弱,北半球纬向环流发展,我国降水减少,大河径流转枯,这时容易产生干旱。太阳活动增强,北半球纬向环流衰退,经向交换增强,南北冷暖干湿气流变暖机会增加,我国降水增多,大河径流转丰,这时气候比较湿润。可以把这种关系称为"强湿弱干"。

七、黄河汛期流量、洪水流量、枯水流量及输沙量的多年变化

黄河的年径流量,1919~1932年总体偏枯,1933~1959年总体偏丰,1960年又有偏枯的情况。既然年总水量的多年变化有这样的规律,汛期流量、最大洪峰流量、最小枯水

流量、汛期各级不同大小的洪水,是否也有类似的转变规律,十分令人关心。

　　年总水量与太阳活动及北半球大气环流间存在某种关系,比较容易理解,因为这都是比较长期的过程,汛期流量是 7~9 月 3 个月的平均流量,只是一年的四分之一时间内的变化。最大、最小流量和各级洪水或者是瞬时的水量变化,或者是日平均流量的变化,时间都很短,在如此短的时间内,水情的变化一般认为具有很大的偶然性。如果它们的多年变化也有类似的规律,在理论上和实用上都有重大的意义。

　　(1)汛期平均流量,以 7~9 月 3 个月的平均流量代表。1919~1961 年的平均值约为 2 550 m³/s,1919~1932 年 14 年,除 1921 年比平均值约大三分之一,1919 年、1925 年两年比平均值大不到十分之一,其余各年都比平均值为小,这 14 年是在枯水期。1933~1959 年 27 年间,有 17 年都比平均值为大,其中 8 年大三分之一以上。最少的 4 年,1941 年、1942 年、1950 年、1957 年也仍有平均值的 75% 左右。这 27 年是在丰水期,1959 年是一个平水年,汛期平均流量为 2 590 m³/s,1960 年为枯水年,汛期平均流量为 1 840 m³/s;1961 年稍偏丰,汛期平均流量为 2 910 m³/s,多年累积丰枯率汛期与全年情况基本相同,参考附图 1-11。

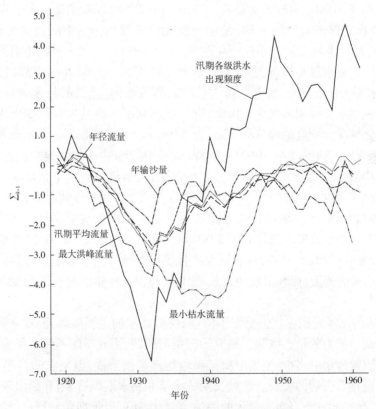

附图 1-11　黄河陕县水文站年径流量、年输沙量、汛期
平均流量、最大洪峰流量、最小枯水流量、
汛期各级洪水出现频度的多年变化

（2）黄河的洪峰流量，1919～1961年的平均值约为8 960 m³/s。1919～1932年14年间，除1919年、1925年两年比平均值约大20%外，其余12年都比多年平均值小，1921年、1928年、1931年洪峰流量分别仅有3 220 m³/s、3 650 m³/s、4 240 m³/s，为四十多年来所少见。显然，这14年在枯水期，1933～1959年27年间，有16年都比平均值大，其中有13年都大于10 000 m³/s，最小的4年1941年、1948年、1950年、1952年也仍有平均值的60%左右，这27年是一个丰水期，1959年偏丰，最大洪峰流量10 200 m³/s。1960年、1961年两年均低于平均值，多年累积丰枯率与全年及汛期也基本相同。

（3）最小枯水流量的多年平均值为320 m³/s，1919～1932年一直偏小，只有1921年偏大25%，但是1933～1941年总趋势也仍然偏小，虽然其中1935年、1937年、1940年3年稍比平均值多10%左右。1942～1954年13年间，除1952年偏小17%，1949年、1953年两年与平均值十分接近外，其余10年完全大于平均值，但是1955年以后，一直到1960年，又都小于平均值。

最小枯水流量主要依靠地下水补给，自应另有一定的特点：在枯水期，其累积丰枯率的变化趋势与全年、汛期及洪峰流量没有显著差别。但在这些特征水量转入丰水期后，最小流量由少到多，中间则有较长的过渡。1936～1942年可以看做是一个平水期。在1942年以后，仍像在它前一段时间一样，偏丰的变化也非常均匀。中间极少小的起伏波动。1954年以后，最大洪峰流量一年比一年减少，虽然1958年、1959年两年洪峰流量都有增加，汛期流量、年总水量都显著变大，但是最小流量，1955～1960年一直都在偏小。

（4）从水利工作角度来看，考虑防洪、蓄水，研究治河、灌溉的具体条件，自然不能仅仅注意上述一些水文要素的变化。因此，进一步研究了各级洪水在汛期出现的总频度在丰枯年的变化情况。频度的评分标准是：自3 000 m³/s，每增加1 000 m³/s增加1分。例如：3 001～4 000 m³/s为1分，4 001～5 000 m³/s为2分……依次类推。据此，把每年汛期各级日平均洪水流量分级统计并评分累加起来，然后研究它在丰枯期的转变。这一频度包括了大小不同洪水的总情况。由附图1-11可知，它也明显地存在着1919～1932年为枯水期，1933～1959年为丰水期的特点。但是丰枯率的变化较大。在枯水期中，除1919年、1925年两年曾经出现过大于8 000 m³/s且小于11 000 m³/s的洪水2 d外，其余12年的洪水均小于8 000 m³/s，没有更大的日平均流量。在丰水期中，则有13年出现过大于8 000 m³/s的流量，而且出现的天数共计为33 d。这和以前所述的变化规律仍然相同。

（5）黄河的泥沙淤积在过去是河道游荡、决口泛滥的主要原因，而现在则成为三门峡水库寿命及调节能力的最大威胁。研究治理黄河问题，因此不能不注意年输沙量的变化。

一条河流输沙量的多少，主要取决于流域地理地质条件，但是它的多年变化，则不能不和水量的变化有密切的关系。经过长期的干旱和枯水期以后，当开始出现强烈的暴雨、水量转丰时，疏松的黄土自当有更大的冲蚀。因此，还可以预期年输沙量的波动幅度比年水量应该要大一些。特别是在转折的年份。附图1-11绘入了陕县水文站年输沙量的多年丰枯变化。由图可知，它也是以1932～1933年为界发生转折，但是在丰水期波动幅度较大，在1933年沙量则有急剧的增加。

在一个比较长的丰沙阶段以后。如果遭遇平水，沙量则有减少的趋势，如1950～

1952 年。1928 年、1959 年两年沙量有较多的增加,一般估计,大量开垦、大搞水利、修筑道路等有一定程度的影响,尚待进一步研究,因其已非单是自然因素的影响。

总体来看,就黄河而论,水量的丰枯变化不仅就年总量,而且对汛期流量、最大最小流量、各级洪水,甚至沙量也都有相类似的规律。

八、太阳活动及水旱趋势预报

根据前述二级波动与一级波动规律性的初步认识,仅就一级波动峰年的变化来看,组成二级波动的一级波动个数有在增强段与减弱段完全相等的具体事实。进一步分析发现,二级波动的历时与强度有正比的关系,参考附图 1-12。如令

$$\lambda_{t_{\text{II}}} = -\frac{t_2}{t_1} \qquad (\text{附 }1\text{-}4)$$

$$\lambda_{R_{\text{II}}} = -\frac{R_1 - R_2(-)}{R_1 - R_2(+)} \qquad (\text{附 }1\text{-}5)$$

式中:$\lambda_{t_{\text{II}}}$ 为二级波动减弱段与增强段的历时比,以一级波动峰年的变化计算;$\lambda_{R_{\text{II}}}$ 为二级波动减弱段佛尔夫数差值与增强段佛尔夫数差值的比,以一级波动峰年的值计算。

则有如下关系

$$\lambda_{t_{\text{II}}} = 1.4 - 0.16\lambda_{R_{\text{II}}} \qquad (\text{附 }1\text{-}6)$$

在这两百多年中最大的一次完整的二级波动为 1750 ~ 1816 年。增强段 28 年,减弱段 38 年(就一级波动峰年计算,尚未延长半个周期)$R_{\max} = 154.4$,$\lambda_{t_{\text{II}}} = 1.36$,$\lambda_{R_{\text{II}}} = 0.82$。

如果下一个一级波动(1968 年前后为其峰年)比 1957 年要弱一些的话,则这个二级波动起于 1928 年,峰顶为 1957 年。增强段 29 年,类比估算,大约在 1996 年减至最弱的一个一级波动的峰年。

进而可以大体估计以后三个一级波动峰年出现的时间及其佛尔夫数如下:
1968:144;1983:89;1996:40。

这种做法是经验性的,有一定的误差。

对于现在这一个一级波动本身的各年变化,根据这两百年来的实测成果,利用第 3、8、11、19 四个最强周期的各年佛尔夫数和峰年比值的逐年增减规律,可得如下关系

$$\lambda_{R_{\text{I}\max(+)}} = 1 - 0.32T \qquad (\text{附 }1\text{-}7)$$

$$\lambda_{R_{\text{I}\max(-)}} = 1 - 0.16T \qquad (\text{附 }1\text{-}8)$$

式中:$\lambda_{R_{\text{I}\max(+)}}$ 为一级波动增强段减弱段每年佛尔夫数与峰年的比值;T 为以峰年为 0,向前向后计算的年数。

据此估计,1963 ~ 1964 年可能是这一周期的谷年。活动的减弱过程后期比较快一些。

对于今后四五十年太阳活动的预报,紫金山天文台曾经加以研究,以 22 年周期为基础进行过推算,其结果是,1964 ~ 1965 年黑子数达到最小值(即谷年)。1967 ~ 1968 年到下一个最高点(即峰年),那时月平均佛尔夫数最大达 160 ~ 180(年平均估计也为 140 左右),在 2020 年以前,每一个周期都比前一个要小。大约 1982 年为 100 左右,1994 年为 60 左右。这一结果与作者的估计极为近似,也同时绘入附图 1-12 中。

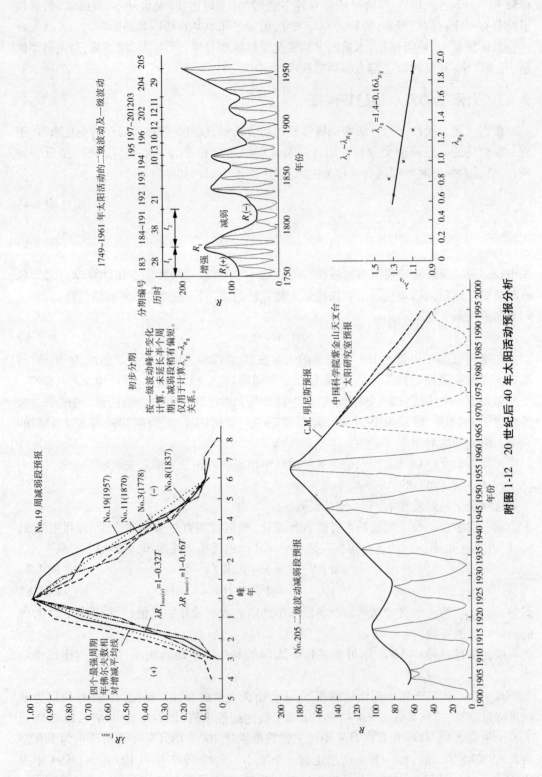

附图 1-12　20 世纪后 40 年太阳活动预报分析

1968 年前后下一个峰年是否可能比 1957 年黑子更多,太阳活动更强,是一个重要的问题。C. M. 明尼斯做过分析,用各种方法计算以后,得到如下结果

$$R_{1968} = 111 - 159 \quad 或然率 = 90\%$$
$$R_{1968} = 104 - 194 \quad 或然率 = 68\%$$
$$R_{1968} = 104 - 218 \quad 或然率 = 68\%$$

因此认为,最大的可能在 110~160。

如果上述估计比较接近实际,将来没有很大的背谬,20 世纪后 40 年太阳活动确实处于二级波动的大减弱段,则根据前述研究,可以推估我国华北、华中地区在这一时期,也将处于一个大的干旱期,总降水量偏少,大河水量偏枯,要较多地出现旱年。

在二级波动的减弱段中,还有三个一级波动的增强段。在这三小段时间内,则有可能出现短期的水量偏丰及局部地带雨涝。

1960 年大旱以后,1961 年旱情已有所减轻,估计 1962 年旱情将逐渐趋于消失,1963 年或者是平水年或者是平偏丰年。

1964~1965 年是现在这个一级波动的谷年,估计它的水旱变化要考虑到两种可能:

(1)继续平水或者平偏丰。

(2)出现比 1960 年前后还要重的大旱。

这是一个极其现实而且重大的问题,有必要深入研究。

历史上近五百年来有四次特大旱年,即 1640 年、1785 年、1877 年、1960 年。对 1960 年的旱情轻重程度,有一些同志还有不同的估计。

这四次特大旱年,都有一个较长的系列,在它们发生三五年内旱情经历着由轻到重又由重到轻的过程。但是,从旱区范围和变化过程来看,1640 年和 1960 年比较相近,1785 年、1877 年旱区都较小,偏南偏北,不同一些。

1639 年据瑞士天文台估计是一个一级波动的峰年,1640 年特大旱情发生在太阳活动刚刚开始减弱的时候。这和 1959~1960 年旱情出现的太阳活动特征颇为相近。按我国天文记录 1597(明神宗万历二十五年三月)~1638 年共有黑子记录 7 次,为记录较多的时期之一,北极光记录也有同样的情况。如果以 1640 年为例,据历史记载在 1642 年以后,1643~1645 年间没有显著旱情(而 1644~1645 年为该次一级波动的谷年)。1646 年江西、浙江两省受旱,从华北、华中来看,仍是局部性的。1647~1651 年华北、华中也都没有旱情。据瑞士天文台估计,1649 年又是一个峰年。1652 年,华中出现了严重的普遍的旱情,正在这一个一级波动的减弱段。从这个例子来看,在一级波动峰年过后不久发生的大旱,到谷年前后没有再出现严重的普遍的旱情,大约要到下一个一级波动的减弱段时,才会有大旱出现。

1785 年、1877 年两次特大旱年是另一种类型,它们恰巧都处在很强的两个一级波动的谷年前后。在这两个一级波动的峰年 1778 年、1870 年以后不久,则未曾立即出现严重旱情(1778 年华中西部地区受旱)。

是不是从 1640 年以后的经验出发,就可以做出充分的科学论断呢? 是不是在 1964 年前后就绝对不会出现类似 1785 年、1877 年的严重旱情呢? 作者认为还需要进行更深入的研究,目前应该指出两种可能性都是有的。

问题比较复杂,应该进一步研究在太阳活动减弱过程中,不同的阶段对我国干湿气候演变的影响有什么不同。另外,还需要弄清楚这 4 次特大早年前后太阳活动和旱情演变的特征。

作者和 J. 邵夫的估计不同,根据我国黑子记录和北极光记载,经过初步分析作者认为,1639 年前太阳活动可能远比邵夫的估计为强,但是还有待更多的论证,这也是一个重要的问题。

整个"205"号干旱期,按波强旱强正比关系估计,可能出现的各类旱年约 10 次,受旱范围累计大约等于 7 个特大旱年旱区的范围,分类分区的估计尚在进行。

九、治理黄河研究,华北水利和农业生产几个重要的问题的浅见

作者进行这一问题的研究,其目的在于尽力为水利建设和农业生产服务。以现有的成果,主要论断尚须探讨,一些估计也有待验证,因此还不可能对生产问题做出相当成熟的建议。但是,依据这些成果,做一些初步的估计,谈一些参考性的意见仍有可能。

(1)黄河三门峡水库的淤积及回水影响问题,在作者参加研究时,曾经以 5 年一个循环的假定(1 年丰水,频率为 10% ,3 年平水,频率为 50% ,1 年枯水,频率为 90%),做过 20 年的预报分析,对 1980~2000 年的情况因为难以估计来水来沙条件和水库水位的控制方式,未能进行。现在看来,可以用上述估计作为一个方案,一个大的枯水期,中间加三个小的丰水段或平水段。针对在干旱中期,中下游灌溉需水的可能泄水要求,在考虑龙门水库建造和未建造两种情况下,进行水库调节和水库淤积及回水发展的计算与分析,其成果对当前黄河中上游水库的管理运用和设计新的水库,对估计三门峡水库的淤积、回水发展和研究水库的浸没影响都是有用处的。

(2)黄河三门峡以下,在清水下泄的现实条件下,河床的冲刷是以下切为主还是以展宽为主,成为当时治理黄河方案选择中一项重要的科学问题。中国水利学会专门召开学术讨论会进行了讨论。会上绝大多数同志认为:如果将来出现大洪水的次数多,不加防护,就将造成滩地大量塌失,河道展宽,产生新险。如果将来出现中小水的次数多,则河床冲刷过程将以下切为主,滩地不会大量损失,主流易于稳定,险工也易于防守。显然下切是我们所希望的,而其关键在于水情。作者认为绝不能忽视展宽的可能性,但也不必过分地担心。在治理黄河工程上既要针对可能的展宽预先设防,及早因势利导,控制主流,保护滩地。又要深入研究三门峡水库的合理运用方式,黄河干流水情沙情的可能变化,三门峡—秦厂间洪水出现的机会及流量的大小,进行细致的分析计算。三门峡水库建成后,黄河干流洪峰将大为削平。根据前述研究,如果今后再进入一个枯水期,对治河非常有利。1960~1964 年,如果不是接连不断地出现大的洪水,本来是黄河下游河性大转变的五年,那自然是我们非常希望的。但是目前还没有完全充分的论据作出绝对乐观的判断,因为 40 多年的黄河水文资料毕竟还太短一些。而且也绝不能忽视 1965~1968 年可能出现丰水。特别是三秦间是否有出现丰水的不利可能,今后在进一步研究的基础上,有些安排可以早作一些打算。

(3)华北地区大中小水库星罗棋布,今后如何使水库适量地进行蓄水,既符合农业生产对灌溉用水的要求,要水有水,不轻易放走自然径流,力争涓滴归库;又能合理控制水库

水位,不需要的、该放的水还是放掉,并且尽可能减少水库的淤积,利用腾空冲刷,泄水冲刷,异重流排淤,以更好地保卫有效库容,延长水库的寿命,都应结合水情变化的估计进行深入的研究。

这种研究显然与不同地区不同面积的水情变化有关。应该指出的是,虽然在涝情历史演变规律的研究上,目前的成果还很少,但是愈是较小的范围、较小的河流、中小型水库,愈是需要警惕局部雨涝的可能。可以肯定的是,即使在十分严重的大范围干旱情况下,在旱区边缘和某些特殊地理条件下的旱区内部,雨涝仍是十分可能的。今年山东省某些地带的严重涝情即其例证。

但是就大范围长时期来看,今后是可能偏旱的,蓄水问题将始终是一个尖锐的问题。能不能在更进一步的基础上,对华北、华中各省今后的水情变化和旱涝趋势分别作出估计供给有关方面参考呢? 作者认为是有可能的。

(4)农业技术上的问题,只能提出一些想法供农学界参考:如果确实在 40 年这样一个长的时期内,基本上水量是偏少的,是不是能够在耕作技术、作物选择、水旱田的比例、培育新的耐旱品种,设法减少土壤水分的蒸发等方面研究一些新的措施呢? 作者希望农学家能够关心这个问题。但愿今后的雨水比较适中,经过更进一步的研究,否定前述的初步成果。不过目前看来多一种设想,有根据地对不利条件早作一些考虑,仍是有好处的。

天时是一个死的东西,有不利的方面,也有有利的方面,人则是活的。即使同样是不利的自然条件,充分发挥了主观能动性,和没有充分发挥主观能动性,其后果也是完全不同的。在党的正确领导下,认真掌握自然规律,艰苦奋斗,我们一定会无往而不胜。长的干旱期看起来是不利的,在干旱期中有三个平水和丰水的湿润段则是有利的。善于抓紧有利时机,竭力抗御不利的条件,以有利克服不利,我们是能够成功的。

十、结语

(1)当前太阳活动正处在一个减弱的时期,有关水旱问题的研究,特别是关于干旱问题的研究,联系大河水情和河床演变的分析,有必要进一步进行,希望有关领导部门能及早加以组织、推动。

(2)已有的成果仅是初步研究的摘要,可以作为继续进行研究的基础,但是它并不充分。下一步的研究可以吸取已经取得的经验,但是也不要受它的局限。由于问题复杂、新颖,要随时准备采用新的方法,开辟新的途径,如果条件许可,作者将把已有研究成果整理出来。

附录二　应用日地气象水文学研究 1980 ~ 1982 年黄河可能出现的大水问题

——在 1980 年黄河防汛会议上的发言

1979 年下半年至 1980 年上半年是太阳黑子活动增强期第一个 11 年周期的高峰时期,活动强烈。1981 年 2 月至 1982 年 11 月又是太阳系八大行星会合的时候。日地气象水文学认为,太阳和太阳系的重大变动将影响地球的气候和水文,也将影响我国。经检查,历史上这种时期多次发生大水,并且大部分是特大洪水,尤其是黄河。所以,今后三年黄河确有出现大水的可能,应该引起我们的警惕。

一、日地气象水文的基本关系

在暴雨发生以前,要准确预报一般的洪水已很困难。在几个月以至数年以前,要作出大洪水的预报更为不易,利用传统的水文学无法解决。因此,在22年前开始研究黄河洪水的多年变化规律时,先研究1919～1959年黄河洪水的实测资料。1919～1932年黄河洪水不大,1933年突然来了大洪水,以后每过一段时间,就有较大洪水发生。原来1933年正是北半球欧亚大陆上空,从盛行纬向环流转变为盛行经向环流的年份。我国内陆暴雨的水汽来源,主要是来自西太平洋、南海和印度洋孟加拉湾的暖湿气流。纬向环流强盛时,暖湿气流不容易到达,所以少雨干旱。经向环流强盛,南北交换增加,暖湿气流能够深入内陆,所以多雨,容易发生洪水。黄河流域在青藏高原和秦岭以北,地理上正在北半球的中纬度地带。因此,这种关系更为明显。而北半球大气环流的多年变化,则与太阳黑子活动有密切关系。这样就取得了第一次日地气象水文关系的突破性认识。

黄河洪水40年变化规律的初步认识,需要从两个方面加以检验。对于本流域须要从时间上加以检验。对于其他流域须要从全球范围加以检验。对于本流域的检验,首先是从1919年向前,上溯四百多年。用流域各省历史水旱记载,分析它的长期变化规律,和同期的太阳黑子活动加以对比分析,结果发现有一致的规律。然后又从1961年以后,检验洪水预报的证实。按照已有的认识,在太阳黑子活动衰减期,特别是双重衰减期,即衰减期中11年周期也处在衰减段的年份,容易出现干旱,不会有大洪水。20世纪60年代初和70年代初期与中期就属于这种情况。这些年份果然洪水都较小。而每次太阳黑子活动11年周期的谷年和峰年附近,按照已知的关系,应该出现较大的洪水。1964年、1967年、1977年就是这样的年份,预报也得到证实。

从全球范围内其他大河流进行检验,包括能够取得近百年系列资料的长江、密西西比河、尼罗河和伏尔加河。亚洲、美洲、非洲、欧洲的大河都有。这些河流的年径流和汛期径流的长期变化和太阳黑子活动也有一定的关系。当然,从全球范围看,关系并不是完全一样,有时同步,有时前后错开一段时间。这是大气环流调整过程中,世界水旱分布的复杂性造成的。但是,太平洋两岸的长江和密西西比河变化规律较为接近。距印度洋和大西洋较近的尼罗河与伏尔加河也有较多的类似。说明适当地进行分区研究,可望得到更好的结果。可惜目前我们还没有找到南半球的几条大河,例如亚马孙河、拉普拉塔河(南美)和刚果河(中非)的长系列资料,将来还要作进一步的分析。

有了近百年日地气象水文关系的比较深入认识以后,除在全球范围内继续等待一个较长时期,例如到20世纪末的预报证实外,一项重要的研究是上溯千年,再次把时间系列延长十倍,用实测资料作更充分的检验和分析。能够提供这种条件的是有千年树龄的年轮资料。现在我国青海天峻祁连山圆柏,美国加利福尼亚白山松,都可满足这一要求。此外,英国中部气温再结合40°N～70°N的气温也可求得千年系列。太阳黑子现代望远镜的统一观测开始于1749年。要取得千年系列必须研究古代黑子目测记录。这种记录以我国最长。经过研究并参考了极光资料,我国科学工作者已可提出近两千年来黑子相对数的年代均滑值。据此以亚洲、美洲、欧洲代表湿干冷暖气候变迁的资料和同期太阳黑子活动变化加以对比分析,千年关系和百年显然一致。

综合以上所有成果,从物理和事实互相统一的基础上,因而创建一门新的边缘科学——日地气象水文学。应用这门科学,可以研究大河洪水的多年变化规律和预报方法问题。

二、太阳黑子活动增强期第一峰和行星会合时黄河出现大水的可能

1978年9月以后. 太阳黑子活动迅速增强,佛尔夫相对数超过100。

$$R = K(10g + f)$$

式中:R 为相对数;g 为观测的黑子群数;f 为观测的黑子个数;K 为不同条件下的观测比例系数,瑞士天文台 $K=1$。

峰年相对数最大190.2(1957年),最小45.8(1816年),差别较大。谷年一般在10左右,差别较小,最小为0(1810年)。1979年1月,一度超过150。9~11月连续3个月保持在180左右。1980年初仍然很强。据不久前国际会议讨论,这是在两百多年来最强的第19周(1957~1958年是它的高峰年)之后,仅仅经过一周衰减,又迅速增强的一周。其峰年的平均相对数约为150。如是这样,1979年下半年到1980年上半年这次增强期第一个11年周期的高峰活动强度,就要创造两百多年来历次增强期第一峰未曾达到的最高记录。

恰巧1981年2月14日以后到1982年11月2日,又是太阳系八大行星会合的时期。1981年2月14日、6月15日、8月13日,地球、木星、土星在运行中列成一线。1981年4月1日,金星、地球、火星、木星、土星和太阳列成一线。1982年3月10日,八大行星都处于太阳的一侧,也列成一线。1982年11月2日,地球处于太阳的一侧,其他七大行星处于另一侧,又列成一线。行星会合是处于同一个方位,由地球上观测,好像是在一起,其实各有一定的距离。但是,行星会合一百多年才遇到一次,十分重要。它影响太阳和地球的运动,也影响地球的气候和水文。

经仔细检查近三百年来历史资料得知,1700年以后,太阳黑子活动增强期第一峰已经出现过6次,即1761年、1830年、1870年、1893年、1917年和1937年。在这些年份前后,我国都发生了大洪水,而且大部分是特大洪水。1761年黄河发生特大洪水。暴雨雨区主要在三门峡以下至花园口区间。同时,海河、淮河也发生大洪水。1830年黄河中游发生大洪水,雨区在三门峡以上。1831年长江发生特大洪水,淮河发生大洪水。1833年珠江又发生特大洪水,长江、汉江和浙江省部分河流也发生大洪水。1870年长江三峡发生近八百年来可以测定水位的一次最大洪水。宜昌以上暴雨面积很大,降雨历时7~10d。1871年黄河北干流和汾河、渭河都发生大洪水。1890年海河发生特大洪水。黄河中游无定河、伊洛河、沁河以及山东省部分河流发生大洪水。1892年黄河中游发生大洪水。1893年海河又发生特大洪水。1917年海河发生特大洪水,松花江、辽河、大小凌河和黄河也发生大洪水。1933年黄河发生大洪水。1935年长江发生大洪水,汉江发生特大洪水。1937年长江、黄河都发生较大洪水。在这6次增强期第一峰中,黄河都有大洪水出现,有

的还是特大洪水。

再检查近五百年来行星会合时期我国洪水的情况,黄河洪水更为突出。1483年11月16日八大行星会合。1481年我国东南地区,尤其是太湖流域发生特大洪水。1482年沁河发生近几百年来最大的一次洪水。同时,黄河干流和海河、辽河也发生大洪水。1665年1月6日行星会合。1662年黄河发生特大洪水。三门峡以上雨区面积很大,渭河、泾河、北洛河、汾河、涑水河、沁河、伊洛河和北干流同时都有大洪水发生,泾河、渭河发生特大洪水。暴雨持续17昼夜。下游同时有暴雨。汉江、淮河、漳卫河也发生了大洪水。1663年长江发生特大洪水。这次洪水自宜昌以下至南京,淹了许多城市。安庆、贵池、南京市内水位和这次大水前两百年间最大的一次洪水最高水位大约相同。1665年淮河、沂河、沭河、海河都发生大洪水。1668年海河发生特大洪水。这次大水从正阳、崇文、宣武、齐化各城门淹入北京城内,午朝门也浸崩一角。同时,天津也严重受淹。这一年,黄河、淮河都发生了大洪水。1844年1月24日又一次行星会合。1843年黄河发生特大洪水。中游大暴雨历时仅约3 d,三门峡洪峰流量达到36 000 m³/s。在这前后,1841年泾河发生特大洪水,1842年黄河北干流发生特大洪水,1844年黄河洪水也较大。连续四年,大洪水集中在黄河流域出现。五百年中三次行星会合,我国许多江河发生大水,黄河干流或主要支流每 次都有特大洪水发生。1662年和1841～1843年3年,由于暴雨降在中游侵蚀严重的黄土地区,黄河要输送比实测最大年份(1933年)更大的泥沙量。

根据以上历史事实,应该认为,今后3年黄河有出现大水的可能。

1919年以来,陕县有60年的实测洪水资料。分析其多年变化规律和太阳黑子活动的关系,每当11年周期的谷年和峰年前后,洪水都较大。最弱的谷年是1933年,最强的峰年是1957年下半年至1958年上半年。1933年陕县站和1958年花园口站都发生了22 300 m³/s的大洪水。按照"谷峰大水"的关系,参照1958年的经验,如果今年夏秋季太阳黑子活动即行衰减,我们应警惕今年就有发生大洪水的可能。如果今冬明春才有明显的衰减,1981年发生大水的可能更要注意。因为日地气象水文关系的传递和调整,需要有一个过程。

三、尾语

1977年8月初,黄河中游北部发生过一次异常强烈的短历时特大暴雨,8 h雨量超过1 000 mm,平均面雨深大于100 mm的面积约40 000 km²。这次暴雨如果中心稍稍向东南移动,降水时间再稍长一两天,即使强度有所减小,也完全可能使黄河出现30 000～40 000 m³/s的特大洪水。我们应该把它作为一次警告或者发生大水的征兆来看。

20世纪70年代,除去个别年份,我国大部分地区比较干旱。去冬今春,江淮地区低温多雨,华北仍较干旱。入夏以后,日本、朝鲜、苏联、北欧、中欧都曾出现异常寒冷气候,我国也受到影响。4月中旬淮南山区曾经降雪,气温陡降,中原也有反应。最近美国又有火山爆发,将影响中高纬度对太阳辐射的吸收,今后两三年内夏季地球温度可能有较大幅度下降。在东北亚的中苏边境地区,已经发生了大暴雨和洪水。不久前,在长江、淮河洪水预报会议上,许多同志认为我国现正处于从少雨期到多雨期的转变过程中,1980年可能就是转折的年份。今后再也不能用看待20世纪70年代水情的观点去看待80年代。

这一点很值得我们注意。

大洪水的发生规律和物理机制非常复杂,目前还不能准确预报发生的具体时间和确切范围,以后还要继续研究。在太阳黑子活动增强期第一峰后,紧接着出现行星会合。这种情况在近几百年中没有先例。两种异常物理背景接连出现,还有什么特殊事件发生,尚需等待实践的检验。我们要认真克服麻痹思想和侥幸心理,从最坏处着想,做到有备无患。

附录三　1998年长江大洪水日地水文学预测

大洪水灾害自有史以来一直是人类社会的最大自然灾害,怎样准确预测以便切实防御,始终是世世代代谋求的理想,可惜由于问题牵涉广泛、内容复杂、和世界各国缺乏合作,特别是至今还没有一个涵盖所有制约因素的全球监测网和预测系统,要求做到大洪水的准确预测仍然十分困难。

20世纪最后10年,太平洋两侧两条大河,密西西比河于1993年夏季发生大洪水,长江于1998年发生大洪水。从已收到的美国研究报告看,密西西比河大洪水事前缺乏长期和超长期预测,更没有定量预报。但对长江大洪水,中国水文、气象和地球物理学家则从不同途径进行了成功的预测预报。预见期最长可达10年或更长,至少也有3~6个月。

中华人民共和国水利部水文局首任局长谢家泽教授早就指出,只有从地球物理方向研究水文,才能阐明水文现象成因的物理本质。水文循环的三个主要环节中,海洋水是循环的源泉,是起点和归宿。大气水是循环的纽带,是大陆水的来源。大陆水是陆地生态的命脉,是循环的重要环节。中国不同学科的专家正是从这里出发,互相结合,长期坚持探索才获得结果的。

一、日地水文学预测理论和方法

从能量观点考查水文循环全过程,太阳辐射、海洋温度、大气环流和地理环境实为形成和制约地球河流水文异常变化的主要物理因素。因此,研究地球水文变化的日地物理成因和规律的日地水文学(Solar-Terrestrial Hydrology)为大洪水预测预报提供了理论基础。

对大洪水进行长期预测,需要认清洪水物理的开放性、因果规律和隐函数。研究河流水要向大气水、海洋水开放。研究地球水要向太阳辐射开放,就洪水研究洪水,把洪水看成一个河流的封闭系统,解决不了长期预测问题。但是开放性的研究必须以因果规律相规范。

隐函数是尚未认识清楚的潜在函数。由于地球水的运动和变化非常复杂,在客观过程尚未充分发展,反映本质的物理因素未能完全显露时,隐函数必然存在。因此,处理预测问题需要重视相似性方法。由此获得近似解,其物理基础愈完备,愈可能接近实际。

必须重视主导物理因素,特别是超长期预测。提前10年、20年预测大洪水,各种先兆大多未曾出现。不抓住主导物理因素,超长期预测几乎不可能。从能量来源着眼,太阳应是首选对象。中国河流大洪水多发生在太阳活动特定位相年份,经过长期历史论证才能获得结果。

临期更准确预测则要靠一系列先兆出现,主导物理选择正确,先兆也必将出现。中国出现大洪水,必须有充沛的水汽来源,因此从周围相关海洋暖水变化到季风气流,以及沿途暴雨洪水均应有所体现。对国外情况,要和国内同样重视,南半球夏季恰当中国冬季也决不可忽视。

预见期3~6个月的大洪水预测,首先要判断在短历时局地强暴雨形成的单峰型洪水,还是长历时、大范围多次强暴雨形成的多峰型连续性大洪水。为此,必须准确预测异常降水的主要水汽来源。中国对西太平洋台风形成的暴雨比较注意,但是印度洋南气流对长江黄河流域性连续性大洪水更有影响也需要注意。

最大洪峰流量的定量预报是大洪水预测中最高和最重要的要求。在缺乏暴雨长期定量预报的当前条件下也最为困难,但是在主导物理和先兆相似情况下,引入能量差异参变量,分析相似大洪水年实况,并以近期洪水为参照,仍有解决的可能,并且可以由此规范其精确度。

二、近30年应用经验

应用日地水文学的理论和方法,30多年来对长江、黄河、淮河等大洪水多次进行成功预测,这些预测预见期都长达数月至数年,属于长期和超长期范围,都是在暴雨天气尚未形成时作出的。首先注意的主导因素均为太阳活动,前期征兆则为气象和水文变化。进行预测依据的规律则来自近几百年的历史事实。

黄河在1965年异常枯水以后,于1966年其中游转而出现较大洪水,年底前后太阳活动明显增强,预计1967~1969年太阳活动将出现第20周峰年。此前,苏联远东地区,经度接近黄河中游而略偏西,纬度偏北的克拉斯诺雅尔斯克附近曾出现多年未见大洪水。分析研究后,预测1967年黄河中游可能出现大洪水,重点在北干流。经报黄河防汛抗旱总指挥部及中央防汛抗旱总指挥部,在陈东明秘书长支持下,由中央气象局邀请中国科学院地球物理研究所和地理研究所陶诗言、杨鉴初、徐淑英等科学家和气象局预报专家进行中短期会商。结果一致认为,黄河中游即将出现一次跨晋陕两省雨区偏北的大暴雨。后即证实,黄河龙门站8月10日出现21 000 m³/s有实测记录以来的最大洪水。

1976年前后为太阳活动第21周谷期。按照长江、淮河流域单周谷年常出现大洪水,1954年以后再一次周期性大洪水即可能在此时出现,而黄河中游也有谷年可能出现大洪水的规律。此种预测旋即为一系列大暴雨大洪水所证实。1973年长江大通站70 000 m³/s、1975年淮河上游发生大洪水,其中汝河板桥入库13 100 m³/s(出库78 800 m³/s,垮坝)、1976年黄河吴堡站24 000 m³/s、1977年长江大通站67 400 m³/s,这些大洪水的次第出现和谷期完全对应。从暴雨落区和出现河流比较,先南后北和南北振荡特性表现非常明显。

1979年冬太阳活动显著增强,21周峰期即将来到,接着还将出现行星会合。经和太阳黑子学家张元东、天文气象和暴雨预测学家任振球商讨,决意从太阳活动增强期第一个峰期和行星会合双重影响,针对500年来历史洪水和当时日地物理背景加以仔细研究。1980年春节期间作者一人在家摒弃一切杂务,迅速获得结论。预测1980~1982年长江、黄河以及淮海、海河中的部分河流,特别是长江、黄河将出现大洪水。1981年7月长江宜昌站洪峰流量70 800 m³/s、9月黄河兰州站5 640 m³/s、1982年黄河花园口站15 300 m³/

s、1983 年汉江安康站 31 000 m³/s 又再获证实。

这次预测事先报告国务院和中央防汛抗旱总指挥部。除 1980 年 3 月在京汇报外,4 月按钱正英、李伯宁部长所嘱到合肥在江淮预报会上报告并讨论,6 月又在黄河防汛会议上作专题报告。水利部(80)水汛字第 11 号文曾据以发出"关于抓紧做好防汛工作的通知"到全国。预测提出后水文气象学界受到震动,开始曾有争议并受怀疑。后因大洪水次第出现,又备受赞许。1982 年汛后在上海召开有多国学者参加的"中国历史地理学术讨论会",后来又在庐山召开跨学科的"天文气象学术讨论会",国内外学者对大洪水长期预测科学前景因此均表乐观。

1980 年美国国家海洋及大气管理局(NOAA)前副局长 R. A. Clark 来郑州,他原负责全美水文预报。1990 年作者去美国参加太阳活动峰年会议,得与其国家科学基金会(NSF)日地研究负责人 R. A. Golderg 相识。中间美国国家大气研究中心(NCAR)J. A. Eddy 来华访问。1991 年以后又先得日本国原气象厅长官高桥浩一郎赠送科学论文,互相交换研究心得。后再有爱尔兰 Armagh 天文台日地物理学家 C. J. Butler 来访,他带来欧洲许多科学家的最新研究成果。由此或先或后得知国际科学界对洪水长期预测希望早日突破的关切与努力实无二致。

三、1998 年长江大洪水预测分析

(一)基础认识

1990 年在美国 Colorado 州 Boulder 市 Aspan Lodge 太阳峰年会议上和太阳地球物理世界数据中心的 H. E. Coffey 女士对第 22 周峰年和第 23 周太阳活动进行了讨论。后来观测证实 22 周确实具有双峰,1989 年和 1991 年曾两次出现黑子、耀斑和射电流量极大值。1993 年才开始明显衰减,1996 年降至最低,以后第 23 周即行开始。分析历史洪水记录发现,1844 年、1903 年密西西比河曾出现大洪水。而 1840~1844 年先在长江后在黄河也曾出现大洪水,到 1904 年长江和黄河上游则都出现大洪水。太平洋两岸大河流丰水期有时确有同步变化,并恰值太阳活动谷期。而与此相应,1991 年长江下游出现大洪水,1993 年密西西比河出现大洪水,1996 年长江中游再出现大洪水。北半球太平洋两岸接连发生水文异常事件,似已经进入又一次丰水期,不能不引起警惕。

1931 年 9 月,竺可桢先生研究发现长江流域性大洪水有太阳活动 22 年周期。1954 年再次得到证实。1975 年前后也基本获得证实。作者进一步研究江淮流域历史雨情水情记载,近 300 年中每隔 22 年,总也有一次大洪水发生。虽然并不是除此外再也不发生大洪水。这就说明,在类似情况下,可以按此规律预测下一次大洪水的出现时间。作者因此预测 1998 年长江将有流域性大洪水出现,并在 1988 年 9 月 6 日《科学报》发表记者访问予以说明 。

20 世纪 80 年代中期以来,黄河、海河等北方河流一直处于枯水期。虽然也偶有较大洪水出现,但始终没有大洪水,甚至频繁出现断流。而从 1992 年起,长江以南特别是闽江和西江以及台湾浊水溪,却一直出现大洪水。发源于武夷山和仙霞岭的一些河流,闽江、信江、衢江甚至连年出现大洪水,南涝北旱形势已很明显。在 1991 年、1996 年两年长江中下游已经出现大洪水条件下,如果中国南方再次出现大洪水,长江确有出现包括上中下

游的流域性大洪水的可能。

但要作出确定性预测必须取得先兆证实。显示先兆不能只是个别孤立事件,它必须是说明主要物理本质的一系列互有联系而且逐渐逼近的大量异常事实。长江是亚洲最大河流,长6 300 km,流域面积1 808 500 km²,河口年平均流量32 400 m³/s,年入海水量约9 600亿 m³。流域呈东西长南北短的狭长形形态。集水面积超过10 000 km²的支流49条,其中80 000 km²以上的8条。最大的超过120 000 km²的4条支流依次是嘉陵江(160 000 km²)、汉江(159 000 km²)、岷江(135 868 km²)和雅砻江(128 444 km²),其次4条接近100 000 km²的支流依次为湘江、沅江、乌江和赣江。显然可见,这样东西流向的长江和位居中国西南的上中游地区要形成流域性大洪水,主要因为西南气流的持续性异常降水和相应的东西向大雨带分布才有可能。水汽来源因此主要只能是印度洋。这实际就是预测长江流域性大洪水必须抓住的物理本质。

(二)历史考查

世界上陆地最多降水的地方是南亚印度东北部原阿萨姆邦乞拉朋齐,此地正当布拉马普特拉河下游东侧和孟加拉国临近之处,在现梅加拉亚邦首府西隆市南方不远。这里是印度洋西南气流遇到喜马拉雅山脉阻挡,沿布拉马普特拉河—雅鲁藏布江河谷向东北方向输送水汽,受大拐弯和南迦巴瓦峰约束,在山前形成的最人降雨中心。位于印度卡西山南麓的乞拉朋齐站平均年降水量达10 871 mm,1860年8月至1861年7月12个月的雨量高达26 461.2 mm,1861年1~12月雨量也达22 990.1 mm。而1841年8月5 d最大雨量也曾达3 810 mm,均为世界同期最高记录。

1840~1870年正是中国长江和黄河两大流域最多降雨,两条大河一再出现特大洪水的时间,新中国成立50年来历史洪水的调查研究证实,这两条大河近几百年内发生的可以确切查清并定为首位的最大洪水正在这一时期。1840年长江上游发生特大洪水,1841年黄河中游南部发生特大洪水,1842年黄河中游北部发生特大洪水,1843年黄河中游发生更大的居第一位的36 000 m³/s特大洪水。1860年长江上中游发生特大洪水,1867年汉江发生特大洪水,1870年长江上游发生更大的居第一位的105 000 m³/s特大洪水。显然,西南气流异常降水的影响必须重视。

上述时段对说明西南气流的重要性并不是唯一的,在此以前和以后也还有许多例证。17世纪的1662年夏秋持续多雨,先在夏季于秦岭南北的汉江和渭河首先出现大洪水。入秋以后雨区扩大,形成东西向大雨带持续降40 d大雨,然后在9月20日至10月6日发生了一场持续17 d的跨黄河、汉江、淮河、漳卫河大面积长历时特大暴雨。从而在这些河流同时出现特大洪水和大洪水。经在雅鲁藏布江支流尼洋曲入汇处东距南迦巴瓦峰仅约50 km的林芝进行树木年轮研究,证实这一年也正是西南气流极盛时期。

20世纪初,1914~1917年正是印度等南亚地区西南气流多雨多大洪水时期(在印度半岛降水气候31个分区中,1914年、1916年、1917年3年有洪水记录的分区分别为8个、8个及12个,为显著的丰水期),同时也是中国南自珠江北至海河中间包括长江上游多特大洪水和大洪水的时期。1915年7月,西江梧州出现54 400 m³/s特大洪水,北江横石出现21 000 m³/s特大洪水,均为历史最高记录。同时,湘江的潇水双牌出现11 700 m³/s,赣江吉安出现23 000 m³/s,也都是历史首位特大洪水,这次又是东西向大雨带分布。

1917 年长江上游大支流岷江五通桥发生 54 000 m³/s 特大洪水,为历史最高记录。这一年海河流域也出现罕见特大洪水,滹沱河、大清河洪水都为历史首位。这次雨带呈西南—东北向分布。

进一步研究影响中国出现特大洪水的西南气流发源地情况得知,不仅南亚印度次大陆,而且沿西印度洋跨越赤道包括东南部非洲和马达加斯加岛,都有我们必须注意的水汽来源和前期征兆,这可以从黄河上中下游 1904 年、1933 年、1958 年 20 世纪 3 次大洪水的研究发现证实。1904 年不仅黄河上游出现大洪水,长江上游和澜沧江上中游也出现大洪水。这 3 次大洪水无疑都和西南气流充沛的水汽供应有关,作者详细检查世界洪水记录,在南部非洲和马达加斯加岛发现,马达加斯加岛最大河流曼戈基河于 1904 年 1 月 28 日和 1933 年 2 月 5 日均曾出现特大洪水;南部非洲的赞比西河则在 1958 年 3 月 5 日也出现了特大洪水,比中国出现大洪水大约提前 4 个月和半年,参见附图 3-1。

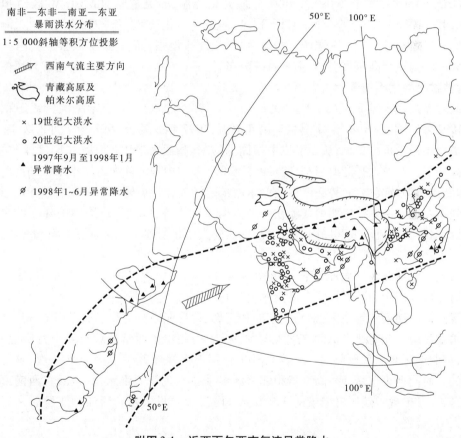

附图 3-1 近两百年西南气流异常降水

(三)先兆分析

发展预测科学的核心是提高预测的确定性,先兆分析是其关键。任何一次造成重大自然灾害的水文异常事件,都有它统一的日地灾害物理场。在根据太阳活动 22 年周期提出长江流域性大洪水的超长期初步预测以后,为求得临期长期准确预测,首要工作便是在统一物理场的框架内,对太平洋、印度洋海温变化和东南非、南亚及中国异常降水的一系列先兆进行追踪和滚动分析。这一工作愈完备，结果一致性愈高，预测确定性愈大，以至可以作出有充分把握的准确预测。

对长江大洪水不能只从长江进行研究，更不能只从暴雨发生进行研究。长江流域暴雨径流洪水关系只是一次水文异常事件接近终结的一个环节，只有从太阳活动、海洋温度、大气环流、地理环境诸要素的结合，经及南北半球有关地区在水汽输送过程中暴雨洪水的一系列变化，都作为一个整体物理过程加以研究和认识，才有望真正解决大洪水长期预报问题。所以开放眼界非常重要。

要重视海洋。既要重视太平洋，也要重视印度洋。1997 年 3 月以后赤道太平洋开始增温，7 月以后至 1998 年 2 月连续 8 个月 NINO 1 + 2,3 和 C 区东、中太平洋大范围表层海温正距平一直高于 2.5 ℃。1997 年 12 月 NINO 3 区最高正距平并且达到 3.9 ℃,这是百年来的最高记录。但最强的厄尔尼诺事件出现时，西太平洋海温却持续下降。NINO 4 区(160°E ~ 150°W,5°S ~ 5°N)自 1997 年底开始降温，而更重要的 NINO W 区(140°E ~ 180°E,0° ~ 10°N)则从 1997 年 4 月即开始一直处于降温过程，到 1998 年上半年，海温正好最低。赤道附近—东太平洋海温增高，哈得来环流增强，而西太平洋海温降低，一起导致西太平洋副热带高压加强，且呈东西向分布，位置持续偏南。这里也是通常台风的生成区，这种状况当然不利于台风形成。

此时赤道印度洋 B 区(50°E ~ 90°E,0° ~ 10°N)海温恰好处于罕见的持续正距平状态。1997 年 1 月至 1998 年 12 月接连两年高温，1997 年 5 月至 1998 年 7 月连续 14 个月保持最大正距平很少变化，从而形成中国周围的东(指西太平洋)凉西(指印度洋)暖型异常海温分布。在西太平洋海温和环流条件都不利于向中国大陆大量输送水汽的此时条件下，印度洋海温持续增高，势必要促使沿东南部非洲先北行后转而东北行的越赤道索马里急流强烈发展。结果造成西南气流在中国占据主导优势，印度洋成为中国降水的主要水汽来源，这样长江流域或其以南地区将被东西向大雨带所笼罩。持续降大雨和暴雨，大洪水就不可避免。

在上述海洋和大气大形势下，一系列先兆随即纷纷出现，1997 年 8 月以前，香港降水量破历史最高记录和孟加拉国东南沿海遭受特大飓风袭击，开始有所显示。9 月以后，南非印度洋沿岸纳塔尔等地区，索马里东部和南部、肯尼亚以及坦桑尼亚先后出现约 3 个月的大雨和暴雨。此时北半球即将进入冬季，9 ~ 12 月，中国西藏持续近 4 个月降雪不断。其中，那曲地区至年底已降雪 40 余次，其中包括 5 次强降雪，平均约 3 d 一次，这是非常罕见的。而同期华东浙、赣、闽三省相邻地区冬季也出现暴雨洪水，其中浙江西南部衢州市地区 11 月出现了破历史记录的 329.6 mm 雨量和罕见洪水。浙江和江西后来还多次出现大雪、暴雪。

有了上述前奏先兆，1998 年 1 月长江因为枯水季多雨，1 月 10 ~ 20 日中游武汉关水位猛涨 2 m,1 月 21 日突破 133 年记录涨至 18.85 m,23 日又涨至 18.93 m。2 月下旬初，广东、福建、台湾同遭暴雨袭击。最显著的为闽江，1 ~ 3 月连续 3 个月每月均因罕见暴雨形成同期实测破记录洪水。在南亚的巴基斯坦西部，3 月初竟发生两百年来未遇的特大暴雨洪水。同时，在东南部非洲的坦桑尼亚则出现 20 世纪最大洪水。3 月下旬，印度东部和孟加拉国同遭龙卷风和暴雨。中国安徽、江苏、云南则同遭大雪、暴雪，4 月中旬湖南、广东又再次出现强暴风雨,长江中下游再继续出现异常高水位,这些持续不断的先兆事实充分显示,西南气流异常降水的严峻形势确已形成,长江及其以南河流将出现大洪水已无可置疑,参见附图 3-2 ~ 附图 3-4。

(四)定性预测

大洪水定性预测根据有明确物理意义的先兆,决断其必将出现。能够回答天气成因、暴雨分布、洪水类型和出现时间,这就是定性预测。作者在 1997 年 12 月 29 日及 1998 年 1 月 24 日和 31 日先后提出临期定性预测和定量预报,当时主要是因为 1954 年、1870 年长江两次特大洪水的重要先兆恰好再次出现,因此分析认为可以作出决断。下面先就确定性预测加以说明。

可以为定性预测作出决断的先兆,是那些发生在本流域本河流或其邻近处的具有物理指标意义的最异常先兆。这种先兆很少,但非常重要。一经出现应该立即抓紧分析,用于临期预测预报。

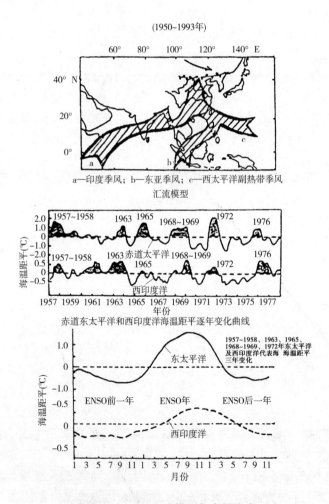

附图 3-2　季风汇流模型与中国降水

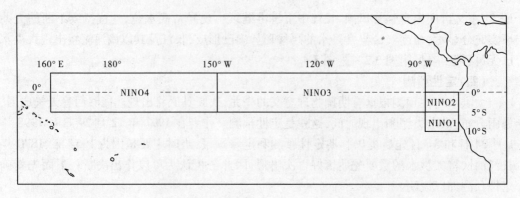

(a)赤道太平洋海域NINO1、2、3、4分区

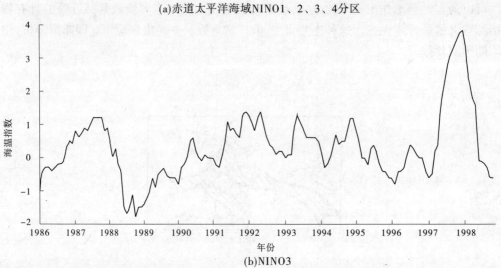

(b)NINO3

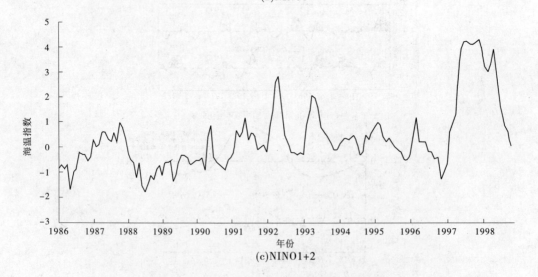

(c)NINO1+2

附图3-3　赤道太平洋海温指数(东太平洋)

(1997年3月以来的 NINO 4、NINO 3 和 NINO 1 +2 区指数,引自美国 NCEP)

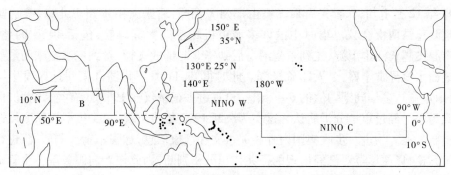

(a)赤道西太平洋和印度洋NINO W及B海域分区

(b)NINO 4

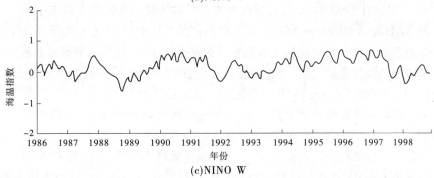

(c)NINO W

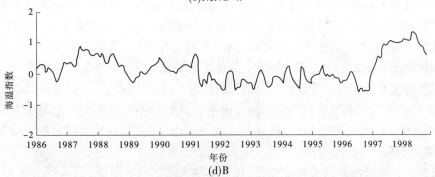

(d)B

附图3-4　区域海温指数(西太平洋NINO 4及W,印度洋B)

1997 年 12 月上旬，作者先后乘飞机由郑州飞福州，后来又由福州飞北京，参加防洪减灾和预测总结两次会议。当时中国许多城市机场正因大雾碍航，包括 40°N 的北京。这次由中原飞越长江中下游，先到东南沿海后到华北北部的飞行，看到冬季空中云量如此之多和地面水汽异常丰盛，令人印象极深。此时得知，11 月下旬浙江衢州地区发生罕见暴雨，月雨量竟达多年同期均值的 6～7 倍。检查过去记录仅在 1953 年有类似情况，但强度仍较此为小。经过审慎分析后认为这实为决断 1998 年将出现 1954 年型长江流域性大洪水的重要先兆。为进一步收集国内外相关水文和气象信息，加强汛情预测研究，进行多学科学术讨论，以便尽早对已经出现的征兆作出分析判断，因此作者向国务院各主管部门发出联合报告并提出建议。

1954 年是 20 世纪中国的大洪水年份，除长江发生流域性大洪水外，同期淮河和稍后黄河、渭河都发生大洪水。1953 年冬季江南确实异常多雨，尤其是赣东北浙西南弋阳—衢州—金华一带。1954 年汛期长江流域雨量主要集中在 5～7 月，以 7 月 11 日前后一段最大。雨带略呈西南—东北向，主要暴雨带呈东西向分布。3 个月总雨量超过 1 400 mm 的高值区位于长沙以东的长江中游东部鄱阳湖水系和下游安徽省大江南北，洞庭湖水系雨量稍次，宜昌以上较小。嘉陵江、汉江等北部支流更小。1954 年宜昌、汉口、大通三站最大洪峰流量分别为 66 800 m³/s、76 100 m³/s、92 600 m³/s，考虑分洪和溃口影响，汉口站还原最大流量为 93 500 m³/s。

1998 年 1 月正值长江枯水期，由于上中游雨量增加，流量变大，汉口附近江段水位陡涨。武汉关自 1865 年设站观测水位以来，多年 1 月水位仅为 13.64 m，最高为 17.14 m（1912 年）。据实测自 1997 年 12 月起武汉关水位持续上涨，1998 年 1 月 10～20 日竟上涨 2 米，1 月 21 日高达 18.85 m，创 133 年来最高记录。1 月 23 日又续涨至 18.93 m。比 1 月平均水位已高 5.29 m。经向长江水利委员会水文局了解，前期洞庭湖水系持续阴雨，湘、资、沅、澧四水相汇，流量大增。武汉周边地区也阴雨不断，所以有些异常变化。据报道，1869 年 1 月武汉关曾有 18.59 m 水位记录。这次超过 1869 年。

这是又一次有更重要指标意义的在长江干流出现的最异常先兆，是再次紧急示警。而水位超过 1869 年的意义更大，因为 1870 年正是近几百年中长江上游出现最大洪水的年份。经作者分析全部枯水期记录，1 月、2 月出现异常高水位后，85% 概率当年或第二年长江都有大洪水出现，1870 年是这样，1954 年也是这样，还有一些其他年份大洪水前期也有类似情况，前后关系十分明显。所以，可以说这是临期出现的最重要先兆。1870 年，我国雨量站很少，根据洪水调查及记载分析，当年 6 月上旬开始，鄱阳湖水系、洞庭湖水系、汉江及四川西部首先多雨出现较大洪水。7 月雨区迅速扩大，中旬以后曾出现持续七昼夜的大范围特大暴雨。自雅砻江以下，大渡河、岷江、沱江、赤水河、涪江、嘉陵江、渠江、汉江以及湘、鄂两省西部都笼罩在一东西向大雨带下。暴雨强度大而集中，宜昌最大洪峰流量高达 105 000 m³/s，枝城达 110 000 m³/s。和 1954 年不同，这次特大洪水以上游来水为主，参见附图 3-5。

仅仅两个月连续出现两次异常先兆，长江出现大洪水已在眉睫，因为事关重大，而国务院正在换届和改组，作者作出分析决断后因此直接报告江泽民主席。这两次深具物理意义的异常先兆，正巧对应一次以上游来水为主、一次以中下游来水为主的两次特大洪

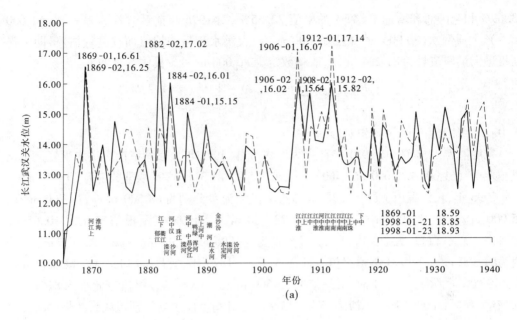

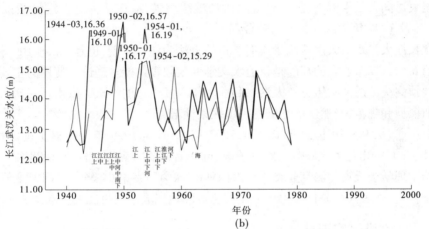

附图 3-5　1865 年以来长江枯水季 1 月、2 月平均水位与长江、黄河、淮河、海河后期大洪水关系

水,而天气成因都是以西南气流为主的异常降水。暴雨分布都是东西向大雨带和上游四川、中游洞庭湖和鄱阳湖两湖以及下游安徽、江西三大暴雨中心。差别在于有的主要暴雨中心偏于上游,有的偏于中下游。联合以上分析考虑,判断 1998 年长江大洪水应当以上中游来水为主。在这种条件下持续性降大雨、暴雨,自然要出现多峰型洪水,出现时间当以 7 月及其前后一段最为可能。

(五)定量预报

长期预测要求提出最大洪峰流量,并且判定其精确度,这是最困难的课题,但不是不可以设法解决,根据上一次 22 年周期性大洪水对应的前期太阳活动和这一次相比,再参照 1954 年及 1870 年大洪水的实际情况和 1996 年刚发生过的洪水,即可以作出定量估算。按照前一周太阳活动较强,累积辐射能量较大,以后相应出现的暴雨洪水级也应略大,以太阳活动第 22 周(10 年)和第 20 周(12 年)比较,取两周黑子相对数年均值增加

33.69%和全国总和增加 11.41%的中值 22.55%,对 1976 年前后长江宜昌一次(61 600 m³/s)、大通两次(70 000 m³/s 及 67 400 m³/s)大洪水流量的均值加权进行估算,即可得预报最大洪峰流量为 81 294 m³/s,取整数定为 80 000 m³/s。具体计算如下:

$$\left[\left(\sum R_{1986-1995}/\sum R_{1964-1973}\right)-1\right]\% = 11.44\%$$

$$\left[\left(R_{1986-1995}/R_{1964-1975}\right)-1\right]\% = 33.73\%$$

式中:R 为太阳黑子年平均相对数。

取中值为 22.58%,以 1974 年宜昌站和 1973 年、1977 年大通站三次大洪水洪峰流量均值相乘得$[(61\ 600+70\ 000+67\ 400)/3]\times1.225\ 8 = 81\ 311$ m³/s,取整数定为 80 000 m³/s。

1996 年,长江螺山、汉口、九江、大通最大洪峰流量分别为 68 500 m³/s、70 700 m³/s、75 000 m³/s 和 75 200 m³/s,其均值为 72 300 m³/s。1998 年预报值较此大 10.65%。1954 年,宜昌、汉口、大通最大洪峰流量分别为 66 800 m³/s、93 500 m³/s、92 600 m³/s,均值为 84 300 m³/s。1998 年预报值较此小 5.4%。1870 年,宜昌、汉口最大洪峰流量分别为 105 000 m³/s 和 66 000 m³/s,均值为 85 500 m³/s。1998 年预报值较此小 6.87%。据此确定,预报 80 000 m³/s 的精确度为 ±15%。估计精度应更高。预报认为此最大流量可在宜昌至大通间长江干流出现,面对太阳活动继续增强,应该认为这一定量预报和 1954 年、1870 年及 1996 年大洪水相比均较合理。

这次长江大洪水最大洪峰流量长期预报的方法为作者首创,也是首次使用,并在大洪水出现前 6 个月发布。它的基础是日地水文学的太阳辐射能量理论。使用的主要条件是成为定性预测决断的两次历史特大洪水和前两年刚发生过的一次大洪水。三次大洪水提供了相似模型和规范,当然这毕竟仍是一项探索性努力。

综上所述,从 1988 年提出初步预测,1997 年 12 月至 1998 年 1 月提出确定性预测,1998 年 1 ~ 3 月提出最大洪峰流量定量预报(除作者向国家提出报告外,1998 年 3 月 4 日中国地球物理学会天灾预测专业委员会以[1998]球会测字第 04 号文向国家主管部门正式提出报告)。作者一直坚持努力尽可能符合实际地完成这次长江大洪水预测工作。

四、长江大洪水实况验证

1998 年 7 月前后,长江果然出现大洪水,和预测预报一致,包括太阳活动、海洋温度、天气成因、暴雨分布、洪水类型、最大洪峰流量、定量精度都完全一致。6 月中旬起,长江干支流先后出现较大洪水和超警戒水位。7 月 4 日以后开始出现大洪峰。最大洪峰出现在 7 月 26 日至 8 月 22 日。与预测在 7 月 31 日前出现基本一致而稍向后延。

6 月 12 ~ 26 日降雨集中在鄱阳湖和洞庭湖水系、鄱阳湖湖口站 6 月 26 日洪峰流量达 31 900 m³/s,首破实测最大记录(此时,全国主要暴雨中心尚在西江和闽江流域)。6 月 27 日至 7 月 15 日降雨集中到长江上游金沙江、嘉陵江、岷江、沱江和汉江上游及清江流域,长江干流宜昌站 7 月 3 日和 18 日出现突破 50 000 m³/s 的第一、第二次洪峰。7 月 20 ~ 31 日长江上中下游不同程度集中降雨,嘉陵江、乌江、澧水、沅江、昌江、乐安河都发生洪水,长江再次出现超过 50 000 m³/s 的第三次洪峰。此时澧水石门站 19 000 m³/s 洪峰已突破实测最大记录,而沅江大洪峰则达 26 500 m³/s。8 月 1 ~ 27 日,长江上游、清江、澧水、汉江流域多次降雨,长江上游又接连出现超过 50 000 m³/s 洪峰 5 次,8 月上旬的 3 次均超过 60 000 m³/s。八次洪峰中以第六次洪峰最大。

全国 1998 年 6～8 月雨量分布参见附图 3-6,800 mm 以上长江流域大雨带呈东西向分布,以上中游为主。宜昌以下长江各主要站最大流量、最高水位及出现时间分别见附表 3-1。其中除螺山站在 7 月 26 日、大通站在 8 月 1 日出现最大流量外,其余各站均在 8 月 16～22 日间出现。

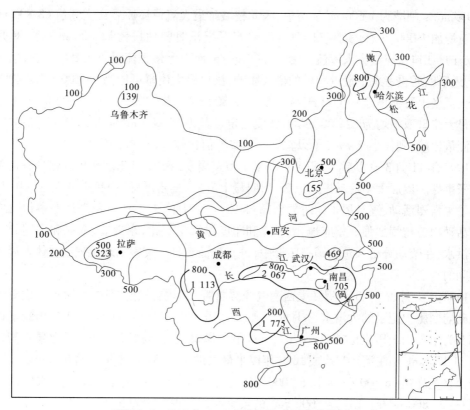

附图 3-6　1998 年 6～8 月全国降水量等值线概图

附表 3-1　长江主要站 1998 年最大流量、最高水位及出现时间

站名	最大流量 (m³/s)	出现时间 (月-日)	最高水位 (m)	出现时间 (月-日)	1954 年记录	
					最大流量 (m³/s(月-日))	最高水位 (m(月-日))
宜昌	63 300	08-16	54.50	08-17	66 800(08-07)	55.73(08-07)
枝城	68 800	08-17	50.62	08-17	71 900(08-07)	50.61(08-07)
沙市	53 700	08-17	45.22	08-17	50 000(08-07)	44.67(08-07)
螺山	67 800	07-26	34.95	08-20	78 800(08-07)	33.17(08-08)
汉口	71 100	08-19	29.43	08-20	76 100(08-14)	29.73(08-18)
九江	73 100	08-22	23.03	08-02		22.08(07-16)
大通	82 300	08-01	16.32	08-02	92 600(08-01)	16.64(08-01)

1998 年洪水由于流域内已修建大量水利水电工程拦蓄部分洪水,特别是一些控制性水库削减了入库的大部分洪峰,对临近河段最大流量、最高水位影响较大。实测流量和水位均需经还原计算以后,才能与预报的自然洪水和没有这些工程影响的 1954 年洪水,在相同基础上进行比较。可惜这一工作有关单位现在尚未完成。

但据主管部门已经提供的信息和资料现在仍可以作初步估算。8 月 16 日宜昌出现 63 300 m^3/s 洪水后,葛洲坝水库超蓄削减洪峰 2 000 多 m^3/s,清江隔河岩水库也将入库 4 000 多 m^3/s 削减为 1 600 m^3/s 下泄,因此枝城站最大流量还原后比实测值 68 800 m^3/s 可能应增加 4 000 m^3/s,实为 72 800 m^3/s(当时报汛时曾估报为 71 800 m^3/s)。8 月中旬,汉江丹江口水库最大入库流量为 18 300 m^3/s,而出库最大流量仅 1 280 m^3/s,削减近 94%,还原以后再考虑下泄过程中的槽蓄影响,汉口最大流量可能为 85 000 m^3/s,相应大通最大流量出可能增至 90 000 m^3/s。现以 72 800 m^3/s、85 000 m^3/s、90 000 m^3/s 上中下三站最大流量取平均为 82 600 m^3/s,此值比定量预报 80 000 m^3/s 大 3.25%。但如以三站实测值比较,则偏小 9.7%(单以宜昌一站实测值比较,偏小 20.9%)。

1997 年 11 月 3 日以后,太阳黑子发生了短期爆发,到 29 日已多次出现强烈耀斑并发生质子事件。以后太阳活动进入第 23 周明显上升段,逐步增强,1998 年 4 月 8 ~ 10 日又爆发了更强烈活动,逐日黑子相对数已超过 100。6 月下旬、7 月初和 8 月上中旬及下旬后期活动均曾持续加强。相应地,太平洋和印度洋海温变化,东南非、南亚和中国异常降水及洪水,在滚动分析和预测预报验证中,进一步证实日地灾害物理过程的整体发展和各环节间的密切联系。

1998 年 1 月、2 月、3 月闽江受西南气流异常降水影响,接连三次,一次比一次更大地出现破同期历史记录的大洪水,3 月的一次已达 16 400 m^3/s。6 月 12 ~ 24 日出现了以建阳坳头为中心的破历史记录的 1 636.1 mm 最大暴雨,过程雨量 300 mm 以上暴雨笼罩面积仅 31 170 km^2。在闽江却造成 1609 年以来最大洪水。23 日,十里庵站和水口电站入库洪峰流量竟高达 36 100 m^3/s 和 37 000 m^3/s。竹岐位于水口电站下游已受水库调节影响,也达 33 800 m^3/s。以约 50 000 km^2 的集水面积出现 37 000 m^3/s 大洪水,西南气流水汽输送的强盛和 1998 年中国大洪水的险恶形势已从此表露无遗。闽江特大洪水实又为长江、嫩江、松花江特大洪水再次敲响警钟。

关于 1998 年长江大洪水总洪量和 1954 年的比较,由于还原计算受溃口分洪影响十分困难,1954 年洪水尚无最后数字,所以尚难进行。总体来看,1998 年 30 d、60 d 最大洪量和 6 ~ 8 月总径流量与 1954 年都较接近。宜昌站根据实测还略大一些,汉口以下则略小。

五、总结与讨论

(一)可预测性与测得准

平均周期为 22 年的长江流域性大洪水是一种具有因果规律的日地灾害物理自然事件,是中国和周边地区包括太平洋、印度洋和东南非及南亚一系列水文气象特定变化的一个必然出现的环节。赤道太平洋变凉和印度洋变暖的"东凉西暖型"海温分布,和越赤道索马里急流增强东传后西南气流的异常降水,掌握此成因和先兆可以作出定性预测,在能量来源框架内选取相似求得规范,并且可以准确预报最大洪峰流量,其准确度可达90%以上,至少可达80%。所以认为大洪水不可预测和测不准是缺乏根据的过于悲观的错误观点。这对防洪抗洪的艰巨事业来说并不可取。相反,人类社会应该开阔视野,以多学科联合的优势,努力谋求综合预测科学的发展,以造福于自己。据此,对2020年长江再次出现大洪水的预测研究应予特别重视。

(二)对两大洋和有关国家应加强联合观测和信息交流

大洪水的出现要提前半年以上进行预测,必须加强对太平洋、印度洋及有关各国水文气象的联合观测和信息交流。赤道太平洋现有条件较好,东中部 NINO 1、2、3、4、C 等区控制较密。西太平洋 NINO W 区尚未包括 10°N ~ 30°N 和 125°E ~ 140°E 这一极重要的海域。印度洋 B 区控制较好,但南印度洋 0° ~ 10°S 和西印度洋 40°E ~ 55°E、10°S ~ 30°S 海域也急需控制。美国、法国、澳大利亚刚开始对有限的印度洋监测注意加强,印度、孟加拉国和东南部非洲国家还未见布置。中国过去一直关注太平洋,对印度洋和南海今后都应给予重视。作者于1997年12月向国务院提出建议,要求抓紧收集东南非和南亚各主要河流暴雨洪水信息,因为它是预测长江大洪水的重要依据,当时未能解决,也需改进。

(三)要重视印度洋海温增高和西南气流异常降水

和中国大洪水预测工作有关的水文、气象和海洋学家,大家都注意太平洋1997 ~ 1998年的强 EL NINO 事件,注意西太平洋台风以及副热带高压盛夏北上影响。对于多数年份和通常情况,这都是必要的。但是对于异常的1998年就不够了。在长江将要出现流域性大洪水的时刻,最需要注意的是印度洋海水变暖和西南气流带来的持续性降水。东、中太平洋海水增温时,西太平洋海水减温,恰好使副热带高压南退,台风很少生成,今后要深入研究赤道印度洋和西印度洋海温变化的成因和索马里急流与东南非—南亚暴雨洪水以及西南气流对中国的水汽输送(特别要重视沿雅鲁藏布江河谷的输送)和长江、黄河、珠江以及海河、松花江暴雨洪水的关系。

(四)要重视历史大洪水成因和相似年及先兆的研究

现代水文气象学家很少有人研究几十年和几百年前历史大洪水的物理成因,也不把历史大洪水按成因分类,对相似年作系统比较分析,更不仔细检查每次大洪水的前期征兆。而成因—相似—先兆研究,既可以提供确定性预测判断的依据,又可以获得定量预报方法,正是发展综合预测科学的必经之路。大洪水不可能经常出现,一个世纪只有几次,而且彼此还有差异。中国有长期历史记录,不利用不研究极为可惜。过去研究洪水成因常常只针对一条河,以河流流域、水域划分,既未考虑在国内完整的降雨过程和全部雨区分布,更不考虑国外有关地区。而且分析成因常常到天气为止,很少考虑海洋,或者考虑了西太平洋,却忽视在异常年份必须重视印度洋。这些缺点都需要改正。作者在此特别指出,不仅1998年、1996年、1991年3年长江大洪水和1993年密西西比河大洪水集中出现值得研究,而且1844年、1851年、1903年密西西比河大洪水和黄河、长江历史大洪水关系也值得研究。全球1860年以来海温资料于1990年已经出版,我们研究近100多年中国大洪水应该应用才是。

附录四　1855年黄河大改道与百年灾害链

一、1855年黄河大改道

清咸丰五年二月十九(1855年4月5日),清明后黄河涨水,六月十一(7月24日)大涨,河南兰阳汛堤工漫口刷宽口门七八十丈(约240 m),全河夺流,黄水淹及今河北、山东。原从江苏经徐州、涟水(清称安东)入黄海,此后改由山东利津入渤海,至今已152年。

清代后期封建统治极其腐败,国民积弱难返,屡受帝国主义侵略,割地赔款,丧权辱国,人民在专制压迫下遭遇历史上空前灾难。天灾频繁,水利失修,人民贫困潦倒,抗变无力,25万km² 黄淮海平原居住的亿万人民过着暗无天日的生活。那时科学不昌明,沿黄人民始终不明白,黄河何以在此时此地决口改道? 更谈不到如何了解其先兆,预防灾害的发生。

作者世居黄河下游,终生服务治河,以研究日地水文及治河泥沙为志。家族先人中曾在嘉庆、道光年间服务于徐州河段的萧南营、铜沛营、海安营、高宝营,累功实授协防,任把总、千总、守备、游击等职。现又有后人服务全河防总岗位。夙兴夜寐,但以破此久谜为念。现从地球表层岩石圈、水圈、气圈整体行为考察,立足中纬度地带多泥沙黄河特点及河床演变科学,提出一种见解,以就正于当事大家。

二、黄河水沙和河道特点

最应注意的是丰枯交替的水情变化,一切由此而来。两千年的历史记载及竺可桢、徐近之的研究可证明,每当亚欧大陆大气环流由盛行经向型变为盛行纬向型时,位于大陆中纬度地带的黄河则由丰水期变为枯水期。枯水期中十年至数十年很少发生大洪水,多数年份洪水很小,不漫滩。经年累月,结果造成主槽淤积抬高。因为水不漫滩,滩地不累加淤积,久而久之形成槽高滩低,至临近大堤更是低洼,这就是二级悬河。上游建库发电蓄水,下游修建生产堤更促其形成。

黄河中游有全世界最广大、最深厚的黄土高原,土质疏松。经过一个漫长的干旱枯水期后,更易冲蚀。因此,枯水期结束转入丰水期,最初几次大暴雨洪水,常常挟带巨量泥沙奔向下游。1933年输沙量达39亿多t,远超过常年。对于一个二级悬河,若突然遭遇多泥沙大洪水,这时就可能出现数天或数十天内下游宽河段下段河槽完全淤塞,以致没有河槽,平沙一片,唯有两岸大堤微茫可辨。此时,河槽远高于河滩及堤根,横比降可大于纵比降数倍至数十倍,随时随地洪水横流。关键河段滚河、堤河自然形成,冲刷大堤决口以致改道。

多泥沙河流丰枯水交替,枯水期末形成二级悬河,再遭遇多泥沙大洪水,河道淤塞,然后决溢、改道。这是一种必然出现的、具有深刻地球物理原因和机制的自然河床演变过程,至少存在这种危机。这是沿黄亿万人民和各级河事部门必须了解和认真对待的事。请看以下历史事实。

三、20 世纪以来三段灾害链的发现及现代观测条件

20 世纪至 21 世纪初有三段时间中国出现了显著的灾害链现象。对此我们应该有所认识。

(1)1931～1935 年,淮河、长江、嫩江、松花江、黄河、汉江接连发生大洪水。而此前大洪水较少,更没有这样集中频繁。从 1920 年 12 月 16 日宁夏海原 8.5 级大地震开始,36 年内中国大陆发生 8.0～8.5 级大地震 3 次,7 级以上地震发生 9 次(另有台湾 3 次),这是一次地震密集期。地震密集多有大洪水。

(2)1949～1958 年,西江、长江、淮河、辽河、渠江、闽江、瓯江、松花江、富春江、海河、雅鲁藏布江、黄河、高屏溪、东江、汉江、鸭绿江、太子河、瑗河、濁水溪都出现了大洪水。1948～1957 年间,在 1950 年 8 月 15 日西藏察隅墨脱 8.7 级特大地震前后,中国又出现了一次更密集、更剧烈的地震密集期。这 10 年中国大陆发生 8.0～8.7 级大地震 2 次,7 级以上地震 10 次(还有台湾 4 次)。这两次地震密集爆发期震中位置主要位于新疆、宁夏、甘肃,以及西藏、四川、云南,正是冷空气和暖湿气流必经的地方。

(3)2004 年 12 月 26 日,印尼苏门答腊发生 9.3 级特大地震。我们检查近 500 年西江特大洪水年份,前期滇藏、川南和缅甸、安达曼群岛总有大地震发生。基于上述历史经验,我们做了预报。2005 年 6 月中下旬果然又出现了大暴雨,西江梧州站出现了 53 900 m^3/s 的和 1915 年同量级的特大洪水。

这些事实已经一而再、再而三地证明,震洪灾害链确实存在,而且近百年来在中国频繁发生。作为黄河工作者,应该注意及此。

需要进一步说明的是,1928～1935 年印度洋南部、美国阿留申群岛、印尼苏拉威、日本三陆、印度尼泊尔、巴布亚新几内亚以及印尼苏门答腊都有 8 级以上大地震发生。这对中国汛期降水的主要大气活动中心可能都有影响。对这些问题的认识目前仍不够,还应仔细研究。

到 20 世纪末和 21 世纪初,人类科学的发展已经对地球岩石圈向气圈的地震异常排气有了卫星监测。EOS Terre 卫星对流层测量仪(Measurement of Pollution in the Troposphere)每 2 h 一张,既可定性又可定量测量。现已查明,北半球 30°N～60°N 间排气最强。大地震孕震期提前一两年的强烈排气面积,有的竟可达 1 000 万 km^2,其成分高低顺序为 $CO_2 \rightarrow H_2O \rightarrow CH_2 \rightarrow H_2 \rightarrow SO$ 等。岩石圈裂隙中存在气量极大,地幔中存气约为大气圈质量的 120 倍,温度则平均高于 1 000 ℃,并有巨大气压(1×10^4～1×10^5 atm)(1 atm = 101.325 kPa),大地震时地壳受挤压,有时更可能超出常年的 10 倍。地幔存气喷到地面仅需数小时。

震前大范围岩石受力增强,红外谱段辐射能量增强,可用卫星热红外扫描仪测得应力热场强度和分布变化图像。2004 年印尼苏门答腊 9.3 级特大地震时,FY-2 卫星热红外图像测出南北宽 3 000 km、东西长 6 000 km 的应力热场。西翼在印度半岛西侧,东翼已达西太平洋菲律宾,阿拉伯海、孟加拉湾、安达曼海、中国南海及西太平洋均位于升温区。中国大陆华南地区云、桂、粤、闽、台等省均受影响。增温扩展速度有的 1 h 可推进 500 km。

这种排气和增温效用,对汛期天气自然要带来影响。能使对流强烈,超常暴雨出现。

不过目前观测积累仍然不够,再过一段时间,对机制的认知应当会有进一步认识。

四、1740～1818 年黄河流域干旱枯水期与地震宁静期

研究重大科学和工程问题,应采取的适当方法是:物理机制和历史演变相结合,或者简称为物理－历史方法。作者青年时得知德国科学家 F. Baur 有物理统计研究方法之议(气象科学研究院副院长张家诚曾有译书借阅),向竺可桢谈及,他也深以为然。以历史极其悠久的黄河流域更宜采用。"科学是对自然的洞察,历史事实是硬道理",对此笔者深信不疑。从大量事实中认识规律,从物理机制中予以深化及确认,切实可行。

1855 年黄河大改道前,1740～1818 年 79 年间黄河流域屡次出现干旱,1746～1748年、1762～1765 年、1777～1780 年、1784～1796 年、1802～1807 年、1811～1817 年在数年干旱中都有大旱发生。25 个旱年中平均每 3～4 年即出现 1 个大旱年。可是同一期间大洪水很少出现,仅在 1749 年、1751 年、1757 年、1761 年、1766 年、1781 年、1800 年、1813年、1814 年这 9 年洪水较大,其中只有 1761 年发生特大洪水。

这也是一次地震的罕见宁静期。1739 年 1 月 3 日,宁夏平罗银川 8 级大地震后,1740～1818 年 79 年间,中国大陆未发生 1 次 8 级地震。而此前 1654～1736 年 83 年间,中国共发生 8 级以上大地震 5 次及 7～7.5 级地震 4 次。两者相比较,这段时期是非常宁静的。1740～1818 年 79 年间,仅在 1786 年、1812 年、1816 年 3 年发生过 7 级地震。干旱枯水期和地震宁静期基本相应。

五、1819 年印度大地震和黄河多泥沙特大洪水

1818 年前中国地震属于宁静状态。此前一段时期全球发生过 8 级以上大地震者仅为:1751 年智利、1784 年秘鲁、1787 年波多黎各、1792 年俄罗斯、1797 年厄瓜多尔、1811年美国、1812 年美国及委内瑞拉、1817 年法国,以西半球占绝大多数。1819 年 4 月仍在智利科皮亚波发生大地震,但 6 月 16 日(中国正进入汛期)印度卡其(23.3°N,71.0°E)发生了 8.3 级大地震,这是在这一期间大地震第一次迁移到中国邻国出现,而且正当汛期西南气流来源之处。

这一年黄河发生了多泥沙特大洪水。据历史记载,入夏发生 5 次降水过程,6 月中旬 1 次较大,主雨区在今三门峡市以上黄河中游。6 月下旬后期上游雨量增大,8 月前期甘肃、陕西普降大雨,8 月下旬后泾洛渭河大雨连绵,9 月陕北、晋西北又发生大雨。同期冷空气也异常活跃。

1819 年,夏秋黄河涨水 26 次(平常年份涨水 12～13 次),比偏丰的 1813 年、1818 年也多 10 次,为异涨年份。8 月 28 日及 9 月 6～9 日共累计涨水两丈八尺六寸(9.15 m),最大一次涨幅在 4 h 内涨九尺八寸(3.14 m)。沁河则涨水 13 次,8 月 28 日及 9 月 4 日、6日共涨水 10 尺 4 寸(3.33 m)。

应用最高水位及最大涨幅与 1843 年洪水比较推求流量,得知 1819 年 9 月 11 日最大洪峰流量为 30 000 m^3/s,是一次多泥沙特大洪水。

最重要、最令人惊心动魄的是下游河道兰考附近一段严重淤积。据嘉庆朝廷钦派刑部右侍郎文孚亲往核查(现在奏报原件仍存北京故宫博物院档案馆):①兰阳八堡至仪封

三堡河长 8 km 多,淤垫虽厚犹复间露河形(今兰考为兰阳、仪封、考城三地组成);②仪封三堡至五堡将及 2 km,滩与堤平,漫沙一片,无复河形;③仪封五堡至十三堡 8 km 多,受淤稍薄;④仪封十三堡至睢州上汛八堡 10.5 km 多,河身为泥沙淤平,两岸遥堤微茫可辨;⑤睢州八堡以下受淤渐薄河槽宛然。

以上总长 28.5 km,确实淤塞严重。这是进入丰水期后第一年大水对河道造成的后果。当然,这是在枯水期小水淤积河槽后形成的新变化,这种变化从河床来说已为以后漫流决口改道准备了条件。

六、1841～1843 年连发多泥沙特大洪水

19 世纪中叶,东亚、北美、欧洲、北非、大洋洲许多河流接连发生大洪水,特别是黄河、密西西比河都连年发生大洪水。黄河 1841 年特大洪水暴雨中心在泾河,1842 年特大洪水暴雨中心在北干流山西和陕西区间,1843 年则晋、陕、甘中游大部分地区发生大暴雨。这些地区发生的历史上大洪水都是多泥沙洪水。这三年在河南祥符(今开封县)、江苏桃源(今江苏泗阳)、河南中牟每年均有决溢。据初步估算,除 1843 年最大洪峰流量达 36 000 m³/s 外,1841 年、1842 年陕县最大洪峰流量也达 29 500 m³/s 和 27 500 m³/s。初步估算这 3 年输沙量分别为 55.0 亿 t、56.0 亿 t、75.0 亿 t,与实测最大的 1933 年输沙量 39.1 亿 t 相比,3 年平均最大洪峰流量 31 000 m³/s,为其 1.41 倍,平均年输沙量为其 1.58 倍。

经历过 1819 年特大洪水及河道淤积变化后,道光五年河道总督张井认为:"堤外(人站在堤上面向大河,'外'指河内滩地,'内'指背后平原)河滩高出堤内平地至三四丈之多,嘉庆十年以前,内外高下不过丈许,经二十四年(1819 年)非常异涨,水高于堤,溃决多处,遂致两岸堤身几成平陆。旧堤早已淤与滩平,甚或埋入滩底。"淤后河床抬升之巨可以想知。又说:"古今治理,久则穷,穷则变,变则通。今日治河,可谓穷关。"连年大水以后,不少人深为河忧。魏源说:"塞于南难保不溃于北,塞于下难保不溃于上,塞于今岁难保不溃于来岁。"上下游河道行洪不畅,早有"忍东阿、济阳、滨州、利津四五州县之偏灾,减两江二三十州县之积水,解淮扬两府之急难",以大清河为减河之议。"地势北岸下而南岸高,河流北趋顺而南趋逆……河之北决,非就下之性乎?每上游豫省北决,必贯张秋运河,趋大清河入海"。这种忧虑不幸言中,不久即成事实。1849～1851 年据载又发生连年较大洪水,估计在 20 000 m³/s 左右。1853 年、1855 年再次涨水(对这几年洪水作者认为应估算流量、沙量),1855 年 7 月 24 日后,全河之水遂由铜瓦厢改道从山东入海。直到 1900 年前后,堤防修成前山东水灾不断。

19 世纪这一时段是全球特大地震和大地震最密集期。据历史记载,1819～1879 年 61 年间共出现 7 级以上强震 54 次,其中 8.0～8.5 级大地震 20 次,特大地震有:1827 年厄瓜多尔 9.7 级,1837 年智利瓦尔迪维亚 9.25 级,1841 年俄罗斯堪察加 9.0 级,1868 年智利阿里卡 9.5 级。1833～1870 年 38 年间主要大地震分布集中于东亚,中国的黄河、长江和北美的密西西比河都发生了连年或连续的特大洪水,不是偶然的,最集中的则是黄河。正当黄河、长江连年发生特大洪水时,世界最大降水记录为:1841 年 8 月最大降水量 3 810 mm,1861 年 7 月最大降水量 9 299 mm,1861 年最大降水量 22 990.1 mm,都在南亚

印度的阿萨姆邦乞拉朋齐,也是中国西南气流的主要来源处。

七、几点建议

作为一个 80 岁的老河工,根据以上认识谨提出以下几点建议供有关部门参考:

(1)提高黄河安危大局认识和现实感及紧迫感。2007 年 7 月淮河大水,300 mm 降水已距黄河流域很近,8 月雨带北移,已经事近临头。

(2)紧抓两件事。一是水情趋势地球物理长期预测,二是下游河势变化模型试验。一定要以今天的实况河床多做几组比较。

(3)要审慎研究桃花峪枢纽工程规划设计,是修水库还是修水沙调节枢纽应该详加讨论,要走出修库以拦蓄为主的老原则。决定以后要立即修建,并研究多项工程联合运用预案。

(4)认真细致研究滩区治理,掌握政治、经济、社会、人口和水文、地理、地貌、地形的详细情况,对生产堤存废及滚河、堤河防治作出专题报告,制订出详细规划设计,并进行施工。应进行多种方案比较。

(5)对沿河城乡及滩地居民,要做好防漫、决、淹没的预案,防灾减灾。黄委和各级河务局要紧密结合当地领导部门做好规划和技术工作,并负责统一上报国家预算,落实投资。

(6)从宽河固堤走向水沙调节,加强河南、山东两省相邻河段标准堤建设,整治二级悬河是今天黄河治理的新阶段。黄委应在管理和科技两个方面认真做好创新和奖励工作。高举科技兴国和人才强国两面旗帜,做好科学决策和民主决策工作。

后 记

我花了 55 年(1958～2012 年)对日地水文学多方面加强研究,创建学科体系,等待预报预测验证,请求支持和关注,消除误解和反对,努力推广应用,几乎耗尽了我一生的精力。一转眼,经历了青年、中年、老年,现在我已 86 岁,为了报答 20 世纪的苦难中国和中华民族,为了报答父母的养育之恩和妻子儿女爱护与亲朋好友的期盼,在我去日无多的今天,把这个经历简要记录下来,以留待后人参考。

一、前期准备

我生于 1927 年的江苏萧县,是琅琊王氏的后人,村北六十里是老黄河。母亲吴丽书,父亲王正益。父亲在上海大学毕业后,离开东南,自愿到陕西工作。1937 年抗日战争爆发,战事逼近苏北,祖母让我们一家逃难至陕西,沿着渭河我们迁移了很多地方。1942年,我在郿县齐家寨农校读书。7 月放假,我想转学,带着行李,在红崖头渡过渭河,当时正涨洪水,几乎丧命,从此立志研究洪水。

我先后毕业于黄河水专和河南大学,1946 年去郑州花园口参观堵口工程,听工程部讲中国和美国有立堵和平堵之争,后来通过科学试验解决,从此知道研究泥沙问题的重要。后来我到南京水利试验处,买到两期泥沙研究专号,一期纪念李故会长遗址专号,另一期是泥沙专号,内有研究三门峡水库的论文。1953 年,我在南京水利试验处工作,提议召开黄河泥沙研究座谈会。南京水利试验处的书记是 1947 年的中央大学地下党员,那一年我是河南大学工学院的代表。学生代表团到中央大学,是学生会接待我们,经水利部党组书记李葆华同意,1953 年 3 月 5 日召开会议,在会上我提议黄河要做大模型试验。

二、梁益华司长到赵兰庄交代任务

1958 年冬天,水电部科技司司长梁益华到郑州花园口赵兰庄看我们的黄河下游模型,试验场副场长是李保如,我是内业组组长。梁司长传达了水电部科技司和水利科学研究院党委的决定,调我去陕西担任三门峡水库大模型的负责人,当时模型正在制造,梁司长说:"这是周总理安排的工作项目,很重要,是中苏重大科学技术合作项目之一,苏联专家组马上要到,你还要来接,这是五年前你提出的项目,原定是朱鹏程负责,他说话随便,现在要把他调回北京学习,你去代替他,要好好干,你有困难,在赵兰庄带着母亲,安排一下,快去陕西。"由于母亲精神不好,我接受任务后,把母亲送到新乡精神病院,我对她说:"三两年陕西工作结束,我马上来接你。"

三、迎接苏联专家

当时苏联是唯一与中国建交的国家,苏联准备派专家组来帮中国,我很高兴。第二年夏,他们来到郑州,我去接他们。罗辛斯基、哈尔杜林、拉特克维奇三人来到郑州,我汇报了试验场的情况及研究的问题,沿黄河察看后一起到开封,然后就去陕西。他们都有丰富的经验。罗辛斯基是伏尔加河斯大林格勒水电站河床部的负责人,哈尔杜林是莫斯科水电设计院研究所、水工室负责人。我们两个相识,曾通过信。拉特克维奇年轻,他是罗辛斯基的助手。我们一起到了陕西武功,我详细汇报了工作。我是整体大模型负责人,模型有 1 km,有黄河和渭河。哈尔杜林建议,做一个渭河局部模型,我们同意,立即开工。另外还有一个整体小模型,是沙玉清教授建议设计的。全场大家协作,工作开展顺利。

这时有一个难题,模型要放水,水怎么放难住了大家。我们全场开了几次会议讨论,还未有结果。因为周总理指示要做 40 年预报,据传达精神,陕西省委书记找到毛主席汇报说:"河南要修三门峡,我们赞成,中央决定我们不反对,但是三门峡水位太高,回水超过潼关,我们担心,有一天渭河的回水到西安,你不能要我们将来坐在西安的城墙上洗脚,那我们就不能交代了。"毛主席叫周总理注意这件事。周总理说:1956 年我在印度看了大模型,我们的黄河比印度的河流复杂,叫水电部做大模型试验,请苏联来帮助我们。

四、遇到难题

水库淤积和回水发展是河床演变的主要问题,尤其在泥沙多的黄河、渭河。但是黄河从 1919 年才有实测水沙资料。中国和外国没有任何人研究过黄河河床的演变,不知道它怎样变化,为什么变化。1933 年下游大量决口。1958 年又遭遇了 22 300 m^3/s 特大洪水的危机,但是没有一人研究过这几十年的河床变迁,别说几百年、几千年了。我们现在碰到一个难题:要研究黄河的洪水泥沙和河道变化,而前人没有留下研究成果。从美国回来的钱宁是爱因斯坦的学生,他立志要研究黄河下游河床演变,这时候还未开始,沙玉清教授研究泥沙,但是是泥沙基本性质,李赋都从德国回来,我们做学生的时候称他李糊涂,是一句玩笑,他其实不糊涂,对黄河很清楚,他说三门峡水库不能影响西安,要影响他反对,从苏联研究河床演变的经验来看,首先要抓水沙。当时周恩来总理提出要做 40 年的预报,叫陕西放心,谁都不知道这个预报怎么做。1959 年模型做成,快要放水,难题拦着路,我征求全场的意见,决定去北京一趟。

首先到郑州找到黄委设计院的院长沙涤平和水文处处长张林枫,问他们是否能解决40 年的预报问题,回答:不能。且告诉我这个问题无法解决。第一,没有做过;第二,大跃进期间变化快,谁也不好估计。我没办法去北京。到水电部水文预报研究室,见到主任,他说:"不能预报,我们连明年的洪水预报都做不出来,更不要说 40 年了,你到中央气象局看看,这是周总理交给的任务,或许有办法。"我见了气象局副局长卢鋈,他说全世界气象预报美国最先进才能报 3 天,一个礼拜也不可能,别说 40 年,我们想报明年也很困难,苏联是寒带,春季有融雪洪水,我们不一样。东亚太平洋台风问题复杂,做几十年的预报,我们没办法。他劝我到中国科学院地球物理研究所,看能不能报一个研究项目。听他的建议,我又到了地球物理研究所,大气研究室主任叶笃正说:我们报过一个题目,研究对流层顶部和平流层底部,受太阳活动影响,怎样变化,还不知院能否批准,有两个研究员有经验,你找他们谈谈。我见了陶诗言和杨建初。陶诗言说:报的项目不一定能批准,试试看,很难研究从高层大气到中低层,再从北半球到东亚,在中国,黄河流域问题复杂,环节多,我们也不太清楚如何研究。见了杨建初他说:你碰到个大难题,总理要做 40 年预报,你可能 40 年也做不出来。我们报的题目还远,也可能没多大用。我劝你放弃这个念头。你们都是水利科学技术人员,试验场人员多但专业单一,研究这个问题,要天文、地球物理、气象、水文、历史、地理,甚至考古等学科结合在一起,人少不行。你们专业不够,能否让长期研究还是个问题。工作一定没有人问,不容易做。现在国外也没有人研究这个问题,研究出来,还要预报,预报方法对不对必须实践检验、小水检验不行,还要大水,时间要长,难。我听了,回去一五一十向大家汇报,说这件事不好办,大家认为一定要想一个变通的办法。

这时罗辛斯基提出一个意见:把黄河的实测资料,按 $P = 10\%$ 丰水、50% 平水、90% 枯水,依据实测资料找出这三类水文年,一平一丰,一平一枯,再一平,组成五年水文系列,循环八次就是 40 年,就这样试验。沙玉清教授觉得这不是预报,但也没有办法。李赋都不同意,叫加上渭河的 200 年一遇大洪水,黄河千年一遇特大洪水,不能省掉。大家商议,叫我到黄委向主任汇报。看如何决定。我见了王化云汇报完,他说:先做 20 年模型试验,等我向总理汇报后再定。他问我的意见,我说:1919～1959 年 41 年,没有 5 年一循环,大洪水来时河床变化很大,枯水的变化小,只考虑平均情况不行。我就回试验场,按苏联专家的意见布置全场工作。

五、科学界的三位领导来场视察

国家科委副主任武衡、范长江和中国科学院党组书记张劲夫相继来场视察,传达总理的关心,嘱咐我们要努力做好工作,实事求是,尊重苏联专家。我因和武衡兄弟共事过,过去在浙江和张劲夫一起工作,也接触过。我陪他们参观,详细汇报全场情况和遇到的难题。我说:"1919～1959 年黄河只有 41 年的观测资料,从实际情况看,没有出现过 5 年一循环的变化,而且循环论也不是辩证法,一来大水,大量泥沙,黄河、渭河河道变化很快,这怎么办。"张劲夫、范长江和武衡都说,你是负责人,要如实处理,实事求是,黄河和别的河不一样,河床演变不能只考虑平均情况,你需要实事求是。

我这时有幸在水利科学研究院的图书馆见到一篇苏联研究成果的译文,苏联列宁格勒水文气象学院阿·阿·吉尔斯教授的论文,探讨北半球大气环流径向型和纬向型长期变化受太阳活动影响的规律。从 19 世纪末到那时有 60 多年,对我有很大的启发。我又从中国科学历史文献中找到竺可桢的两篇论文,一篇是 1915 年太阳活动和中国水旱灾害的关系,另一篇是 1931 年他研究长江、淮河大洪水与太阳活动的关系。我知道这是世界范围内比苏联学者早 40 年的成果。这是从理论和中国的实际对水文研究的一个突破,我很高兴,竺可桢就是当时中国科学院副院长,我想去见他,想当面请教。

水利科学研究院属于地学部,是竺院长直接管理。我要找机会向他当面汇报。我认为,黄河流域历史悠久,水旱灾害记录众多。长江、淮河大洪水与太阳活动有关,黄河也不能例外。从这两个方面下手,进行研究。看看竺院长同意不同意。

六、研究黄河历史

黄河有长期的历史文献记载,在中国有条件整理近几百年或者更长时间黄河流域中下游的水旱灾害,我决心办这件事,大约从 17 世纪开始,文献资料很多。我去见竺院长时,他跟我说,对中国历史气候和水旱灾害研究最多的是徐近之,你可以找他,就说是我介绍的。对于历史天文资料,南京大学天文系有一位教授叫程廷芳,他们都会帮助你。我请教他,怎样看长江和黄河的关系。他说,长江和黄河不同,不在一个纬度上,要有区别,不可能一样。

我没有想到,在深入做这件工作的时候,水利科学研究院不理解这件工作的意义,更不理解水文丰枯变化和天文的关系,把我下放到吉林。但是,松花江河流的水情和韩国汉城的雨量记录对我们的研究很有用。在这期间,我们完成了《黄河水情的多年变化和三门峡水库的应用》和《北方大河水情丰枯变化和设计洪水的选定》。

吉林四年半后回到黄委研究1662年黄河特大洪水。

1960年三门峡试验场结束,1961年下放吉林,临走前我打电话给竺院长,他的秘书沈文雄告诉我,努力做好新岗的工作,在学术上竺老会帮助你,在组织上他无能为力,希望你珍重。

幸亏,以后情况有了变化。1964年,黄河的水量特别大。汛后,周总理主持开会,认为黄河要重做规划,要调原来做黄河工作的同志到郑州。在十月十几号恰好是中国发射原子弹的那天,梁益华司长到了长春。他传达了总理的指示,并要调我回郑州黄委工作。我说,过去在北京水利科学研究院,能不能回院。他说,因为水科院的副院长和研究所的所长,大家都要去郑州黄委重做黄河的规划,不能调回北京,你也得去郑州,我没有办法。到第二年,吉林省放人,我才到郑州。我来到黄委规划办公室工作。我这一次到郑州,很快就遭遇到家庭的不幸。我的母亲在北京病逝。1961年我又下放。她在北京安定医院住了几年忧郁而死。我幸亏调回郑州时,路过北京见她最后一面。我从山西、陕西再次察看黄河,到了武功,又见到沙玉清教授。沙先生听说我从苏联和竺可桢那里学到的新知识而高兴。他说现在咱们试验场只有你有这个条件。我年纪大了,办不了这个事了。你不要放弃。我回到郑州不久,遇到一件大事,就是徐近之先生向我提供了康熙元年(公元1662年)黄河大洪水历史记录。

1662年秋,黄河发生特大洪水,不是偶然的。一方面西太平洋有台风经过南海在雷州半岛吴川登陆,有日期记载,一连三次台风。另一方面,我们又从西藏林芝树木年轮中查到1662年是印度洋暖湿气流非常强盛的一年,两个水汽汇合输送到黄河中下游,造成了秋季的17天特大暴雨、特大洪水,黄河下游多处有决口,一直到江苏,多处受淹。当时黄河总督朱之锡,他有专门的报告送给康熙,我下了最大的工夫研究这次大洪水,把雨情、水情、灾情、河情,做系统的分析研究。然后又研究中国南北的天气形势和气候变化特点及日地关系。这些工作引起全国气候界、历史界、地理界、天文界广泛关注,大家很赞同这项工作。

七、金水桥头三脱离大批判

1966年"文化大革命"开始,因为我刚刚调来,新认识的不多,我又在规划办公室工作,不在科学研究所,1967年我又忙着预报黄河北干流的大洪水,去北京出差,虽然大家见我想了解北京"文化大革命"的情况,但是我们之间也很少矛盾,所以也没有人点名批评我。1968~1969年过后,我从淮阳回来,大家一起住在单位,"文化大革命"愈演愈烈,新的革命委员会遭到挫折,因为副主任偷偷地把大家订报纸的钱装入自己腰包。送报纸的来了,说你们没有定报。检查一下,事情很明白,这位副主任不能不检讨认错。运动没有目标,1970年就集中到我身上来,年纪稍大的科技人员轮了一遍,这时就缺我,研究黄河就你一人自由,研究到太阳上去了,掀起了全所的大批判,一连开了多次大会,在金水河桥头出我的大字报,还抄我的家。不分青红皂白,每个战斗队、战斗小组都写文章劈头盖脸大批判。全所开大会,科学所革委会主任主持叫我检讨。我和缓地说:我做三门峡大模型,是水电部党委通过科技司和水科院向我下达的任务,传达周总理的交代,陕西省委向毛主席报告,毛主席叫总理关注此事,执行这个决定。我到陕西工作三年,这怎么是脱离政治,不听毛主席的话,不按总理要求办事,不执行水科院的决定,这才是脱离政治。

我生在老黄河边的苏北,抗战八年我在渭河边生活,走了许多县,我忘不掉黄河儿女、渭河儿女,受人民的恩惠,做这个研究很难,苏联专家没有见过这样的黄河,五年一循环做试验这个办法,不符合真实的黄河和渭河,要对得起两河沿岸的群众。

1967 年,我应用日地水文学方法,预测黄河北干流要发生大洪水,8 月份大洪水果然来了 21 000 m³/s,8 月一个月内输送泥沙 24.8 亿 t。这个预报是我提出来的,防总叫我去中央汇报,中央防总秘书长与中央气象局军管组联系,开了会商会,大家赞同我的预报。我从北京还未回来,洪水就发生了。中央防总叫我们无论文化大革命多么乱,要组织调查组到北干流调查。革委会有专门报告,这件事不脱离实际,周总理叫报 40 年,我们应该怎么办,我认为应该始终坚持中国科学院党组书记张劲夫、吴衡和范长江嘱咐的,实事求是、科学地回答总理的疑问。我这错在哪里?革委会主任哑口无言,宣布散会。以后再未召开批判我的大会。但是黄委的人都知道这事,到黄河医院看病,内科主任向我说:"你就是王涌泉? 我知道你。"我说:"你从桥头大字报看的吧?"

八、全国气候变化大会

1978 年在江苏无锡召开全国气候变化会议。大家听了我的报告,一律向我祝贺工作成果。但是我知道,水利界内部的一个重要的疑难。我必须找到朱之锡向康熙皇帝当年的奏疏,否则不能做结论。在西安正在召开历史地理会议,主持人谭其骧院士要我在会上介绍一下 1662 年特大洪水的研究。我就请他替我找朱之锡当年的奏疏。他答应以后回上海复旦大学找寻。这是北京图书馆的副馆长鲍正鹄告诉我的。我从北京水利科学院图书馆先找到一本民国的草本,又从南京图书馆山西路古籍部找到一本清代的草本。但是用草本不能够得出结论,必须从原刻本找出结论。找到这本书以后,我将全书复印带到黄委会,这样很容易做出结论。因为朱之锡向皇帝的报告非常详细,这个材料里面有详细的报告,解决了我和大家的疑难。这本书洪水与黄河情况变化都有记录,而且是 17 世纪日地关系变化的具体证明。有了 1662 年的研究,我更深信日地关系和历史气候研究的重要性是无可怀疑的。后来全国政协的有关人士把这本书重新印行,以《朱之锡文集》出版。朱之锡在黄河上很有名望,是焦作嘉应观皇帝封的朱大王,河神。

九、国家农委、省政府、省科委、中国科学院的支持

武汉大学十全教授介绍我去见国家农委副主任何康,他听了汇报后说日地水文研究对全国农业有用,应该支持。以前很多困难是因为没有上方宝剑的,现在给你上方宝剑,列计划、定项目、给经费,成立日地水文研究组,在全国组织日地水文协作组,你当组长,包括历史社会科学,也可以和外国协作。但是黄委主任王化云不同意,他说除去大堤里面是

我管,外边我管不着,天文人员我没有,这事不能办。

河南省人民政府副省长兼科委主任罗干见到我给省委的报告,在《河南日报》的报社到研究所来找我,我到四川开会去了,他留下电话,叫我回来到他办公室,他说这件事情该办,我提议在河南科学院内组织大水大旱研究组,他赞成。由郑州水利学校党委书记赵德秀担任组长,由水文、地理、气候等方面人员参加,开展工作,但这是一个松散的组织。

中国科学院组织22周太阳活动峰年全国联合观测研究,陈彪院士主持,大家推选我担任太阳活动对日地空间及地球的影响一级课题召集人和日地水文二级课题负责人,计划在全国推进工作。但是陈彪院士不幸离世,计划无果而终。

事情遭遇困难出乎意料。

十、天灾预测专业委员会

文化大革命结束,中国科协召开全国天文科学、地球科学、生物科学综合学术讨论,把我1961年写成的《太阳黑子—历史水旱—大河径流及河床演变》选为展览文件。同时会议选我当水文所气象组组长,中午吃饭时,坐第一桌与地球物理学会理事长翁文波院士相临,翁先生看过我的论文,他向我提议组织全国自然灾害预测专业委员会,跨学科、跨部门,我同意,但是不容易。1988年云南、澜沧、耿马、唐古拉发生了三次强烈地震,我们在湘西慈利召开地球物理自然灾害会议,由我和郭增建主持。会后我到北京,翁文波院士正打电话找我,我们一起去向中国科协书记处汇报,建议成立全国自然灾害的预测专业委员会,科协书记处常务书记李宝恒听了我和翁文波的建议,他决定先召开内部会商会。1989年召开了会商会,探讨了1987年全国的自然灾害形势。1992年在西安正式成立。天灾预测专业委员会组织协调全国的专家进行研究,主要是地震、洪水、干旱工作很有成绩,我很高兴有这样一个科学组织能推动中国灾害预测,一位地震学家担任主任,我担任副主任,现在我担任顾问,一干就是二十年。在1997年,我刚从台湾省回来,就察觉到长江可能发生特大洪水,从印度洋的赤道到其他国家都有先兆,在专业委员会上,我曾经几次发言,广泛征求意见,定性、定量做预报,预测长江发生8万 m^3/s 特大洪水,事先报告国家,七八个月后完全证实。2003年又一次做出淮河、黄河、渭河要发生较大洪水,与国家气象局的预报干旱不同,事后证明我们的预报符合实际,我又到了淮委、江苏了解实际情况,证实我们的预报应用正确,最近这几年,东亚暴雨洪水很多,我们正密切注意继续研究。

我认为一门科学首先得依靠事实,但更重要的是作出预报得到验证,尤其是特别大的灾害验证。现在全世界气候变化很大,日地关系研究和历史气候研究很重要,应该发展。黄河流域有三千年以上的文献记录,我们已经整理了三千年黄河流域大水大旱的年表,除对17世纪做过深入研究外,还有好多世纪做出研究,例如最近200年枯水段结束以后丰水段来临,再出现大洪水,例如1819年、1841年、1842年、1843年和1933年都发生了特大洪水,第一个时段引起黄河改道,第二个时段引起黄河下游有大量决口,决口110处,要好好研究。翁文波院士提议组织天灾委员会,跨部门、跨学科,我们愿意为此而努力。

十一、日地水文研究组与国家农委

1983年,国务院国家农委常务副主任何康见到我,听了汇报他认为,这项研究不但与水利治河有关,也与全国的农业有密切的关系。你过去工作中的种种困难就是两个原因。一是没有尚方宝剑。二是没有建立应有的组织。他建议现在国家列项目,列计划,支持你,国家组织协作组,你担任组长,水利部成立日地水文研究组,每年拨给你一定经费,向全国发展工作。虽然没有建立组织,我仍然从南到北研究了全国的重要河流。"日地水文研究三十年"在《自然科学年鉴》1989 年专号特载专栏发表。这篇论文总结了全国 34 条河流的研究,说明全国河流日地水文规律是统一的。

十二、在美国交流

去美国参加国际天文学会议,宣布日地水文研究成果。1981～1983 年,长江、黄河、汉江大洪水预报证实后,我受到美国邀请。但是去美国的路费国家自然科学基金委员会和水利部都没办法安排。河南省人民政府副秘书长杨昌基批给了外汇资助我。与中国科学院天文处处长沈海璋和云南省天文台台长张柏荣一起到美国克罗拉多参加国际天文会议。在会上交流了中国的日地水文研究,会后到亚利桑那大学访问、交流,并且会见行星科学系的主任列维教授和华人范章云教授。

十三、在闽浙赣

1992 年闽江发生的大洪水,我在前一年对西安做出预报,大洪水后到福州开会,福建同志邀请我担任防洪减灾信息网的理事长,请专员担任名誉理事长,五十年代我在福建工作,后来主要在浙江黄坛口、新安江、古阳、上犹江水电站工作,现在他们知道我研究过洪水又做过预报,所以抓住我不放,颜传柄是江苏人,在扬州大学毕业一直分在福建工作,他是秘书长,为人很诚恳,要我为福建人民服务,也不能很推辞,一干就是十年。江西我也熟,又负责过他们的水电工程,不过离家太远,有点不方便,但是这引起了我研究东南洪水和台风的兴趣,1995 年我从福建到台湾。

十四、国际水文科学协会

世界水科学协会主席知道我的工作,请我去日本参加大会。1992 年我因身体原因未去,论文在会上交流,在英国出版,出版后荷兰 Delft 水力学研究所和美国得克萨斯州立大学两位水文学者,来函索要论文,流传世界,产生影响。论文研究了全球各洲 140 多条河流 200 年来的最大洪水日地关系。

十五、在台湾

1995 年我到台湾省,在中兴大学、逢甲大学、台湾大学作过学术交流。台湾省水资源统一规划委员会(简称水资会),知道了我在台湾省的活动,请我去会上做报告,我根据当时的台湾省情况做出报告《旱涝长期变化与日地水文学进展》,我认为浊水溪要来洪水,告诉了他们,水资会的主任是水文学家,台湾大学教授,他早先从日本、美国、英国知道了我的研究,这时他把台湾的水利、水电、气象、天文、环保专家请到水资会听我的报告,我详细讲了"旱涝长期变化和日地水文学进展",他们很满意,认为都是新东西,还不满足,建议请我在台湾大学讲学,台湾省水资会主任吴建民原来是台湾大学水文教授,他说要办手续,大陆学者到台湾省讲学不容易,要台湾省教育部门和大陆委员会都批准。我回到黄委,接到聘书,报告组织,由黄委报水利部再报国务院,经过台办批准,我接受了聘书。

十六、从台湾回来以后在郑大讲学

郑州大学物理工程学院及研究生院聘请我在郑州大学开设日地水文学和灾害预测讲学。中间联合国教科文组织在中国南京召开国际洪水和干旱学术会议。我们报告了1998年长江特大洪水日地水文预测的预报研究情况,受到与会代表一致赞成。日本学者索要论文,我把在台湾省《中兴工程》上发表的论文《1998年长江特大洪水预测》相赠。

十七、2004~2005年震洪灾害链预测证实

2004年印度尼西亚苏门答腊发生9.3级特大地震,震中在班达亚齐。根据西江500年来11次50 000 m^3/s 以上的大洪水,每一次洪水前,四川南部、云南西部、西藏东部和中国的邻国都有强烈地震发生。做出西江有可能发生特大洪水的预报,2005年6月在广西梧州实测到53 900 m^3/s 特大洪水予以证实。第一次在中国对震洪灾害链研究预测予以证实取得成功。现在,黄河已经有30年的枯水,是否要遭遇枯转丰的大洪水,正在深入研究。1819年和1841~1843年黄河发生枯转丰大洪水。下游洪水灾害深重,1855年黄河大改道。1933年黄河又遭遇枯转丰大洪水,年输沙量第一次有实测的为40亿t。当年黄河下游水位特高,普遍漫决,决口110处,这些情况都引起注意。现在三门峡水库和小浪底水库都积存了大量泥沙,是否产生大洪水时要增加输沙量是个重大问题,现在正在研究。

十八、灾害链、灾害带和灾害道

地球上重大自然灾害有几种出现的情况。有的先后出现呈链式关系,有的呈带状集中分布,有的重大自然灾害在一定的通道上集中加重。灾害链的出现现在知道大地震和大洪水有关,这个是震洪灾害链。日本宫城九级大地震后,2011年7月韩国汉城发生了大暴雨洪水,2012年7月中国北京房山又发生了同纬度特大暴雨洪水,显示震洪灾害链,重要的灾害关系。历史时期也有同样的事例,大灾害带在北纬35°~36°,一方面是干旱的灾害带,水旱灾害在这个纬度带集中分布。另一方面,西太平洋台风把大量水汽输送到中国大陆,特别在秋季,印度洋的暖湿气流又通过孟加拉湾从中国雅鲁藏布江河谷向北输送。两相交汇,水汽输送量大大增加。在长江流域中上游和黄河流域中下游造成长历史的集中暴雨和特大洪水,造成长江和黄河的大洪水。灾害链、灾害带和灾害道的研究对防灾工作非常密切。2011年12月18日,航天部623办公室和中国地震局有关同志对我们采访,我讲述了这一情况,我希望引起注意,加强今后的监测和研究。

太阳活动24周峰年过后,近十年异常衰减。东亚中国、印尼、日本、韩国和巴基斯坦遭遇重大自然灾害,现在太阳活动加强,今后怎么变化,应该密切注意,建议中国科学院加强研究。

中国科学院原院长周光召院士在我书的序言中说：以基础科学、高科技和应用紧密结合，促成对国民经济发展直接相关的新交叉学科，是当代科学进步的一个显著标志，以研究地球水文变化的日地物理成因和规律为主要内容，并用于水旱灾害预测的日地水文学是其中之一。

我感谢他给予的肯定。

2012 年 7 月 23 日

参 考 文 献

[1] 竺可桢. 中国历史上气候之变迁[C]∥竺可桢文集. 北京:科学出版社,1979.

[2] 竺可桢. 长江流域1931年7月雨量特多之原因[C]∥竺可桢文集. 北京:科学出版社,1979.

[3] 王涌泉. 太阳黑子—历史水旱—大河径流及河床演变初期研究摘要[C]∥太阳活动和中国旱涝关系学术讨论会. 北京:中国科学院,水利电力部水利水电科学研究院.

[4] 王涌泉. 1662年黄河大水的气候变迁背景[C]∥全国气候变化学术讨论会文集. 北京:科学出版社,1981.

[5] 王涌泉. 1662年9、10月间(清康熙元年八月)黄河及邻近流域洪水[C]∥中国历史大洪水(上卷). 北京:中国书店,1988.

[6] 王涌泉. 1662年中国大水的研究及估算[J]. 南京师范学院学报:自然科学版,1981(2).

[7] 王涌泉. 太阳活动与黄河洪水关系的探索[J]. 人民黄河,1982(4).

[8] 王涌泉. 中国近五百年大水的初步研究及1980~1982年的预报与验证[C]∥中国历史地理学术讨论会. 郑州:黄河水利科学研究所,1982.

[9] 王涌泉. 日地水文研究三十年[C]∥自然科学年鉴. 上海:上海翻译出版公司,1990.

[10] Wang Yongquan. Solar activity and maximum floods in the world,Extreme Hydrological Everts:Precioi-tion,Floods and Droughts[C]∥Proceedings of the Yokohama Symposium. Baltimore IAHS Press,1993.

[11] 王涌泉. 黄河大洪水预报30年[C]∥"75·8"大暴雨20周年回顾暨暴雨洪水监测预报学术讨论会. 郑州:黄河水利科学研究院,1995.

[12] А. А. Гцрс. Многоаетнц е преобрɔзовонце Øорм ɔтмосɸероÿ ццркуаеццц ц цзмененця соАнецной актцвностц,МЕТЕОРОАОГЦЯ ц ГЦДРОЛОГЦЯ,1956.

[13] А. д. Гцрс. МногоЛетнце КоЛебэнця Атмосɸерной ццркуЛяццц ц доЛгосроцные Гvдромеятеоро-Логццеокце Лроянозы,Гцдрометеоцздэт,1971.

[14] Gordon R Williams. Cyclical variations in world-wide hydrologic data[J]. Journal of the Hydraulics Division,1961.

[15] 高桥浩一郎. 气候变动と太阳活动[J]. 气象研究ノート,1961.

[16] J Murray Mitchell,Charles W Stockton,David M Meko. Evidence of a 22-year Rhythm of Drought in the Western United States related to the Hale Solar Cycle since the 17th Century[J]. Solar-Terrestrial Influ-ences on Weather and Climate,1979.

[17] K Labitzke,Hvan Loon. Association between the 11-Year Solar Cycle and the Atraosphere[J]. Journal of Climate,1992.

[18] Ding Youji,Luo Baorong,Feng Yongming. Periodic Peaks of Ancient Solar activities[C]∥Weather and Climate responses to Solar Variations. Colorado:Colorado Associated University Press,1983.

[19] 王家祈,胡明思. 中国点暴雨量极值的分布[J]. 水科学进展,1990,1(1).

[20] 胡明思,骆承政. 中国历史大洪水[M]. 北京:中国书店,1992.

[21] 张先恭,徐瑞珍. 我国大范围旱涝与太阳活动关系的初步分析及未来旱涝趋势[C]∥气候变迁和超长期预报文集. 北京:科学出版社,1977.

[22] 长江流域规划办公室预报科. 近百年来长江水旱变化的初步探讨[C]∥气候变迁和超长期预报

文集．北京：科学出版社，1977.

[23] 孙长安，杨本有．太阳活动与长江中下游地区旱涝的规律[C]// 天文与自然灾害．北京：地震出版社，1991.

[24] 范垂仁．太阳活动峰期东北洪涝水文异常分析与实况检验[J]．水文科技信息，1996.

[25] 叶驾正，黄荣辉．旱涝气候研究进展[M]．北京：气象出版社，1990.

[26] 王昭武，黄朝迎．长江黄河旱涝灾害发生规律及其经济影响的诊断研究[M]．北京：气象出版社，1993.

[27] 王涌泉．90 年代太阳活动和中国水旱灾害[C]// 全国近期重大自然灾害预测及预防会商会报告集．北京：中国科学技术协会学会部，1989.

[28] 高发金．利用天文周期相似模型预测我国旱涝趋势[C]// 中国减轻自然灾害研究．北京：中国科学技术出版社，1990.

[29] 长江流域规划办公室．太阳活动与长江宜昌、汉口等站年最高水位变化关系的初步探讨[C]// 技术经济交流文集．武汉：长江流域规划办公室．

[30] 王丹宁，范垂仁，张超英．从日地关系分析和展望松达流域未来洪水情况[C]// 全国近期重大自然灾害预测及预防会商会报告．北京：中国科学技术协会学会部，1989.

[31] 范垂仁．试用天文因素作洪水分析的探讨[C]// 天文气象学术讨论会文集．北京：气象出版社，1986.

[32] 范垂仁，苏博颖．太阳活动峰年松花江流域水文异常分析及其预测研究[R]．吉林：吉林省水文总站，1991.

[33] 胡明思，骆承政．中国历史大洪水[M]．中国书店，1992.

[34] World catalogue of very large floods[M]．Paris：the Unesco Press，1976.

[35] Rodier J A，Roche M．World calalogue of maximum observed floods[M]．Baltimore：IAMS Press，1984.

[36] 国际灌溉和排水委员会．世界防洪环顾[M]．防洪与水利管理丛书编委会，译．哈尔滨：哈尔滨出版社，1992.

[37] Wang Zhenyu，Wang Yongquan．Solar activity and maximum floods around Pacific Ocean in 1923～1978[C]// proceeding of the Yokohama Symposium．台北：茂昌图书有限公司，2000.

[38] Billy M．Mocormac．Weather and Climale Responses to Solar Variations[M]．Colorado：Colorado Associated University Press，1983.

[39] Wang Yongquan．Heavy rainfall and flood disaster by lyhoon in China in 1975 and 1996[C]// Proceeding of International Conference on Hydrology in a Changing Environment，Baltimore：IAHS Press，1998.

[40] World Calalogue of Very Large Floods．UNESCO PRESS，1976，Paris，France．

[41] Rodier J A，Rocne M．World Catalogue of Maximum Observed Floods[M]．Baltimore：IAHS Press，1984.

[42] Waldmeier M．The sunspot-activity in the years 1610～1960[M]．Zurch：Scbullbess&CO AG，1961.

[43] 王涌泉．黄河大洪水东南非先兆[C]// 全国重大自然灾害综合预测科技论坛论文集．北京：中国科学技术出版社，1998.

[44] 王涌泉．西南气流异常降水与中国特大洪水预测[C]// 全国重大自然灾害综合预测研讨会论文集．北京：中国科学技术出版社，1998.

[45] 任振球，等．行星运动对中国五千年来气候变迁的影响[C]// 全国气候变化学术讨论会文集．北京：科学出版社，1981.

[46] 王涌泉．太阳活动与黄河洪水关系的探索[J]．人民黄河，1981(4)．

[47] Wang Yongquan．The large flares and maximum floods in Yangtze and Yellow Rivers[C]// Proceedings of Workshop SMM in Colorado U S A．1990.

[48] 王涌泉. 1998年长江特大洪水日地水文学预测[J]. 中兴工程,1999(64).

[49] 王涌泉. 特大洪水日地水文学长期预测[J]. 地学前缘,2001,8(1).

[50] Wang Yongquan. Catastrophic flood prediction and heavy rainstorm by south-western monsoon[C]//Proceedings of international symposium of floods and droughts. NanJing:Hohai University Press,1999.

[51] 王涌泉,侯琴. 印度尼西亚大地震与"05·6"珠江闽江大洪水[C]//苏门答腊地震海啸影响中国华南天气的初步研究. 北京:气象出版社,2007.

[52] 郭增建. 2005年6月西江特大洪水的预测讨论[C]//苏门答腊地震海啸影响中国华南天气的初步研究. 北京:气象出版社,2007.

[53] 高建国,郭增建,王涌泉,等. 印尼苏门答腊大地震和珠江大洪水关系再研究[C]//苏门答腊地震海啸影响中国华南天气的初步研究. 北京:气象出版社,2007.

[54] 中国科协学会学术部. 重大灾害链的演变过程预测方法及对策[C]//新观点新学说学术沙龙文集16. 北京:中国科学技术出版社,2009.

[55] 竺可桢. 长江流域1931年7月雨量特多之原因[C]//竺可桢文集. 北京:科学出版社,1979.

[56] 长江流域规划办公室《长江水利史略》编写组. 长江水利史略[M]. 北京:水利出版社,1979.

[57] 黄河水利委员会《黄河水利史述要》编写组. 黄河水利史述要[M]. 北京:水利出版社,1982.

[58] 陈赞庭,胡汝南,张优礼. 黄河1958年7月大洪水简介[J]. 水文,1981(3).

[59] A. A. 吉尔斯. 大气环流的多年振动及长期水文气象预报[M]. 北京:科学出版社,1976.

[60] 王涌泉. 1662年(康熙元年)黄河特大洪水的气候与水情分析[C]//历史地理. 上海:上海人民出版社,1982.

[61] 王涌泉. 1662年黄河大水的气候变迁背景[C]//全国气候变化学术讨论会文集(1978年). 北京:科学出版社,1981.

[62] 竺可桢. 中国近五千年来气候变迁的初步研究[J]. 中国科学,1973(2).

[63] 萧绍华,杨玉荣. 长河1987年历史洪水分析[J]. 水文,1982(2).

[64] 张昌龄. 1843年(道光二十三年)黄河洪水最大流量的推算[J]. 新黄河,1955.

[65] 邓子恢. 关于根治黄河水害和开发黄河水利的综合规划的报告——在一九五五年七月十八日的第一届全国人民代表大会第二次会议上[N]. 人民日报,1955.

[66] 王涌泉. 太阳黑子峰期与江汉大水的关系[N]. 湖北科技报,1980-08-01.

[67] 王涌泉. 就太阳黑子峰期及行星会合与黄河大水的关系答记者问[N]. 河南日报,1980-06-19.

[68] 太阳黑子活动对出现洪水有影响,水利部要求各地抓紧做好防汛工作[N]. 人民日报,1980-05-11.

[69]《中国水利》编辑部. 一九八〇年防汛概况[J]. 中国水利,1981(2).

[70] 中央防汛办公室资料组. 一九八一年防汛概况[J]. 中国水利,1982(2).

[71] 钱正英. 我国的江河整治问题[J]. 中国水利,1982(1).

[72] 季学武. 对长江1998年洪水及其成因的认识[C]//中国减轻自然灾害研究. 北京:科学技术出版社,1999.

[73] 王涌泉. 1998年大洪水及地震综合预测回顾与1999年天灾预测展望[C]//中国减轻自然灾害研究. 北京:中国科学出版社,1999.

[74] The 1993 Flood on the Mississippi River in Illnois Stale Waier Surver, Misceilaneevs Publicatior 151, 1995.

[75] 中国水利水电科学研究院. 谢家泽文集[M]. 北京:中国科学技术出版社,1995.

[76] 王涌泉. 江淮大洪水周期研究及预测[C]//1996年天灾预测研讨会议文集. 台北:茂昌图书有限公司,1999.

［77］ 王涌泉．几次特大洪水都与太阳活动有关［N］．科学报,1988-09-06.

［78］ 杨逸畴．神奇的雅鲁藏布江大峡谷［M］．郑州:海燕出版社,1997.

［79］ 盛承禹．世界气候［M］．北京:气象出版社,1988.

［80］ 陆忠汉,等．实用气象手册［M］．上海:上海辞书出版社,1984.

［81］ 韩曼华.1843 年 8 月(清道光二十三年七月)黄河中游洪水［C］∥中国历史大洪水．北京:中国书店,1988.

［82］ 杨玉荣.1870 年 7 月(清同治九年六月)长江上游洪水［C］∥中国历史大洪水．北京:中国书店,1992.

［83］ 仓鸿厚,等．气候［C］∥世界气候论(第一卷)．天津:古今书院,1964.

［84］ 郑永剑,等.1915 年 7 月珠江流域洪水［C］∥中国历史大洪水(下卷)．北京:中国书店,1992.

［85］ 刘锡臣,等.1917 年 7 月岷江洪水［C］∥中国历史大洪水(下卷)．北京:中国书店,1992.

［86］ 王建生.1963 年 8 月海河洪水［C］∥中国历史大洪水(上卷)．北京:中国书店,1998.

［87］ 杨玉荣.1954 年江淮洪水［C］∥中国历史大洪水(下卷)．北京:中国书店,1992.

［88］ 洪庆余．中国江河防洪业书(长江卷)［M］．北京:中国水利水电出版社,1998.

［89］ 鄂幼勤．武汉关水位十天涨两米［N］．郑州晚报,1998-01-22.

［90］ 石凝,董爱红.1998 年 6 月闽江特大暴雨洪水分析［C］∥闽江"98·6"特大洪水科技研讨会论文集．福州:福建省水利水电厅,福建省水利学会,1998.

［91］ 颜传柄.1998 年武夷山暴雨特性分析［C］∥武夷山特大暴雨洪水减灾分析研究．武夷山市:武夷山市水利电力局,1998.

［92］ 李松仕,等．闽江"98·6"特大洪水重现期分析［C］∥闽江"98·6"特大洪水科技研讨会论文集．福州:福建省水利水电厅,福建省水利学会,1998.

［93］ 邵恒方．闽江"98·6"特大暴雨洪水成因及特性分析［C］∥闽江"98·6"特大洪水科技研讨会论文集．福州:福建省水利水电厅,福建省水利学会,1998.

［94］ C Parrell,et al. Flood Discharges in The Upper Mississippi River［R］. Washington:U. S. Geological Survey,1993.